Ruijie Networks
锐捷网络学院系列教程
锐捷网络 1+X 职业技能等级证书配套系列教材

MULTILAYER
SWITCHING TECHNOLOGY

多层交换技术

理论篇

汪双顶 王隆杰 黄君羡 / 主编
曹建春 周连兵 肖颖 / 副主编
安淑梅 张璐琦 / 主审

人民邮电出版社
北京

图书在版编目（CIP）数据

多层交换技术．理论篇 / 汪双顶，王隆杰，黄君羡
主编．-- 北京 ：人民邮电出版社，2019.11（2024.7重印）
锐捷网络学院系列教程
ISBN 978-7-115-51735-7

Ⅰ．①多… Ⅱ．①汪… ②王… ③黄… Ⅲ．①网络交
换—教材 Ⅳ．①TP393

中国版本图书馆CIP数据核字(2019)第164753号

内容提要

本书依托数通厂商园区网工程项目，深入浅出地讲解了园区网工程施工中需要掌握的多层交换技术，包括园区网络多层交换技术、多层交换中的 VLAN 技术、使用 RSTP 实现网络快速收敛、使用 MSTP 增强网络弹性、部署 VRRP 实现网关冗余、使用链路聚合增加链路带宽、使用 DHCP 实现动态编址、快速检测以太网链路故障、使用 VSU 技术实现网络高可靠性以及交换网络安全防护技术。

本书不仅可以作为计算机及相关专业多层交换网的组网技术课程教材，也可作为厂商 NP 系列资深网络工程师认证考试的配套用书。

◆ 主　　编　汪双顶　王隆杰　黄君羡
　副 主 编　曹建春　周连兵　肖　颖
　主　　审　安淑梅　张璐琦
　责任编辑　左仲海
　责任印制　王　郁　马振武

◆ 人民邮电出版社出版发行　　北京市丰台区成寿寺路 11 号
　邮编　100164　　电子邮件　315@ptpress.com.cn
　网址　https://www.ptpress.com.cn
　固安县铭成印刷有限公司印刷

◆ 开本：787×1092　1/16
　印张：16.25　　　　2019 年 11 月第 1 版
　字数：382 千字　　　2024 年 7 月河北第 2 次印刷

定价：49.80 元

读者服务热线：(010)81055256　印装质量热线：(010)81055316
反盗版热线：(010)81055315
广告经营许可证：京东市监广登字 20170147 号

前言 FOREWORD

随着信息技术的迅速发展，建立以互联网为核心的工作、学习及生活方式已成为趋势。曾经在园区网的组网中大量使用的百兆、吉比特交换机产品已经不能适应现在的网络业务需求。随着互联网中各项应用的深入，作为园区网络中经典技术的以太网技术，其核心技术造成的带宽不足的弊病渐渐凸显，严重影响了互联网的运行效率。

许多传统的大型园区网络面临技术升级或者重新设计的情况，万兆以太网、10GB以太网甚至100GB的以太网建设方案成为园区网络构建主流，建立了以互联网为核心的全新生活方式，推动了智能化的多层园区网络建设，更加快了智慧园区建设时代的到来。

智慧园区网络的建设也必然带来了社会对专业人才的大量需求，选择一本体系规划完整、反映最新行业技术、帮助构建智慧园区网络的多层交换技术学习用书，对以应用型高等专业技术人才培养为核心的高等院校而言尤其重要。虽然市面上有很多介绍园区网技术的学习用书，但其知识体系都停留在传统园区网技术介绍层面，和真实项目构建存在“二层皮”现象，且缺乏可操作性。为突破这一市场困境，人民邮电出版社联合锐捷网络股份有限公司，邀请深圳职业技术学院、广东交通职业技术学院、无锡职业技术学院、黄河水利职业技术学院、东营职业技术学院等多所高等职业院校的专业教学团队，历经三年时间，完成了基于厂商园区网络工程项目构建多层交换园区网络课程的开发任务。

1. 课程目标

本课程依托厂商园区网工程项目，通过提炼，深入浅出地讲解了构建多层交换园区网络工程中，需要重点掌握的构建园区网络多层交换技术和专业技能，包括多层交换技术原理、PVLAN技术、SVLAN技术、MSTP技术、VRRP技术、LACP技术、DHCP技术、RLDP技术、VSU技术及交换网络安全防护技术。全书通过说项目、讲技术、写方案、做项目等多种方式，诠释了在构建多层交换的智慧园区组网中必须掌握的多层交换技术，突出多层交换网络中的项目施工，帮助读者掌握园区网构建中需要掌握的多层交换技术，熟悉多层交换网络的施工过程，积累工程经验，以解决今后在构建园区网工作中遇到的问题。

本书的每一个单元都引入了厂商园区网工程项目，依托场景，选择相应的多层交换技术进行讲解，介绍了技术对应的多层交换园区网组建方案，诠释了多层交换技术原理，分析了涉及的协议细节。每一项技术都通过实践项目，以绘制拓扑、搭建多层交换网络环境、配置多层交换设备来实现技术和工作对接。

2. 课程结构

本课程建议作为高年级专业核心课程，安排在“计算机网络基础”“网络互联技术”“局域网组网技术”等专业课程学习完成之后。本课程由 10 个单元的多层交换技术模块组成。不同院校、不同专业分配给本课程的时间可稍有差别，在实施时应根据学生现有水平、学时、重点、难点等因材、因地、因时选择教学，建议教学安排如下。

单元	建议学时	重难点
单元 1　园区网络多层交换技术概述	6 学时	教学重点
单元 2　多层交换中的 VLAN 技术	6 学时	一般了解
单元 3　使用 RSTP 实现网络快速收敛	4 学时	一般了解
单元 4　使用 MSTP 增强网络弹性	8 学时	教学重点
单元 5　部署 VRRP 实现网关冗余	10 学时	教学重点
单元 6　使用链路聚合增加链路带宽	6 学时	一般了解
单元 7　使用 DHCP 实现动态编址	8 学时	教学重点
单元 8　快速检测以太网链路故障	6 学时	一般了解
单元 9　使用 VSU 技术实现网络高可靠性	10 学时	教学重点
单元 10　交换网络安全防护技术	8 学时	一般了解
合计	72 学时	

3. 课程环境

为顺利实施本书教学，学习者除需要对网络技术有持续的学习热情之外，还必须具备扎实的网络基础知识、交换网络组网知识。这些专业基础知识可帮助学习者理解本书中涉及的多层交换、智慧园区网组网的技术原理。

此外，本课程还需要一个构建多层交换网络的实训环境，再现涉及的多层交换技术，构建多层交换园区网工程项目，需要用到二层交换机、三层交换机（万兆模块、万兆线缆）、POE 交换机（可选）、模块化路由器及若干计算机等。虽然本书所选项目涉及的产品来自厂商，但在规划中力求使技术具有业内通用性，遵循业内通用技术标准。

4. 职业认证

职业认证通常由厂家或专业组织开发和管理，对于寻找就业机会的人来说，职业认证是常见的就业工具；对于雇主而言，职业认证是评估雇员水平的一种手段。

为提高学生的就业竞争能力，本课程学习结束后学生可以参加厂商的资深网络工程师职业资格认证。认证可证明学习者掌握了资深网络工程师必需的多层交换技术，精通网络协议、熟悉网络硬件，具有解决网络疑难问题的能力，为未来就业储备竞争能力。本课程对应的职业资格认证为资深网络工程师职业资格认证，如 CCNP、HCNP、RCNP 等，均为“国家‘1+X’认证”可选证书。

5. 开发团队

本书主要由高等院校教师和工程师团队联合开发完成，他们分别工作在不同领域，相互之间取长补短，分别承担不同单元模块的编写任务，合作完成本课程开发。

其中，王隆杰来自深圳职业技术学院，黄君羡来自广东交通职业技术学院，曹建春来自黄河水利职业技术学院，周连兵来自东营职业技术学院，肖颖来自无锡职业技术学院。他们分别带领各自的教学团队承担相关模块开发任务。作为业内名师，他们多年来工作在教学一线，具有国家职业技能竞赛的丰富经验。为完成本课程开发任务，他们带领各自教学团队，按照资深网络工程师人才素质培养要求，主导全书体系规划、体例设计，并承担相关单元模块开发任务，使本书具有通用性，方便在大、中专院校落地。

此外，安淑梅、张璐琦、汪双顶等来自锐捷网络技术服务部的工程师，充分利用厂商积累的园区网工程项目资源，引进厂商园区网工程项目，按照厂商项目施工过程，将园区网中应用的多层交换技术引入到课堂，保证院校教学和行业发展同步。

本书前后经过多轮修订，投入了大量的人力，改革力度较大，远远超过策划者最初的估计。由于课程组的水平有限，疏漏之处在所难免，敬请读者指正。若想获取本课程的教学资源，请发邮件到 410395381@qq.com 索取，也可访问人邮教育社区（www.ryjiaoyu.com），输入书名查询课件资源。

创新网络教材编写委员会

2020 年 4 月

使 用 说 明

为方便本书内容在工作中的应用，全书采用了业界标准拓扑绘制方案。书中使用到的符号、拓扑图形风格及命令的语法规范约定如下。

- 竖线 | 表示分隔符，用于分开可选择的选项。
- 星号*表示可以同时选择多个选项。
- 方括号[ ]表示可选项。
- 双斜杠//表示对该行命令的解释和说明。
- 斜体字表示需要用户输入的具体值。

本书中所使用的图标示例如下。

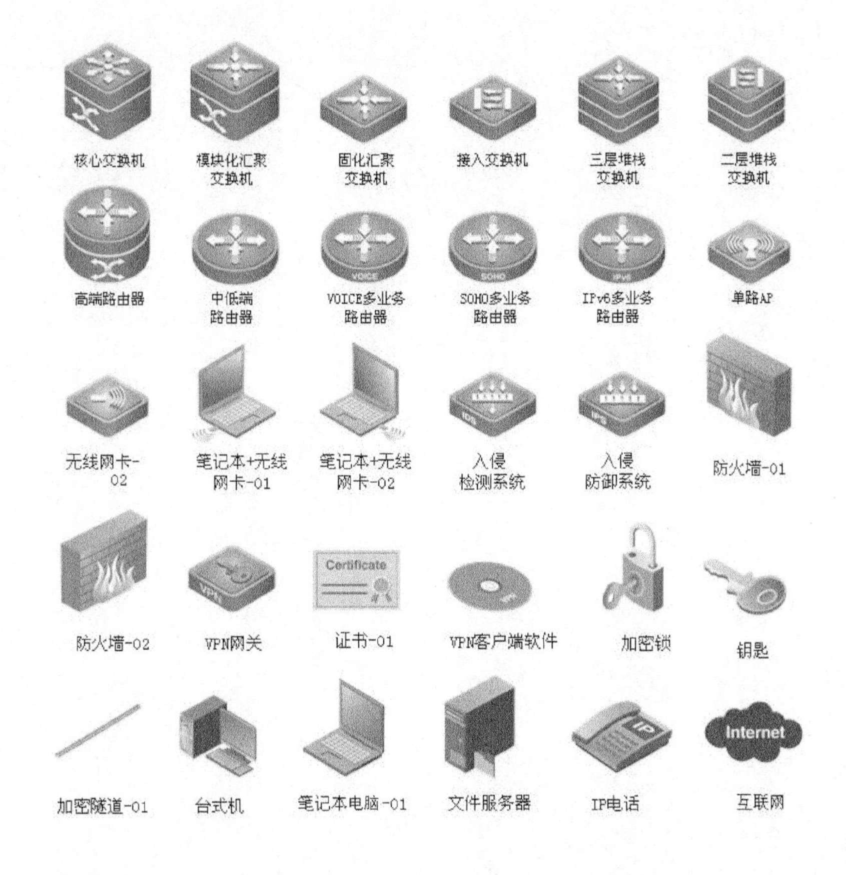

目录 CONTENTS

单元1 园区网络多层交换技术概述

【技术背景】

数据交换技术从最初的电路交换发展到二层交换，又从二层交换逐渐发展到三层交换，再发展到目前的多层交换，极大地改善了园区网络的传输效率，更把智慧园区网络的传输速度推送到了 100Gbit/s 的传输巅峰。

传统交换技术是在 OSI 网络标准中的第二层进行数据转发的，而多层交换技术是在第三层实现数据包的高速转发的，多层交换技术就是“二层交换技术+三层转发技术”。

多层交换技术解决了局域网中划分网段之后，网段中子网之间必须通过路由器转发数据包的问题，实现了不同子网之间的高速传输，多层交换园区网络结构示例如图 1-1 所示。

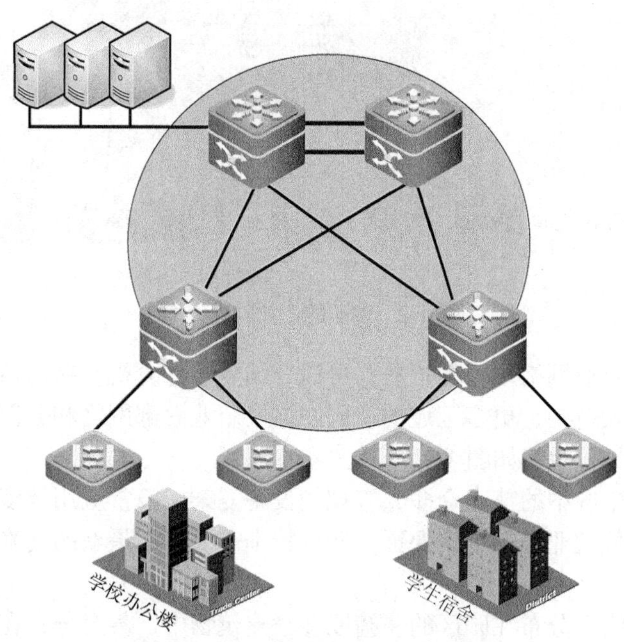

图 1-1 多层交换园区网络结构示例

随着网络新技术的应用，通过大规模使用多层交换及虚拟化技术，园区网络获得了高达 100Gbit/s 的超高速传输速度。

本单元将帮助读者学习智慧园区网络的规划思路，了解园区网络中的多层交换技术。

【技术介绍】

1.1 认识园区网络

网络是相互连接、以共享资源为目的的计算机以及其他智能终端设备的集合，通过网络可以实现资源共享和设备之间的通信。此外，通过互连互通的网络，还可以达到负荷均衡、分布处理和提高系统安全性与可靠性等目的。

企业网络是指一个企业内部或者一个企业和与其相关联的分公司之间的互联网络系统，为企业的日常经营活动提供专用网或虚拟专用网服务，图 1-2 所示为多层的企业网络架构。企业网络由工作组网络演变而来。从组网技术上讲，企业网络既可以使用局域网组网技术，又可以使用广域网组网技术。

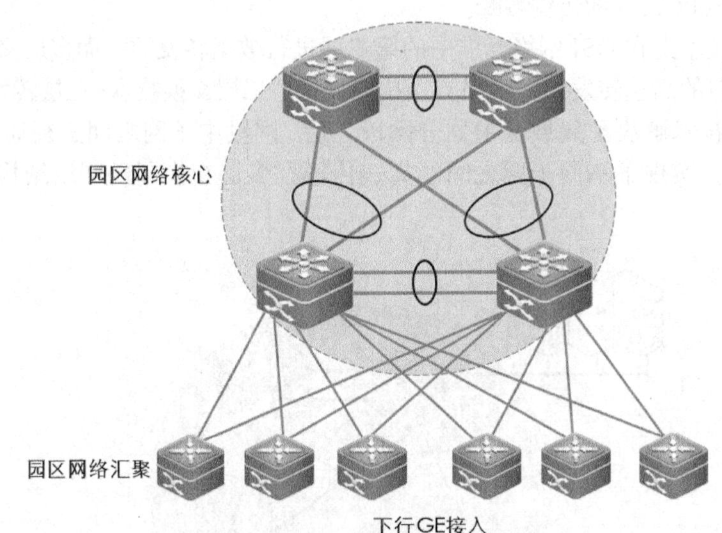

图 1-2　多层的企业网络架构

园区网络则是企业网络规模的扩展，可以容纳更多计算机、路由器、三层交换机及防火墙等，可实现更大范围、更多区域的校园网络及企业总部网络和分部网络之间的设备互连，园区网络布局场景示例如图 1-3 所示。

由于园区网络中容纳的节点众多，管理的设备复杂，日常应用繁多，因此网络的传输效率不佳，尤其是关键业务得不到保证，所以特别需要使用最新的网络交换技术进行合理的规划和设计。

目前，园区网络多分布在园区的一幢或多幢建筑物中，甚至分布在多个园区之间，通常使用以太网技术、光纤分布数据接口技术实现各个园区之间企业网络的彼此互通，构成一个互连互通的跨园区企业网络系统，为园区内部的工作人员提供日常办公、数据、图像、语音及视频等综合业务服务，如图 1-4 所示。通过园区网络综合管理系统，可实现各类型资源的统一管理、集中告警以及综合可视化。

园区网络中的“园区”主要指企业的位置，也指企业总部或企事业单位集中办公的区域，通常由同一个区域中紧密毗邻的一幢或多幢建筑物组成，如企业的多幢办公大楼，或中小企业在综合办公区中拥有的多层办公空间，甚至是分布在更开阔的大学校园中的多校区的设施等。这些大楼和楼层之间先实现互连，园区之间再互连形成园区网络，最后通过网络出口技术实现园区网络和 Internet 的网络连接，共享园区网络中的数据资源与信息服务。

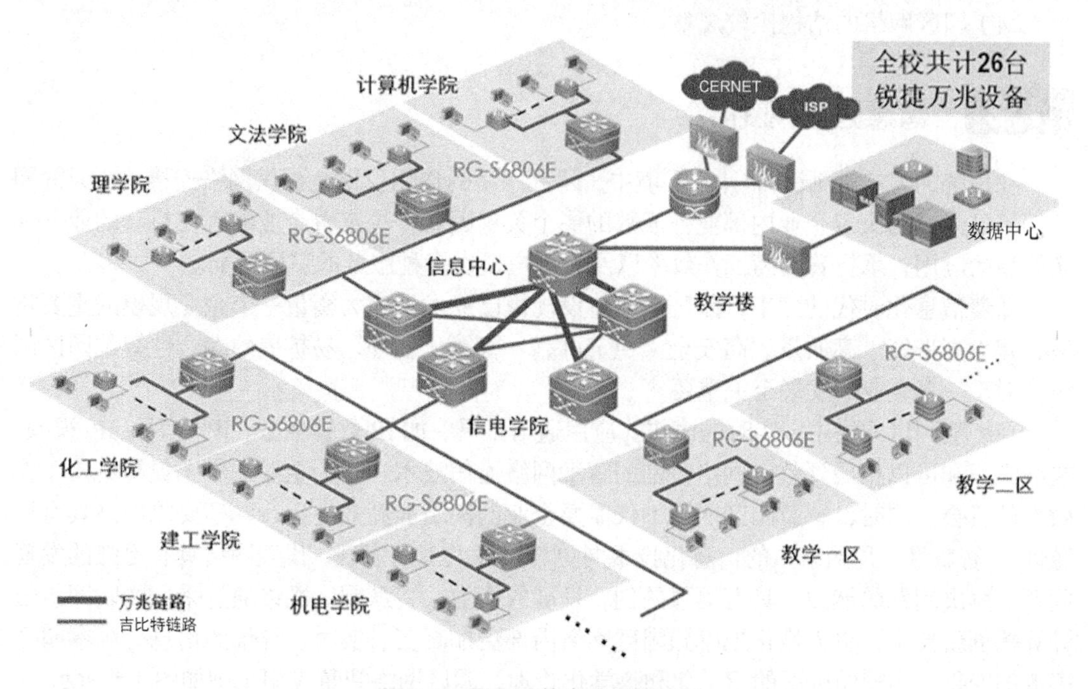

图 1-3 园区网络布局场景示例

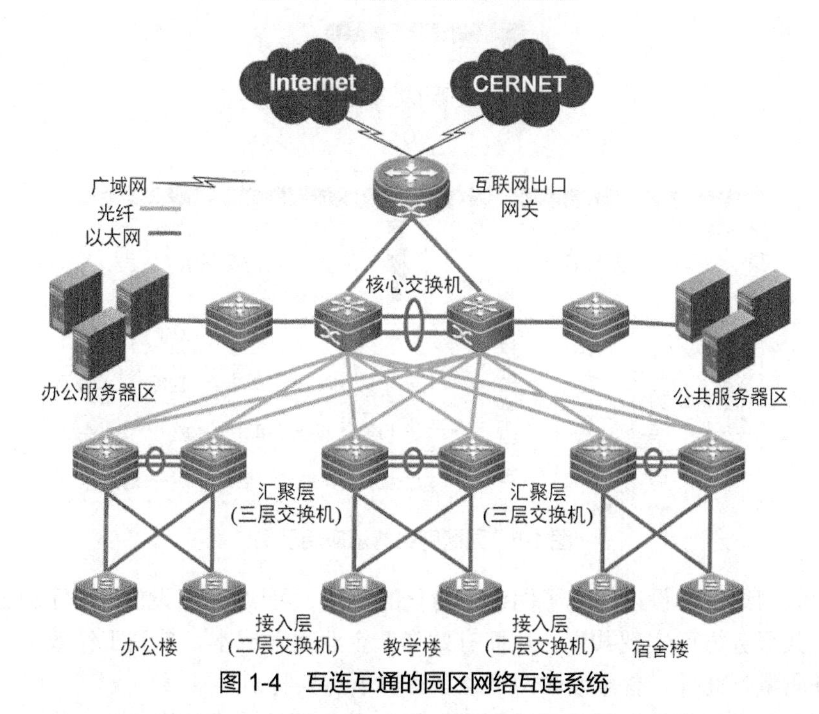

图 1-4 互连互通的园区网络互连系统

通常，园区网络具有以下基本特征。

（1）园区网络是网络的基本单元。

（2）园区网络采用三层结构设计。

（3）园区网络对线路成本考虑较少，对设备性能考虑较多，追求高带宽和良好的扩展性。

（4）园区网络的结构比较规整。

1.2 智慧园区网络

在传统的客户端/服务器计算环境中，园区网络的作用仅仅是提供网络连接。今天的园区网络已经成为决定企业内部业务成败的一个关键因素，决定着企业能否支持新的业务和实施新的应用，承担着提高工作效率以及为客户提供多种服务的重要职能。

随着信息化时代的到来，园区网络建设规模已经发展成为衡量一个企业规模的重要指标，建设高带宽、高质量、高安全、稳定可靠、智能化管理、易扩展的综合性智慧园区网络，对于一个企业的发展至关重要。

在智慧园区网络中，实时的协作式应用通信工具，如IP数据业务、IP电话、IP视频、在线学习和可以拓展到整个网络范围的智慧网络通信技术，都为企业提供了提高员工工作效率的机会。同时，智慧园区网络不仅需要企业的网络能高效地运行，还要求网络具有智慧性。“智慧性”是网络中的信息化技术向更高阶段发展的表现，代表网络具有更强的发现问题、解决问题的能力，具有更强的创新发展的能力。智慧园区网络通过采用物联网、云计算等创新技术，更人性化地感知园区网络内部更加真实、实时、详细的信息，洞察园区事务的变化，实现园区网的精细化和科学化管理，园区网络智慧应用示例如图1-5所示。

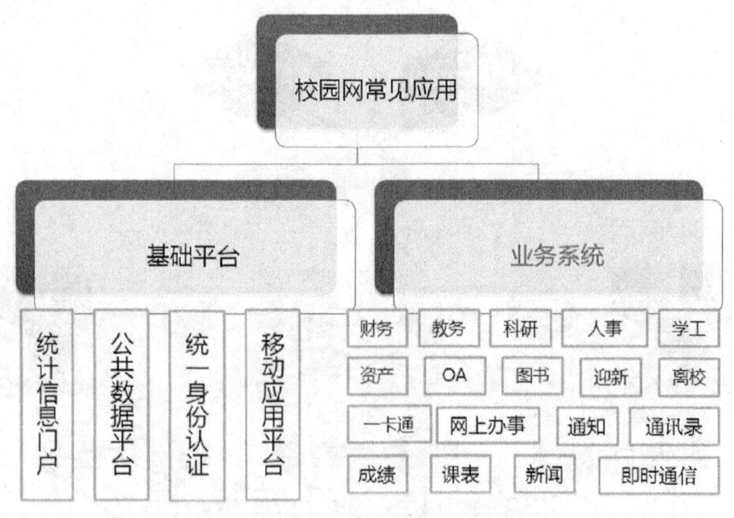

图1-5 园区网络智慧应用示例

智慧园区网络的建设还体现了网络集约化的特点，可以在IT设施、楼宇办公设施、人才资源、公共服务方面实现共享，从而有效降低企业运营成本，提高工作效率，提升服务水平和服务质量。此外，智慧园区网络还具有以下重要特点。

（1）智慧园区网络能更好地发现问题，能实现全面且灵活的物与物、物与人、人与人的互连互通以及相互感知。

（2）智慧园区网络具有更高效且安全的信息处理能力和信息资源整合能力，能更好地解决问题，实现跨部门、多层级、异地合作等协调发展。

（3）智慧园区网络还能实现正确的决策和执行。依托智慧园区网络中的云计算和大数据能力，企业网络能更科学地预警、分析、监控和决策，更高水平地远距离控制执行和智能化执行。

1.3 园区网络的架构

1.3.1 园区网络的三层架构规划

1. 为什么要关心层次化园区网络设计

园区网络的建设需要巨大的业务投资，标准的园区网络规划可以提高业务效率和降低运营成本。而使用层次化方式完成园区网络设计，既可以节约成本，又可以让网络中的每一层功能都很分明。模块化网络组件易于复制和扩展，在实际的网络应用中，扩展或者移除一个模块无须重新设计整个网络；每个模块可以在不影响其他模块或者网络核心的情况下投入使用，中断运行任何组件也不会影响网络的其他部分，具有较强的故障隔离能力。

园区网络在规划和设计上，遵循层次化理念，设计涉及三个关键层，分别是核心层（Core Layer）、汇聚层（Distribution Layer）和接入层（Access Layer），形成三层网络架构，如图 1-6 所示。三层网络架构采用层次化模型设计，将复杂的网络设计分成几个层次，每个层次着重于某些特定功能，这样就能够使一个复杂的大问题变成许多简单的小问题。

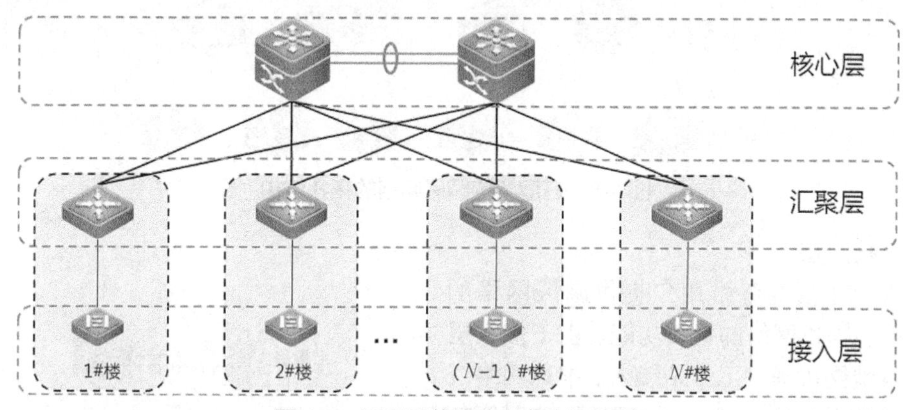

图 1-6　园区网络层次化规划和设计

当数据流通过层次化结构中的各个节点，沿着接入层 → 汇聚层 → 核心层传输时，流量、数量以及带宽要求都逐层增加，所以在层次化的网络设计中，需要针对网络位置和实际功能选择特定性能的设备，以实现网络的优化，提高网络可扩展性，增强网络稳定性。

2. 层次化园区网络设计思想

在中小规模企业网络规划中，由于建设需求少，可使用简单的网络设计，依托于布线和物理环境等现实情况，规划为核心层和接入层的二层架构，二层架构办公网场景示例如图 1-7 所示。

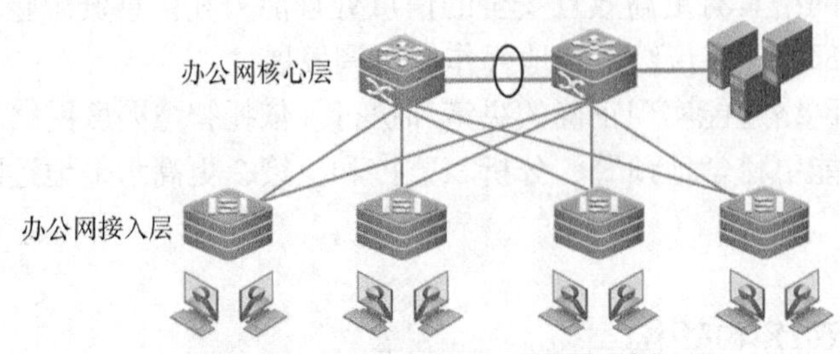

图 1-7　二层架构办公网场景示例

随着网络规模的扩大，大型园区网络可能分布在数个楼宇内，楼宇之间通过光纤连接起来，实现更大规模的网络互连。这时候，网络的层次化就需要加强，需要按照楼层接入、大厦汇聚和全网核心的三层架构进行网络设计。基于此，智慧园区网络在规划上也依次划分为接入层、汇聚层和核心层。

三层架构网络规划和设计方便了网络的优化和管理，可以保障未来网络扩展需要，随着网络的不断扩大，能实现更多用户的接入，使网络更加简单、高效、智能和易管理。图 1-8 所示为三层架构园区网络的拓扑结构，每个层次在园区网络的相应位置提供了各自的物理和逻辑网络功能。

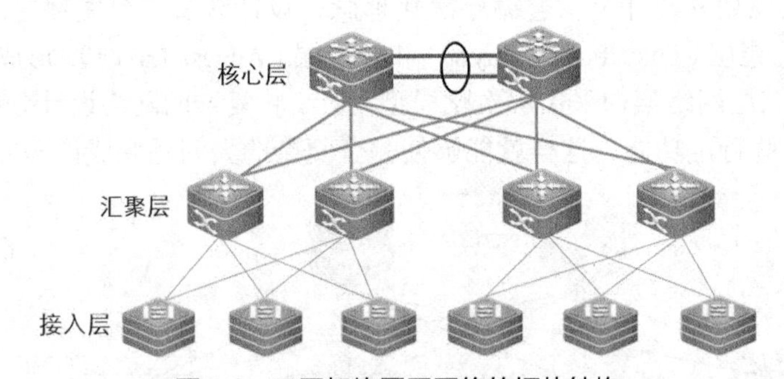

图 1-8　三层架构园区网络的拓扑结构

（1）接入层

接入层主要为终端用户提供园区网络的访问途径，提供网络的接入功能。由于接入层主要向本地网段提供工作站接入、本地网络资源共享、数据交换、MAC 物理地址映射等功能，因此在接入层中应尽量减少同一网段的工作站数量，以便能够向工作站提供高速带宽，如图 1-9 所示。

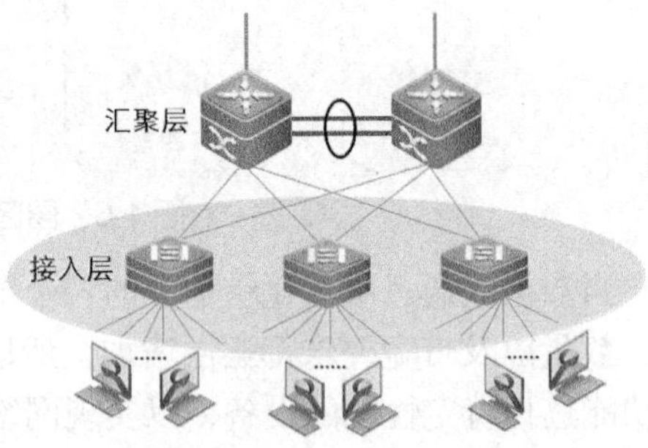

图 1-9　园区网络的接入层

（2）汇聚层

汇聚层的功能是将园区网络的接入层和核心层连接起来，聚合接入层的上行链路，以减轻核心层设备的负荷。

汇聚层定义了网络的边界，使园区网络基于统一策略互连，实施网络安全保障，提供工作站接入、虚拟局域网（Virtual Local Area Network，VLAN）之间的路由、访问列表和分组过滤的安全策略，提供网络扩展、实现冗余和弹性等多种功能，如图 1-10 所示。

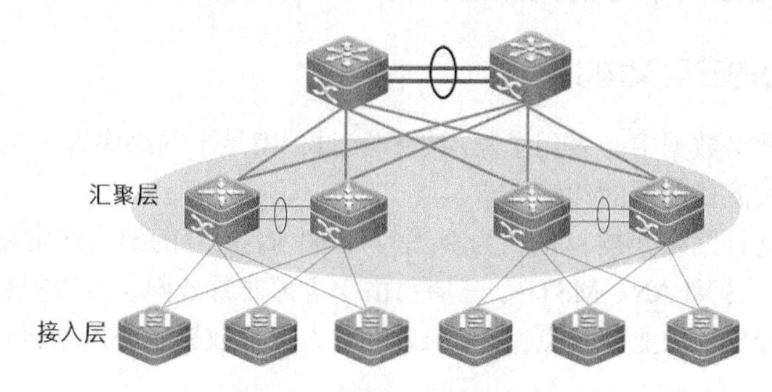

图 1-10 园区网络的汇聚层

（3）核心层

园区网络核心层主要实现骨干网之间的高速传输，园区网络中骨干网设计任务重点是冗余、可靠和高速传输，所以网络中的安全控制功能最好尽量少在园区骨干网上实施。

核心层连接所有的汇聚层设备，处理园区网中的大量数据。因此，核心层的设备必须能支持高可用性，能实现网络的冗余和弹性，图 1-11 所示为园区网络核心层连接场景。

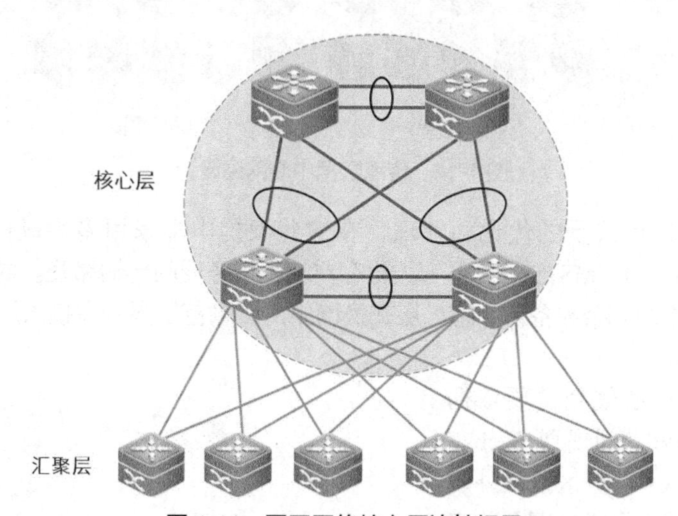

图 1-11 园区网络核心层连接场景

核心层是网络的高速交换主干，对整个网络的连通起到至关重要的作用。核心层的网络通常应该具有可靠性、高效性、冗余性、容错性、可管理性、适应性及低延时性等，因此，核心层是园区网络中所有流量的最终汇聚和转发中心，其设计以及网络设备的选型要求十分严格。

因为核心层是一个网络的枢纽，重要性突出，所以在建设时应该采购高带宽、高稳定性的万兆级别以上的交换机产品，以保障核心网络的稳定性。此外，核心层设备还需实现双机冗余，提供热备功能，通过热备实现负载均衡，增强网络的稳定性，改善网络的传输性能。

1.3.2 园区网络数据中心的大二层架构

1. 数据中心的三层架构设计

传统的园区网络数据中心采用了三层架构设计，满足了网络中客户端/服务器模式应用程序的纵贯式、大流量数据的传输需求。

之所以采用这种网络架构，是因为在当时这种网络规划的架构非常稳定，相关的二、三层网络技术（二层 VLAN、MSTP、三层路由）也都非常成熟，可以很容易地部署，也符合数据中心分区分模块的业务特点，图 1-12 所示为传统数据中心网络设计。

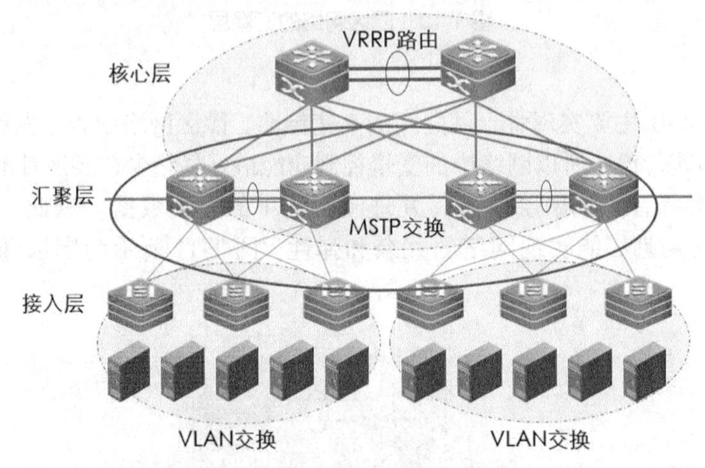

图 1-12 传统数据中心网络设计

为了实现对通信流量的优化和管理，在这些架构中多采用多生成树协议（Multiple Spanning Tree Protocol，MSTP）技术来优化客户端到服务器的传输路径。同时，通过 MSTP 技术还可实现网络的冗余和备份，将二层交换网络的传输范围限制在接入层以下，避免出现大范围的二层广播。

传统的数据中心规划主要依据功能进行区域划分，如规划 Web、App、DB，办公区、业务区以及外联区域等，不同区域之间通过网关或安全设备互访，保证不同区域的可靠性和安全性。在传统数据中心网络中，“区域”对应 VLAN 划分，相同 VLAN 内的终端属于同一广播域，相同 VLAN 之间实现二层连通；不同 VLAN 之间的通信需要通过三层网关技术实现，如图 1-13 所示。

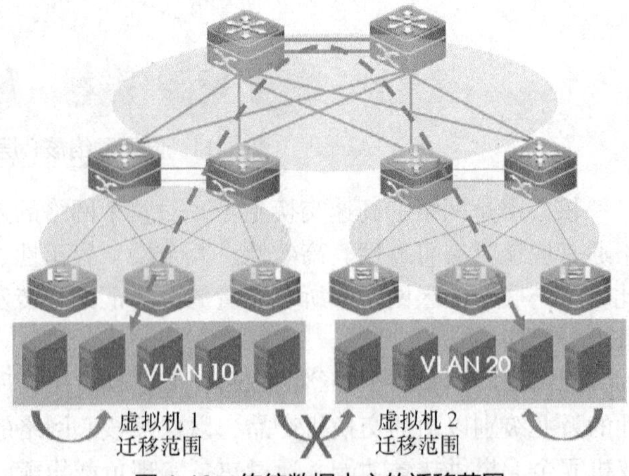

图 1-13 传统数据中心的迁移范围

随着虚拟化技术的应用，数据中心的规模不断扩大，不仅对二层交换网络的区域范围要求越来越大，在数据中心高速访问需求和数据中心的网络管理水平上也提出了新的挑战。

传统的设计中，规划的层次过多导致了网络中心的服务器利用率太低，经过测试，平均利用率只有10%～15%，浪费了大量的电力和机房资源。

2. 数据中心大二层架构

近些年来，网络虚拟化技术逐渐成熟并得以广泛应用，通过在数据中心引入虚拟机动态迁移技术，使数据中心的网络支持大范围的二层传播，从根本上改变了传统的三层网络设计架构。

虚拟机动态迁移技术（如VMware的VMotion）把一台物理服务器虚拟化成多台逻辑服务器，这种逻辑服务器称为虚拟机（VM），每台虚拟机都可以独立运行，有自己的OS、App，也有自己独立的MAC地址和IP地址，它们通过服务器内部的虚拟交换机（VSwitch）与外部实体网络连接。

基于数据中心规模的扩大和业务需求的增加，面向集群处理的应用越来越多，集群内的服务器需要安装于一个二层VLAN上。虚拟化技术的应用，在给业务部署带来便利和灵活性的同时，虚拟机的迁移问题也成为必须要考虑的问题。

部署在网络中的虚拟机在迁移的过程中，要求迁移前后的IP和MAC地址不能改变，这就需要虚拟机迁移前后的网络必须处于同一个二层域内部。由于客户要求虚拟机迁移的范围越来越大，甚至是跨越不同机房、不同地域的迁移，所以数据中心二层网络的范围越来越大。因此，大二层架构的数据中心网络设计成为当前趋势。

图1-14所示园区网络数据中心环境设计利用网络虚拟化技术（如VSU）消除二层网络环路，通过在网络中实施VSU技术把接入层、汇聚层、核心层的交换机都虚拟成单节点虚拟设备，解决了数据中心内部网络扩展问题，实现了大规模二层网络和VLAN延伸，实现了虚拟机在数据中心内部的大范围迁移，完成了大二层的、扁平化的网络设计。

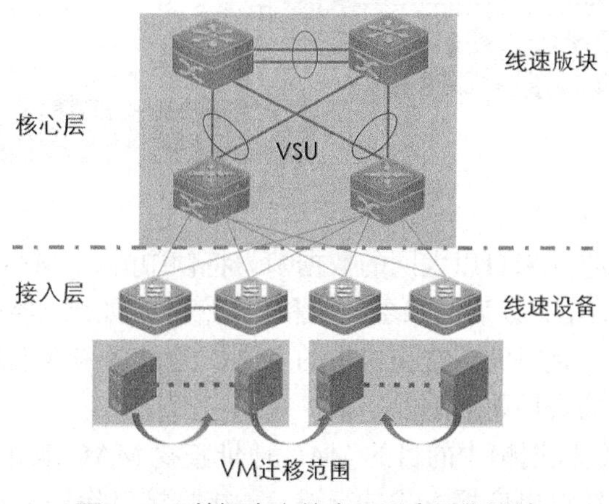

图1-14 数据中心的大二层扁平化设计

1.4 园区网络交换技术

1.4.1 二层交换技术

1. 什么是二层交换技术

园区网络中广泛应用的交换技术即以太网交换技术。在以太网传输中，数据按照 MAC 地址表实现交换，完成把数据从一个接口转发到另一个接口的智能转发过程。以太网交换技术克服了传统共享式以太网的缺点，使原来“共享”带宽变成“独占”带宽，大大提高了以太网的网络传输效率。

二层交换技术主要通过交换机实现。在二层接入网络中，交换机通过解析接收到的以太网数据帧中的源 MAC 地址，学习、生成和维护交换机中 MAC 地址与接口的对应关系，通常把保存 MAC 地址与接口对应关系的表称为 MAC 地址映射表。安装在以太网中的二层交换机设备都具有 MAC 地址智能学习功能，可以为新出现的 MAC 地址和连接的接口建立映射表，并保存在 MAC 地址表中，依靠专用数据处理转发集成电路（ASIC）芯片实现过滤转发。交换机中设计精密、高密度集成的 ASIC 芯片具有超高速的数据转发功能，能实现数据在本地网络中的快速转发。

图 1-15 所示为二层交换机通过解析帧中的目的 MAC 地址来决定该数据帧向哪个接口转发的基本流程。

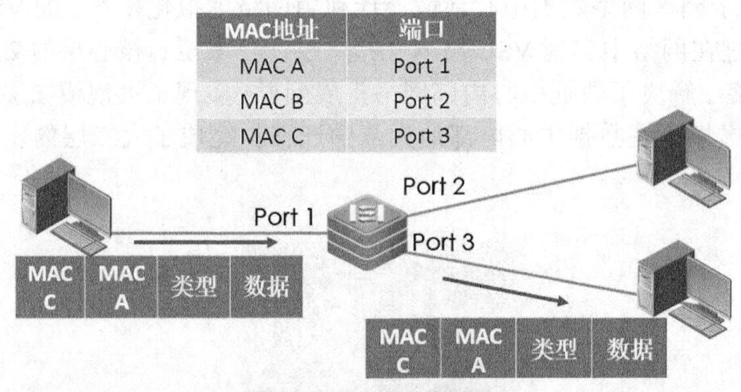

图 1-15 二层交换过程

首先，二层交换机收到来自以太网的数据帧，将帧中的源 MAC 地址与接收接口对应关系写入 MAC 地址表，作为以后的二层交换和转发依据。如果 MAC 地址表中已有相同表项，那么刷新该表项的老化时间。交换机中的 MAC 地址表采取老化更新机制，在一定的老化时间内未得到刷新的表项将被删除。

其次，根据接收到的数据帧中的目的 MAC 地址查找 MAC 地址表，如果没有找到相应的匹配表项，就向所有接口以广播方式进行转发（接收接口除外）；如果目的 MAC 地址是广播地址，则向所有接口广播转发（接收接口除外）；如果找到匹配表项，则向该表项连接的对应接口转发；如果表项所示接口与收到以太网帧的接口相同，则丢弃该帧。

从上述流程可以看出，二层交换技术根据目的 MAC 地址查表进行过滤转发，有效地利用了二层交换网络的带宽，相对于传统广播传输大大改善了网络性能。

2. 二层交换技术的特点

二层交换技术的突出特点表现为以下两方面。

（1）增强了网络的扩展功能。采用交换式以太网，当网络的规模增大时，用户实际可用带宽不会减少，将来随着业务增长或新技术的应用，可以用最小的代价换取最高的性能。而在传统的共享式以太网中，网络规模的扩大、用户数目的增加会导致可用带宽的下降。

（2）有助于防止广播风暴。共享网络的最大弱点是无法阻止广播风暴，当来自某一接口上数据帧的目标地址未知时，共享网络中的集线器会把它转发给所有其他接口，大量的广播信息会形成“广播风暴”。基于交换技术的网络可以大大降低广播出现概率。特别是在二层交换网络中的虚拟局域网技术，还可以有效阻止网段之间的广播传输，避免网络发生拥塞。

3. 二层交换技术的类型

目前，在园区网络中的交换机上广泛采用的交换技术主要有快捷交换技术（Cut-Through Switching，CTS）、准快捷交换技术（Interim Cut-Though Switching，ICS）、存储转发交换技术（Store and Forward Switching，SFS）等。

（1）快捷交换技术

快捷交换技术以最快的速度，将接口上接收到的数据帧过滤式转发到相应接口。数据帧的交换过程如下：交换机从接口接收数据帧，解析出目的和源 MAC 地址后，对目的 MAC 地址与 MAC 地址表进行比较，依据 MAC 地址转发。

快捷交换技术是速度最快的交换技术，接收接口还没有完成全部帧接收之前，接收到 MAC 地址段后就立刻匹配 MAC 地址表转发，其转发等待时间最短。但快捷交换技术也有不足之处：不能识别长度超过 120bit 的残帧；由于没有进行全帧循环误码校验，难免将存在差错的数据帧转发，会发生碰撞与拥塞，造成合法帧不得不重发，从而降低了网络的利用率。

（2）准快捷交换技术

准快捷交换技术又称为无残帧交换技术（Runt-Free Cut-Though Switching，RCS），属于快捷交换技术的改进技术。快捷交换技术存在将部分残帧以及没有校验的错误帧转发出去等缺点，准快捷交换技术对此进行了改进，在交换机的每个接口的接收、输入通道上分别设置一个 512bit 容量的缓存器（FIFO），此容量正好是以太网允许的最短帧长。这样，准快捷交换技术就可将短于 512bit（64 Bytes）的残帧过滤掉，从而避免将小于 512bit 的残帧转发出去，这在一定程度上降低了接口发生拥塞、碰撞的可能，使交换机的性能有了较大程度的提高。

尽管准快捷交换技术优于快捷交换技术，但它比快捷交换技术复杂，在各个接口需增加 512bit 容量缓存器，转发等待的时间比快捷交换技术长。由于以太网数据帧最长为 1518Bytes，而缓存器容量仅有 512bit，并且不进行检验，因此，快捷交换技术不可避免地会转发未校验的差错帧或多于 512 bit 的部分残帧。

（3）存储转发交换技术

存储转发交换技术在交换机各个接口的输入和输出通道上都有可利用的缓存空间，接口接收到的帧首先存入 FIFO 之中；待全帧存入后，进行循环冗余校验，做出过滤转发的决策，将非法的帧丢弃。合法的帧被转发到目的节点 MAC 地址对应的接口，再经排队按先后次序发送出去。采用存储转发交换技术的优点是可以把所有残帧、差错帧等非法帧检查出来并丢弃掉，大大降低了接口产生拥塞和碰撞的概率。采用存储转发交换技术的缺点是转发等待的时间最长，硬件结构设计复杂，需要有足够的存储器容量和相关的控制硬件系统。

1.4.2 三层交换技术

三层交换技术是二层交换技术的延伸，通过在网络中使用三层交换机设备，可以大大改善交换网络的传输效率。在当今的网络建设中，三层交换机产品已大规模应用于园区网络建设。它以其高效的性能、优良的性价比得到用户的认可。

1. 什么是三层交换技术

三层交换是相对于传统的二层交换技术提出的。众所周知，传统的交换技术工作在 OSI 参考模型中的第二层（数据链路层），而三层交换技术工作在 OSI 参考模型中的第三层（网络层），实现了不同于网络中数据分组的高速转发，实现了“二层交换技术 + 三层转发”机制，利用第三层路由协议来增强第二层网络的交换功能，也称为 IP 交换技术，如图 1-16 所示。目前，绝大部分企业网实施了以 TCP/IP 为核心的内联网（Intranet）建设，用户的数据需要使用三层交换机实现不同的子网通信。

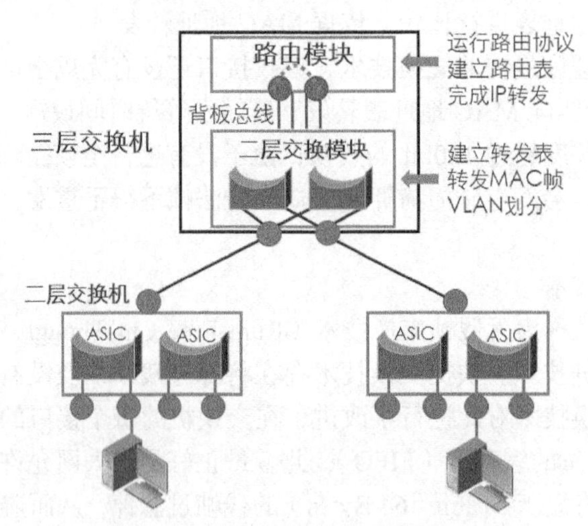

图 1-16　三层交换和路由映射关系

此外，三层交换机通过建立三层 IP 路由表和二层 MAC 地址表之间的映射关系，实施基于“一次路由，多次交换”的流传输机制，保障数据在本地园区网络中的高速传输。

三层交换技术的出现，解决了局域网分段之后，网段中的子网必须依赖路由器进行管理，造成的数据低速传输的瓶颈问题。在园区网络通信中，大规模使用了三层交换技术，实现了网络的高速传输。

2. 三层交换技术沿革

传统网络中的交换技术位于数据链路层，使用二层交换机转发数据。三层交换技术在传统交换技术的基础上进行了变革，其技术先后经历过如下几个阶段。

第一代交换机是分立电子元件和原语式软件框架的混合体设备。该类型的交换产品依赖安装在设备上的软件系统完成本地网络中数据的识别和转发任务。安装在设备上的软件系统运行在一个固定内存的处理机上，通过交换软件实现网络中数据的交换。随着网络规模的扩大，网络上的传输流量逐渐加大，通过软件系统实现交换的设备便成了网络传输的瓶颈。

第二代交换技术改变了使用软件系统实现交换的思想，使用第二层交换式的专用集成电路（ASIC）芯片来进行数据交换。该项技术的应用使得第二层的交换性能提高了 10 倍，但其局限性体现在只能实现同网段中的数据交换，不能实现跨网段的数据转发。要实现跨网段的数据转发，需要通过路由器。路由器工作在网络层，可以实现跨网段中的数据转发，使用路由器实现三层转发的缺点是路由器的接口少，转发速率慢，传输开销大，容易造成网络瓶颈。

灵活智能的路由引擎（FIRE）技术的诞生宣告了第三代交换技术的来临，包括第三层交换、三层路由、组播（Multicast）以及用户策略（Policy）等，提供了线速交换的性能。FIRE 技术是第三层交换的核心技术，它通过高集成化的芯片，提供第二层和第三层的转发功能，同时在多种网络类型接口上提供线速交换性能。

三层交换机包括第二层的交换模块和第三层的路由模块，三层交换技术是在三层交换机上实现的 IP 路由技术，是二层交换技术和三层转发技术的结合。一台具有三层交换功能的交换设备实际上是一台带有三层路由功能的二层交换机，是两项技术的有机结合，并不是简单地把路由器的硬件及软件叠加在交换机上。

3. 三层交换技术原理

三层交换技术工作在 OSI 参考模型的第三层（即网络层），利用三层协议中的 IP 包中的报头信息对后续数据业务流进行标记，后续具有同一标记的业务流报文直接交换到第二层（数据链路层），建立源 IP 地址和目的 IP 地址之间的专用通路。通过这条通路，三层交换机就没有必要每次都对接收到的数据包进行拆包以判断路由，而是可以直接对数据包进行转发，实现三层数据流的高速交换，如图 1-17 所示。

三层交换使用第三层路由协议确定传送路径，此路径可以存储起来，之后具有相同特征的数据包都可以通过连接成功的虚电路，绕过 IP 路由转发机制，实现二层的快速发送。

如图 1-18 所示，终端设备 A 和 B 都连接在二层交换机 C 上，则终端设备 A 向 B 发送数据时，首先通过 IP 和子网掩码判断终端设备 A 和 B 是否在同一子网内。如果不在同一子网内，则二层交换机 C 无能为力，A 和 B 之间不能进行通信。如果终端设备 A 和 B 在同一子网内，则终端设备 A 依据二层交换机 C 智能学习到的 MAC 地址表，通过二层交换技术实现 A 和 B 之间的通信。

SVI映射表	
SVI1- IP：192.168.1.1/24	SVI2-IP：192.168.3.1/24
MAC：ca00.0d4c.001d	MAC：ca00.0d4c.001d

Fa0/1　Fa0/2

IP 地址：192.168.1.2
MAC 地址：000c.297a.3046

IP 地址：192.168.3.2
MAC 地址：000c.2967.e2cf

第一个IP数据包执行传统路由，相同特征数据包按缓存表构成新MAC地址，实施“一次路由，多次交换”转发，查询对应接口直接转发

建立“一次路由，多次交换”缓存表

目的IP	源IP	目的MAC	源MAC	出站接口
192.168.3.2	192.168.1.2	000c.2967.e2cf	ca00.0d4c.001d	Fa0/2

源IP：192.168.1.2
源MAC：000c.297a.3046
目的 IP：192.168.3.2
目的 MAC：ca00.0d4c.001d

源IP：192.168.1.2
源MAC：000c.297a.3046
目的 IP：192.168.3.2
目的 MAC：000c.2967.e2cf

图 1-17　三层交换中“一次路由，多次交换”工作示意图

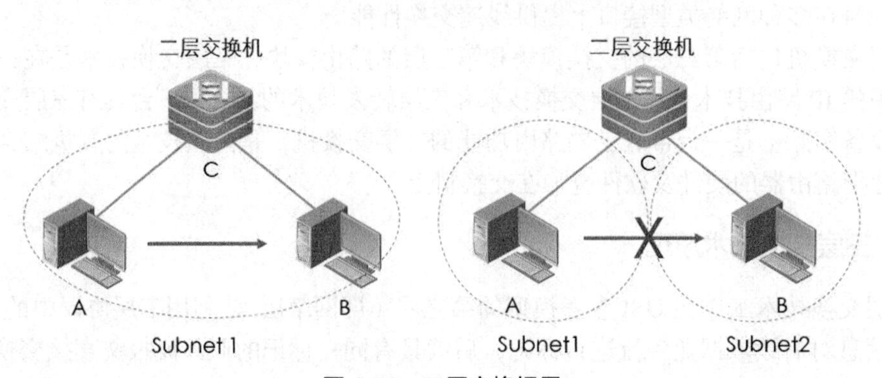

图 1-18　二层交换场景

如图 1-19 所示，C 为三层交换机，终端设备 A 和 B 在同一子网时，终端设备 C 直接使用二层的交换模块转发数据包；如果终端设备 A 和 B 不在同一子网，则终端设备 A 先将 IP 数据包向默认网关（即三层交换机 C）发送，三层交换机 C 根据终端设备 B 的 IP 地址，依据路由表对数据进行转发，同时将终端设备 A 和 B 的相关信息记录在二层交换模块上，以便再遇到时可以直接进行二层转发，即形成“一次路由，多次转发”机制。

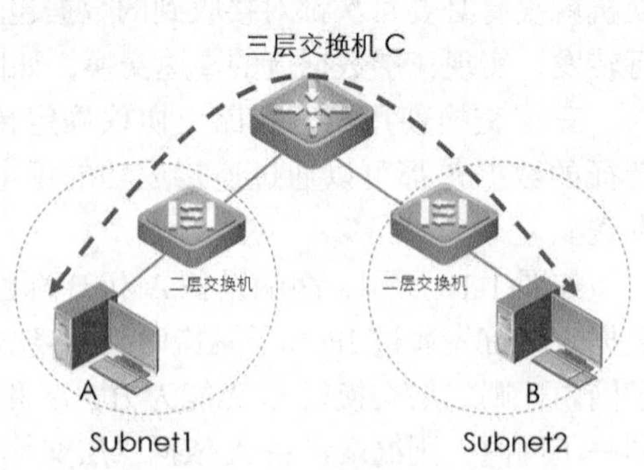

图 1-19　三层交换场景

4. 三层交换机 VS 路由器

三层交换机工作于 OSI 参考模型的第三层，三层路由模块不是二层交换机与路由器的简单叠加，而是由三层路由模块叠加二层交换高速背板总线速率（可达 Gbit/s），除需路由软件处理的数据转发为三层转发外，其余均为二层高速转发。

在实现相同子网之间的连通上，路由器和三层交换机一样，学习、生成和维护一张路由表（其中记录各种链路信息，供路由算法计算出到达目标网络的最佳路由），实现 IP 数据包的转发。如果收到的数据包在路由表中查询不到目的路由，则将该 IP 数据包丢弃，并向源地址返回出错信息。

路由器也工作于 OSI 参考模型的第三层，和三层交换机一样使用最佳路由转发数据包，还能实现不同类型的网络连通，如图 1-20 所示。路由器通过相互学习路由信息或将自己的链路状态广播给邻居路由器，并通过路由算法计算出到达目标网络的最佳路由。因此，路由器的路径计算工作量很大，转发速度相对于三层交换机较慢，所以在企业网络中转发的数据流量较大，又要求快速转发响应时，建议使用三层交换机，而将不同类型的网络之间路由转发交由路由器完成。

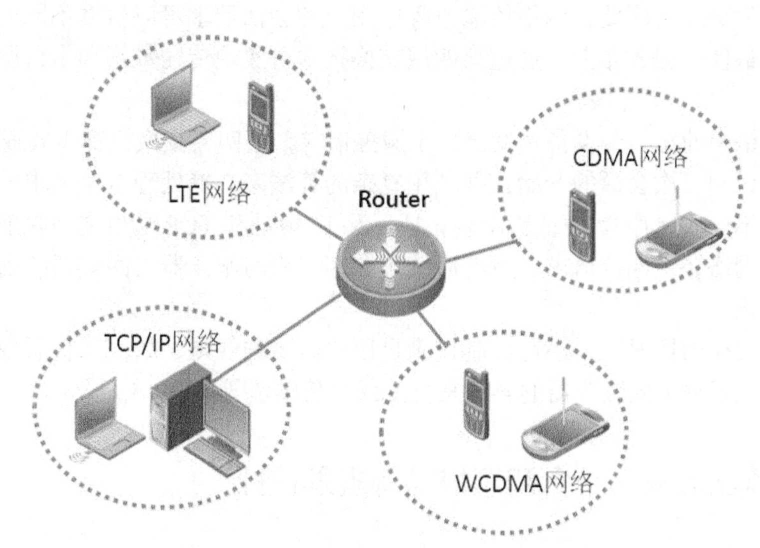

图 1-20 路由器实现不同类型网络间路由

1.4.3 第四层交换技术

随着 LAN 交换技术的发展，又出现了第四层交换，也称为多层交换技术。多层交换技术扩展了三层和二层交换技术，支持交换网络传输过程中更细粒度的网络服务，实现端对端的转发机制。二层与三层交换产品在不同子网之间的网络互连、子网之间传输带宽优化以及交换网络传输容量提升等传输上发挥了很好的作用，改善了网络传输中的服务性能，根据不同的数据通信提供不同的服务。

第四层交换决定数据转发的依据不仅包括数据帧中的 MAC 地址，或者数据包中的源 IP/目的 IP 地址，还包括 TCP/UDP（第四层）中的应用端口信息。

第四层交换业务服务的协议多种多样，有 HTTP、FTP、NFS、Telnet 等，可以根据不同的传输业务提供端到端的服务。在 IP 网络中，业务类型由终端设备上的 TCP 或 UDP 端口地址来决定,第四层交换由源端和终端设备上的 IP 地址以及 TCP 和 UDP 端口共同决定。

第四层交换实施端到端的交换技术，提供网络中端到端的高性能的优化传输，提高传输服务质量，实现所有网络传输的均衡负载，保证客户机与服务器之间数据传输的平滑流动。

第四层交换还是一种基于策略的交换技术，依据第四层的端口信息实现交换，如依据 TCP/UDP 中的端口号实现端对端的交换。此外，第四层交换还允许根据应用程序中区分的通信的优先权实现某种特定应用程序的通信流量，以第四层交换方式定向通过交换网络。

第四层交换技术通过第三层和第四层报头中的信息来识别网络传输数据流中的特定会话，包括 TCP 中的用户数据报协议（UDP）端口号、标记会话的开始与结束的 SYN/FIN 位等连接信息，这些连接信息指导第四层交换机做出向何处转发会话流的智能决定。特别是对于使用多种不同系统的大型数据中心、Internet 服务提供商来说，第四层交换的作用尤其重要。

在第四层交换过程中，需要从头至尾跟踪和维持各个会话，因此，第四层交换机是真正的“会话交换机”。在传统的网络传输过程中，承担第四层交换的设备需要根据网络传输的链路以及网络节点的可用性和可靠性做出转发决策，而第四层交换机则根据会话和应用层信息做出转发决定。因此，网络传输过程中用户的会话请求可以根据不同的规则被转发到网络中的“最佳”服务器上，通过第四层交换技术可实现传输数据和多台服务器间的负载均衡。

连接在网络中的每一台设备每发出一个服务请求，第四层交换机都需要通过判定 TCP 数据报信息来识别一次会话的开始，并利用复杂的算法来选择处理这个请求的最佳服务。第四层交换机不仅仅保存 IP 地址路由表，还保存 IP 地址和 TCP 端口之间映射表。第四层交换机向目标网络转发连接请求，所有后续包在客户机与服务器之间重新映射，直到交换机发现会话为止。

在第四层交换的情况下，还可以制订满足用户需要的规则，如使每台服务器上有相等数量的接入，或根据不同服务器的容量来分配网络传输流等。

1.5 网络实践：一个智慧校园网规划设计

【任务描述】

上海信息职业技术学院是一所培养高技能人才的职业技术学院，作为上海市新规划的一所高等职业院校，希望培养更多信息类服务人才，为实现教育信息化，需要构建互连互通的智慧校园网。

【设计过程】

要构建高可用的校园网，需要实施校园网的层次化设计，针对网络的位置和发挥的作用优选设备，以增强网络的扩展功能，实现网络稳定性。

当网络中的数据流量通过层次化结构，沿着接入层 → 汇聚层 → 核心层的架构传输时，网络的传输性能可随之得到提升。合理的网络规划设计不仅可提升后期的网络运维和管理效率，还为后期的网络扩展提供便利。

通常，校园网建设项目都需要经历启动阶段、规划阶段、实施阶段和收尾阶段，每一个阶段都有详细的工作内容，图 1-21 显示了标准的校园网建设流程。

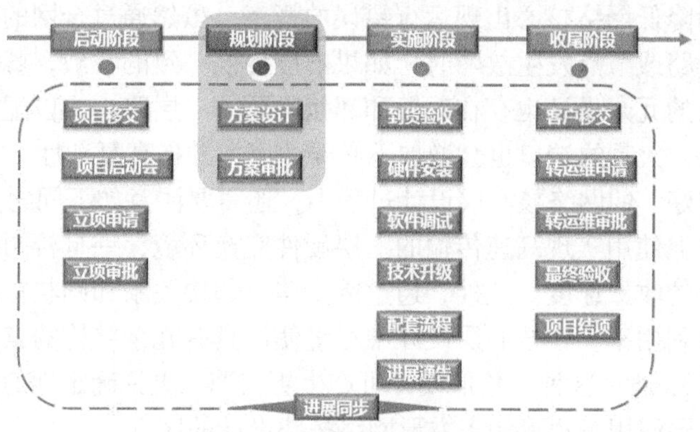

图 1-21　标准的校园网建设流程

按照层次化设计完成的模块化校园网如图 1-22 所示。

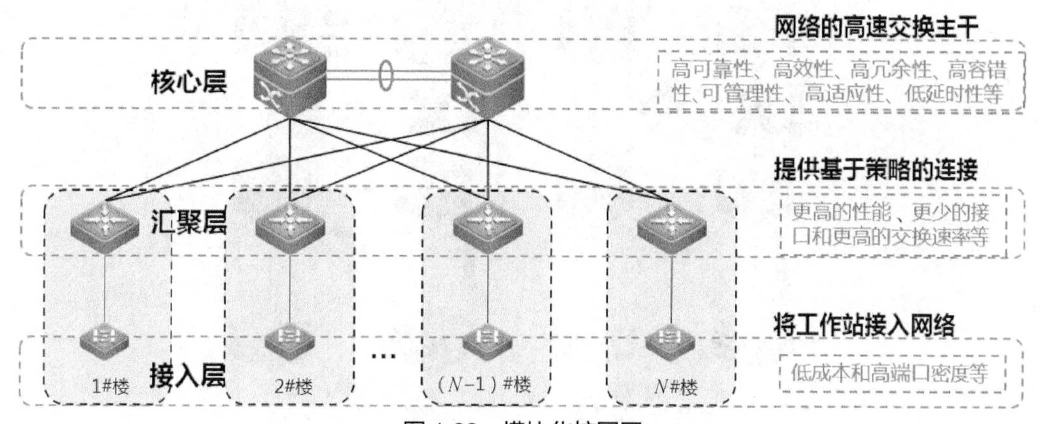

图 1-22　模块化校园网

1. 设计“越简单越好”的核心层

在层次化网络架构设计中，核心层为网络的骨干，不同的部门网络都通过核心层互连，如图 1-23 所示。

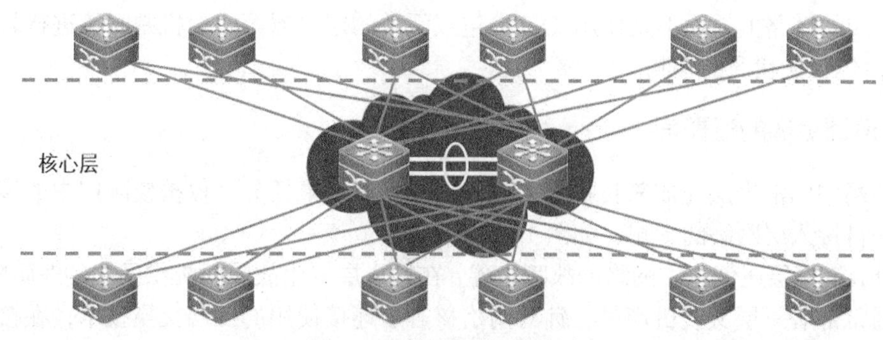

图 1-23　校园网核心层规划

鉴于校园网中各个学院的网络都通过核心层连接，因此核心层的设备必须速度很快且稳定性高，核心硬件的交换系统都具备线速交换，提供复杂业务的潜能。

在网络核心层设计上，可采用“越简单越好”的方法，以最简单的核心层配置，降低配置复杂性，从而降低网络核心出现运行错误的概率。虽然通过全网的网状拓扑设计也可实现冗余，但在链路或节点发生故障时，如果不能提供一致的收敛，就会造成网络效率下降；同时，全网状的冗余设计也存在对等和邻接问题，三层路由难以配置和扩展，随着网络接入数量的增长，大量的端口也会增加不必要的成本并提高复杂性。

在“越简单越好”的网络核心层设计过程中，还需要注意如下问题。

核心层在设计上使用实现高速传输的三层硬件交换环境，一旦校园网发生链路或节点故障，能提供更快的收敛速度。此外，通过减少路由邻接关系和网状拓扑能大大提高网络的可扩展性和带宽利用率。在核心层设计中尽量使用具有冗余结构的点到点三层互连（三角形，不是正方形），通过这种三角形设计可产生更快速、更具确定性的收敛结果，图 1-24 展示了在网络核心层使用三角形和正方形网络拓扑设计的区别。

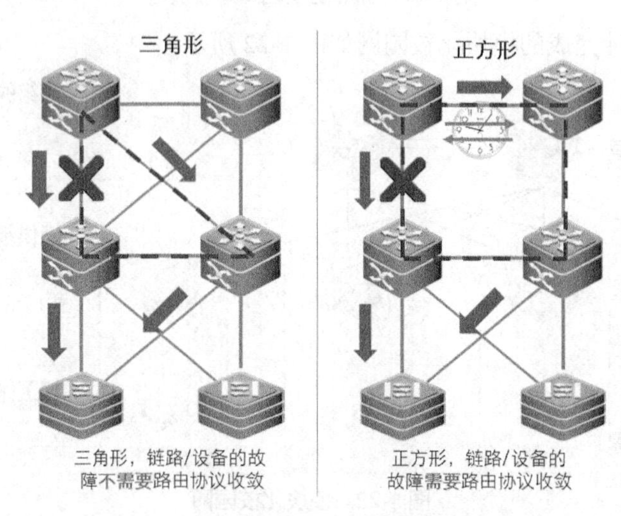

图 1-24　三角形和正方形网络拓扑设计的区别

使用三角形构建拓扑，并为网络中的所有冗余节点提供平等的成本路径，可以有效地避免基于第三层部分网络协议在协商时使用定时器的非确定性收敛。三角形拓扑结构可以根据核心层网络中的物理链路断链情况，随时将路径标记成“不可用”，并将所有流量重新转移至备用的链路上，而不是使用 Hello 包或无效的定时器等协商机制间接进行邻居或三层 IP 路由包丢失状况的检测。

2. 设计稳健的汇聚层

校园网中的汇聚层完成来自接入层设备的数据流汇聚任务，保护校园网中的核心层设备不受来自接入层网络的影响，如图 1-25 所示。

此外，汇聚层还创建了网络的故障边界，在接入层发生故障时提供网络的逻辑隔离点。汇聚层通常部署三层交换机产品，针对网络核心层连接使用的三层交换技术，在接入层连接时使用二层交换服务。此外，网络传输中的负载平衡、服务质量控制以及 IP 子网路由设置等，都是汇聚层设计的主要考虑因素。

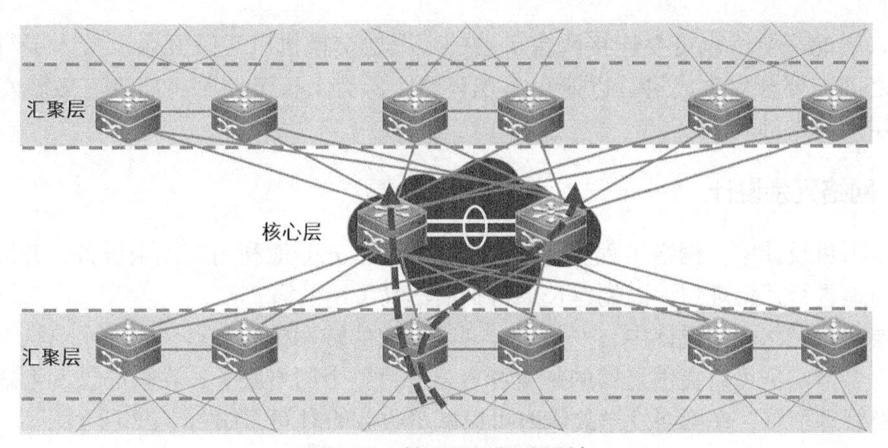

图 1-25 校园网汇聚层设计

汇聚层的高可用性通过两条等价成本路径来实现，即从汇聚层到核心层以及从接入层到汇聚层的链路。通过在校园网的汇聚层实施网络的冗余路径，可以在网络的链路或节点发生故障时提供快速收敛；利用从核心层到汇聚层的两条上行链路，还可实现三层链路上的等成本的负载分担。

汇聚层使用网关负载平衡协议（GIBP）、热备份路由器协议（HSRP）或虚拟路由器冗余协议（VRRP）提供网关冗余，以便接入层的设备在多个汇聚层中选择一台虚拟或备份节点实现传输。当一个汇聚层的节点发生故障或被拆除时，不会影响端点与默认网关的连接，提供了冗余和故障防护，如图 1-26 所示。

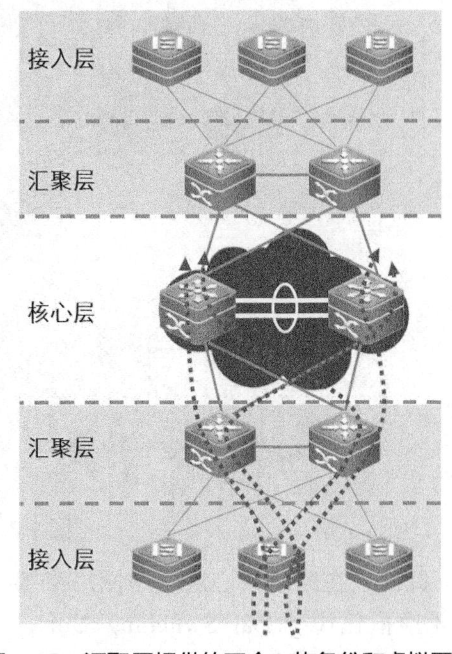

图 1-26 汇聚层提供的冗余、热备份和虚拟网关

3. 保障接入层的健壮性

接入层是校园网的边缘设备、终端站点和 IP 语音等智能终端接入网络的第一层，如图 1-27 所示。

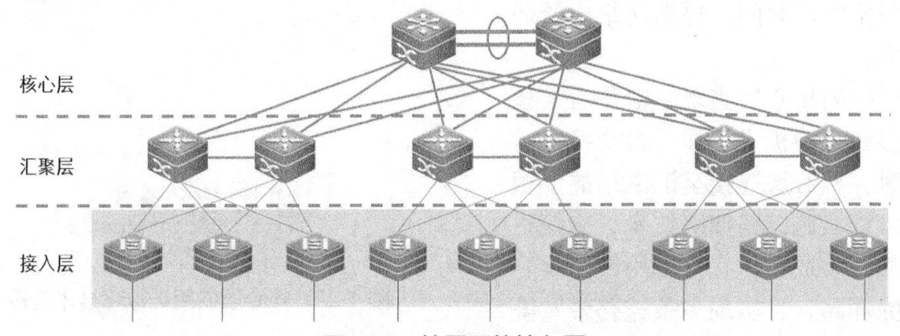

图 1-27 校园网的接入层

接入层的交换机也需要连接两台单独的汇聚层交换机以实现冗余。接入层与汇聚层交换机之间需要开启生成树，以避免出现环路，所有上行链路都将实现有效转发，即保障接入层网络的健壮性。

4. 网络冗余设计

在本项目设计中，网络工程师还需要规划如何最充分地利用高冗余设备，并慎重考虑何时、何地进行冗余规划，以创建长期可扩展的高可用网络。

在层次化网络规划设计中，一般设计两个有效的转发核心节点，当一个节点发生故障时，另一个节点仍可以提供足够的带宽和容量来为整个网络服务；在核心层和汇聚层添加冗余交换管理引擎，在网络发送故障时可以减少收敛的时间，如图 1-28 所示。

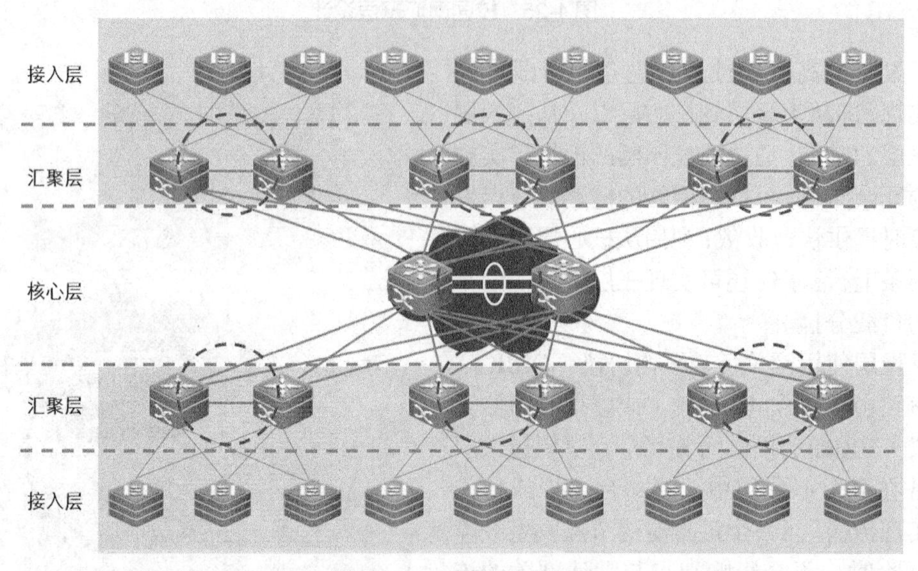

图 1-28 网络冗余设计

此外，在网络核心层使用网络交换单元虚拟化（Virtual Switching Unit，VSU）技术将两台以上的交换机聚合为一台虚拟交换机，可以简化网络拓扑，降低网络的复杂性，缩短应用恢复的时间和业务中断的时间，提高网络中资源的利用率。

当网络的核心层实现虚拟化后，核心层的多台交换机可当作一台交换机管理，此时，核心层连接至汇聚层的多根光纤就可以实施链路捆绑技术，交换机之间不使用生成树，直接使用链路聚合即可消除环路，且实现多条链路带宽叠加传输，如图 1-29 所示。

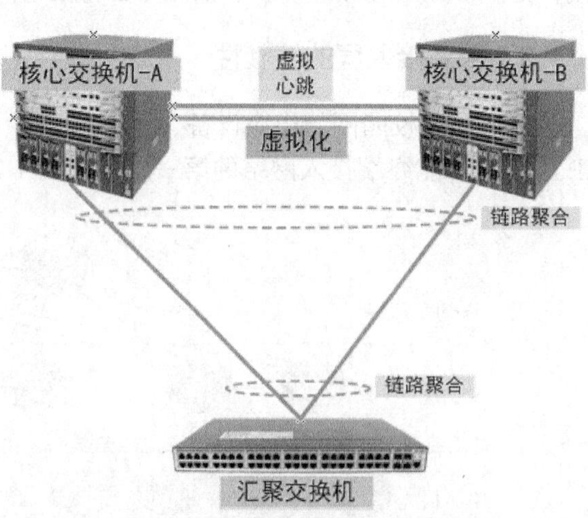

图 1-29 核心层使用虚拟化技术连接

5. 在发生故障时保障网络的稳健性

对于网络连接，某些专业的网络规划人员建议使用分别连接单一核心节点的两个分发节点，减少核心层连接的对等关系和接口数量。但是如果使用这种模式，当核心链路或节点发生故障时，部分流量将被丢弃，如图 1-30 所示。

在实际的校园网建设项目中，建议提供连接核心层的三角形备用路径，以保障网络的健壮性，如图 1-31 所示。

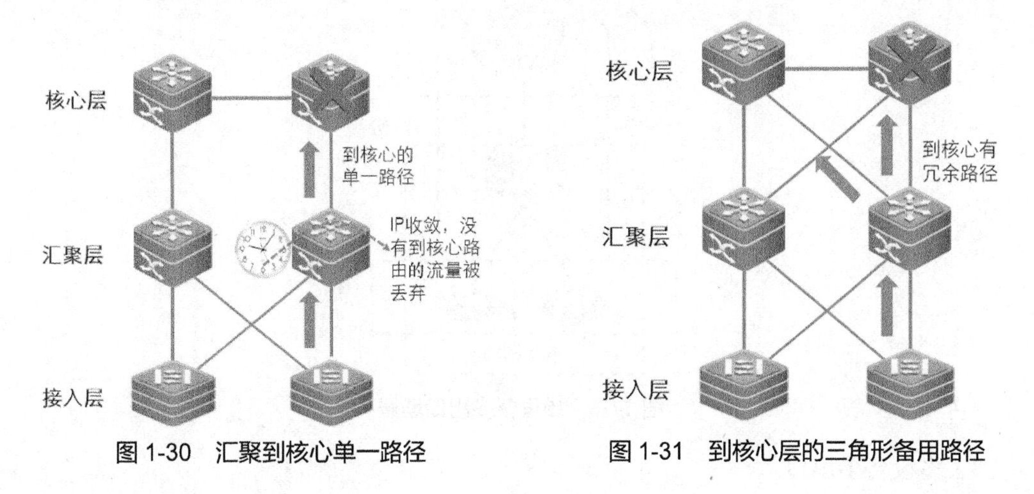

图 1-30　汇聚到核心单一路径　　图 1-31　到核心层的三角形备用路径

6. 保障网络出口带宽稳定

（1）单设备单出口

高校外网访问通常有访问 Internet 和 CERNET 业务需求，为同时满足两个应用需求的高速访问，通常会向两个运营商各申请一条专线，在网络出口区域完成路由设置，启用 NAT 功能，实施 DMZ 安全部署，以及使用 ACL 过滤，如图 1-32 所示。

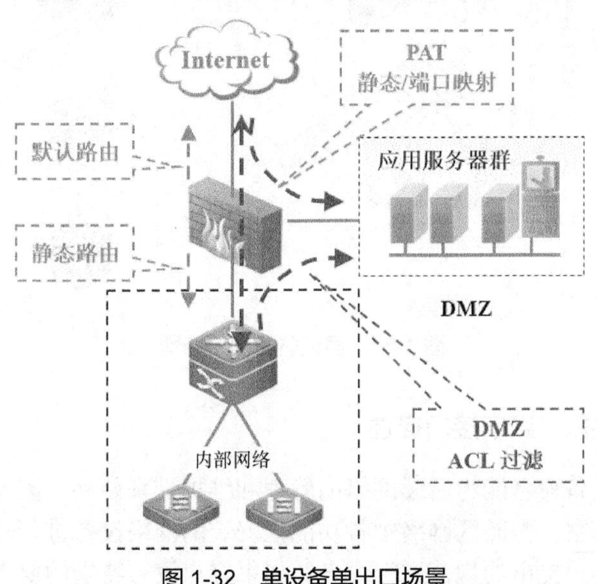

图 1-32　单设备单出口场景

（2）单设备多出口

两条 Internet 线路可以通过基于目的地址的策略路由，或者基于源地址的策略路由，或者基于线路带宽的数据自动分流配置，图 1-33 所示为单设备多出口场景。

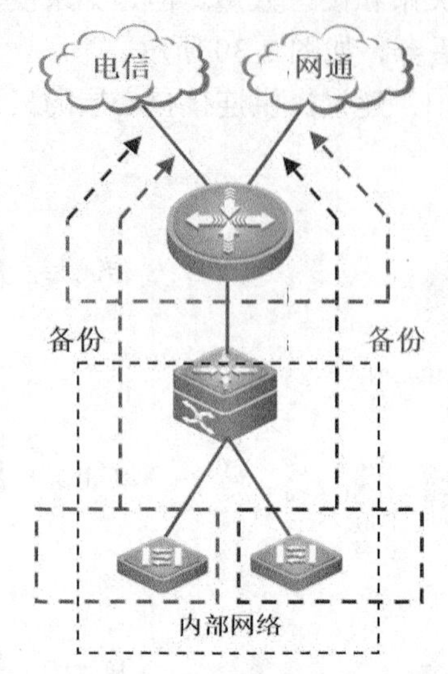

图 1-33　单设备多出口场景

（3）多设备多出口

为承担上万个终端节点的接入，保障校园网络出口网络的健壮性，大型的智慧校园网还可能设计成图 1-34 所示的多设备多出口场景。

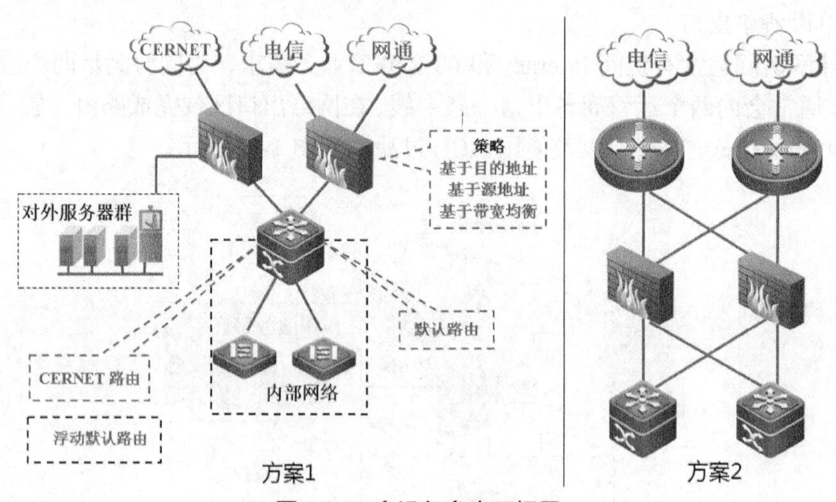

图 1-34　多设备多出口场景

7. 规范设备命名、互连接口描述

规范的校园网设备命名能为后续网络的管理和维护带来便利。因此，在校园网规划前期就需要进行实地勘察，为园区网络中各功能区安装的网络设备进行规范命名做准备。网络中设备可以按照客户提出的规范进行命名；如果客户没有特别的要求，则可以按照园区

网规划的标准流程自定义，并做好详细的文档记录，以便后续移交给客户。

通常，自定义设备的名称可以参考设备的地理位置、网络位置、设备型号、设备编号等因素制订统一命名规范（AA-BB-CC-DD）。其中，AA 表示设备的地理位置；BB 表示设备的网络位置；CC 表示设备的型号；DD 表示设备编号。可以使用如下配置命令完成校园网中每一台设备的名称配置。

```
Ruijie(config)# hostname WLZX-Core-S8610-1
```

此外，对校园网中互连接口的描述也需要进行规范，以方便后续进行网络管理和维护的过程中见名识意，了解设备的功能和作用。和设备命名方式一样，接口的描述方式可以参考客户规范，也可以采用园区网络中标准的定义方式：to-对端设备名-对端接口名。

例如，可以使用如下配置命令完成每一台互连设备接口的描述信息配置。

```
WLZX-Core-S8610-2(config-if-Gi1/20)#description to-WLZX-Core-S8610-1-Gig6/1
```

8. 完成 IP 地址及 VLAN 规划

（1）IP 地址规划

进行标准的 IP 地址和 VLAN 规划，也是园区网络建设规划阶段的重要内容，不合理的 IP 地址规划会严重影响日后的网络管理和维护。

在构建基于 TCP / IP 的园区网络时，IP 地址的选择根据园区网络规模大小，从以下三类国际 Internet 组织公布的私有网段中产生。这些私有的 IP 地址专门提供给企业来建设内部网络中的 IP 通信，不在 Internet 上传输。私有 IP 地址列表如下。

A 类私有 IP 地址：10.0.0.0～10.255.255.255。

B 类私有 IP 地址：172.16.0.0～172.16.31.255。

C 类私有 IP 地址：192.168.0.0～192.168.255.255。

在小型园区网络规划中，由于上网的用户设备少，建议使用地址空间小的 192.168.0.0/16 网段规划。而对于大中型园区网络，由于上网人数多、接入设备数量多，建议采用地址空间大的 172.16.0.0/16 或者 10.0.0.0/8 网段地址规划。

（2）VLAN 规划

在网络建设前期，还需要为接入园区网的所有设备完成全网的 IP 地址和 VLAN 规划，包括交换机、路由器、防火墙、服务器、客户机及打印服务器等，为其分配一个唯一 IP 地址，并指定适当 VLAN。

校园网中规划的虚拟局域网，能有效地控制网络的广播风暴，减少不必要的带宽资源浪费，并能随着校园网规模的扩充，调整和改变网络中通信流的传输模式。

VLAN 规划需要考虑如下因素。

① 用户 VLAN 与设备管理 VLAN 分开（IP 地址）规划。

② 为未来网络扩容预留设计空间。

③ IP 地址与 VLAN 编号（其他相关因素）具有对照性。

此外，局域网内网中的IP地址取值还需要根据业务需求和网络规模进行合理子网划分，并考虑到日后的扩展和维护等问题。园区网络中的 IP 地址和 VLAN 的规划，不仅应符合网络规范，还要具有有规律、易记忆、可扩展性强、能反映园区网等特点。

图 1-35 所示为校园网中设备互连及 IP 地址规划的样例。

本端物理位置	本端设备	端口	本端IP地址	对端物理位置	设备型号	对端设备	端口	对端IP地址	链路类型
核心机房	RSR77-1	G1/1	218.202.96.254/30	移动	BRAS	移动互联网	未知	218.202.96.253/30	单模光纤
		G1/2	61.138.102.10/30	联通	BRAS	联通互联网	未知	61.138.102.9/30	单模光纤
		F1/3	10.0.0.1/30 （AG1）	核心机房	EG2000GE	FZXY-Core-EG2000GE-1	G0/5	10.0.0.2/30 （AG1）	单模光纤
		F1/4					G0/7		单模光纤
	EG2000GE	G0/2	10.0.0.5/30（AG2）	核心机房	S8610E	HXJF-Core-S8610E-1	Gi0/20	10.0.0.6/30（AG2）	单模光纤
		G0/4		核心机房		HXJF-Core-S8610E-2	Gi0/20		单模光纤
	S8610E-1	Gi1/1/1	10.0.0.9/30（AG3）	1#楼2楼电井	S5750C-48GT4XS-H	A区-2F_HJ-S5750H-1	G0/26	10.0.0.10/30（AG3）	多模光纤
		Gi2/1/1					G0/25		多模光纤
		Gi2/1/13	access_vlan2500	核心机房	服务器	WEB服务器	G0/1	10.15.0.1	6类网线
		Gi2/1/14	access_vlan2500	核心机房	服务器	Radius服务器	G0/1	10.15.0.2	6类网线
		Gi3/1/15	access_vlan2500	核心机房	服务器	ePortal服务器	G0/1	10.15.0.3	6类网线
		Gi1/1/18	BFD	核心机房	S8610E	HXJF-Core-S8610E-2	Gi2/1/18	BFD	6类网线
		Gi1/1/19	10.0.0.17/30（AG5）	核心机房	WS6108	FZXY-Core-WS6108-1	G0/2	10.0.0.18/30（AG5）	6类网线
		Gi3/1/19					G0/3		6类网线

图 1-35　校园网中设备互连及 IP 地址规划

图 1-36 所示为校园网中有线区域的 IP 地址及 VLAN 规划的设计样例。

区域	设备型号	设备位置	用户VLAN（Sub VLAN 范围）	网关地址	Super VLAN ID	子网掩码	备注
成教楼			511-540	10.44.0.1	2744	18	
雕塑系附中			541-570	10.45.0.1	2745	18	
国际合作中心			571-600	10.46.0.1	2746	18	
美术馆A			601-630	10.47.0.1	2747	18	
美术馆B			631-660	10.48.0.1	2748	18	
图书馆			661-690	10.49.0.1	2749	18	
综合楼			691-720	10.50.0.1	2750	18	
活动中心			721-750	10.51.0.1	2751	18	
国资处			751-780	10.52.0.1	2752	18	
总务处			781-810	10.53.0.1	2753	18	
室内体育场			811-840	10.54.0.1	2754	18	
覆土建筑			841-870	10.55.0.1	2755	18	
覆土建筑室外实验室			871-900	10.56.0.1	2756	18	

图 1-36　校园网中有线区域的 IP 地址及 VLAN 规划

图 1-37 所示为校园网中无线区域的 IP 地址及 VLAN 规划的设计样例。

区域	1X VLAN	SSID	Web VLAN	SSID	网段分配	网关地址	Super VLAN ID
成教楼	1069	Ruijie-Wireless	1070	Ruijie-Wireless-Auto	10.44.64.0/18	10.44.64.1	2844
雕塑系附中	1073	Ruijie-Wireless	1074	Ruijie-Wireless-Auto	10.45.64.0/18	10.45.64.1	2845
国际合作中心	1077	Ruijie-Wireless	1078	Ruijie-Wireless-Auto	10.46.64.0/18	10.46.64.1	2846
美术馆A	1081	Ruijie-Wireless	1082	Ruijie-Wireless-Auto	10.47.64.0/18	10.47.64.1	2847
美术馆B	1085	Ruijie-Wireless	1086	Ruijie-Wireless-Auto	10.48.64.0/18	10.48.64.1	2848
图书馆	1089	Ruijie-Wireless	1090	Ruijie-Wireless-Auto	10.49.64.0/18	10.49.64.1	2849
综合楼	1093	Ruijie-Wireless	1094	Ruijie-Wireless-Auto	10.50.64.0/18	10.50.64.1	2850
活动中心	1097	Ruijie-Wireless	1098	Ruijie-Wireless-Auto	10.51.64.0/18	10.51.64.1	2851
国资处	1101	Ruijie-Wireless	1102	Ruijie-Wireless-Auto	10.52.64.0/18	10.52.64.1	2852
总务处	1105	Ruijie-Wireless	1106	Ruijie-Wireless-Auto	10.53.64.0/18	10.53.64.1	2853
室内体育场	1109	Ruijie-Wireless	1110	Ruijie-Wireless-Auto	10.54.64.0/18	10.54.64.1	2854
覆土建筑	1113	Ruijie-Wireless	1114	Ruijie-Wireless-Auto	10.55.64.0/18	10.55.64.1	2855
覆土建筑室外实验室	1117	Ruijie-Wireless	1118	Ruijie-Wireless-Auto	10.56.64.0/18	10.56.64.1	2856

图 1-37　校园网中无线区域的 IP 地址及 VLAN 规划

图 1-38 所示为校园网中设备管理 IP 地址规划的设计样例。

设备管理信息									
设备名称	型号	物理位置	网络位置	登入方式	管理接口	管理地址	用户名	密码	特权密码
1#SSL-6F-S2910-E-00	S2910-24GT4XS-E	1号宿舍楼6层机房	1号宿舍楼汇聚	Telnet	VLAN 999	172.16.1.1	admin	zz.xafa	zz.xafa
1#SSL-6F-S3760E-24P-01	S3760E-24P	1号宿舍楼6层机房	1号宿舍楼POE接入	Telnet	VLAN 999	172.16.1.2	admin	zz.xafa	zz.xafa
1#SSL-6F-S3760E-24P-02	S3760E-24P	1号宿舍楼6层机房	1号宿舍楼POE接入	Telnet	VLAN 999	172.16.1.3	admin	zz.xafa	zz.xafa
1#SSL-6F-S3760E-24P-03	S3760E-24P	1号宿舍楼6层机房	1号宿舍楼POE接入	Telnet	VLAN 999	172.16.1.4	admin	zz.xafa	zz.xafa
1#SSL-6F-S3760E-24P-04	S3760E-24P	1号宿舍楼6层机房	1号宿舍楼POE接入	Telnet	VLAN 999	172.16.1.5	admin	zz.xafa	zz.xafa
1#SSL-6F-S3760E-24P-05	S3760E-24P	1号宿舍楼6层机房	1号宿舍楼POE接入	Telnet	VLAN 999	172.16.1.6	admin	zz.xafa	zz.xafa
1#SSL-6F-S3760E-24P-06	S3760E-24P	1号宿舍楼6层机房	1号宿舍楼POE接入	Telnet	VLAN 999	172.16.1.7	admin	zz.xafa	zz.xafa
1#SSL-6F-S3760E-24P-07	S3760E-24P	1号宿舍楼6层机房	1号宿舍楼POE接入	Telnet	VLAN 999	172.16.1.8	admin	zz.xafa	zz.xafa
1#SSL-6F-S3760E-24P-08	S3760E-24P	1号宿舍楼6层机房	1号宿舍楼POE接入	Telnet	VLAN 999	172.16.1.9	admin	zz.xafa	zz.xafa

图 1-38 校园网中设备管理 IP 地址规划

在完成上述校园网 IP 地址及 VLAN 规划之后，整理汇总成对应的表格，以便校园网项目在实现运维之后，将项目所有文档资料交接，方便运维和管理。汇总的表格的命名方式如下：“【规划设计类】×××园区网络建设项目 IP/VLAN 规划设计表”。

1.6 认证测试

1. 大型校园网一般采用双出口，一个出口接入宽带 ChinaNet，另一个出口接入（　　）。
   A. 城域网　　B. 接入网　　C. CERNET　　D. Internet
2. 对于用户密集且集中的环境，由于接入用户多，园区网络交换机应提供（　　）功能。
   A. 堆叠　　B. 级联　　C. 路由　　D. 三层交换
3. 在网络层次化设计中，（　　）层的功能是实现数据包的高速交换。
   A. 边缘层　　B. 接入层　　C. 汇聚层　　D. 核心层
4. 在层次化网络模型中，汇聚层通常支持的功能有（　　）【选择三项】。
   A. 安全策略　　B. 以太网供电
   C. 交换机端口安全　　D. 服务质量
   E. 第三层功能　　F. 最终用户接入网络
5. 在层次化网络规划中，（　　）层主要实现高速数据流传输，提供节点与节点之间的高速数据转发，优化传输链路，并实现安全通信。
   A. 核心　　B. 汇聚　　C. 接入　　D. 传输
6. 层次化网络规划中，由上自下分别规划为（　　）三层。
   A. 核心层、汇聚层、接入层
   B. 核心层、接入层、汇聚层
   C. 汇聚层、接入层、核心层
   D. 汇聚层、中转层、核心层
7. 在层次化网络设计中，提供从工作组/用户到网络访问的是（　　）。
   A. 核心层　　B. 汇聚层　　C. 接入层　　D. 出口层

8. 网络管理员选择的交换机安装在网络核心层。为了实现最佳网络性能，保障网络可靠性，该交换机应该支持的功能是（　　）【选择三项】。

A. 端口安全　　B. 安全策略
C. 万兆以太网　　D. 服务质量
E. 热插拔硬件　　F. 以太网供电

9. 核心层设备必须具有（　　）突出功能。

A. 数据的高速交换　　B. 高效的安全策略处理能力
C. 用户的安全接入　　D. 流量控制策略

10. 安装在企业网络中的交换机的特点是（　　）【选择两项】。

A. 端口密度低　　B. 转发速度高
C. 延时水平高　　D. 支持链路聚合
E. 端口数量预先确定

单元2 多层交换中的VLAN技术

【技术背景】

二层交换网络具有传输速度快、误码率低等优点，然而，由于以太网采用广播传输机制，虽然通过二层交换技术已经解决了一部分广播问题，但是并不能彻底屏蔽广播干扰现象。因此，网络的范围越大，网络中出现广播的概率也就越大，如图2-1所示。

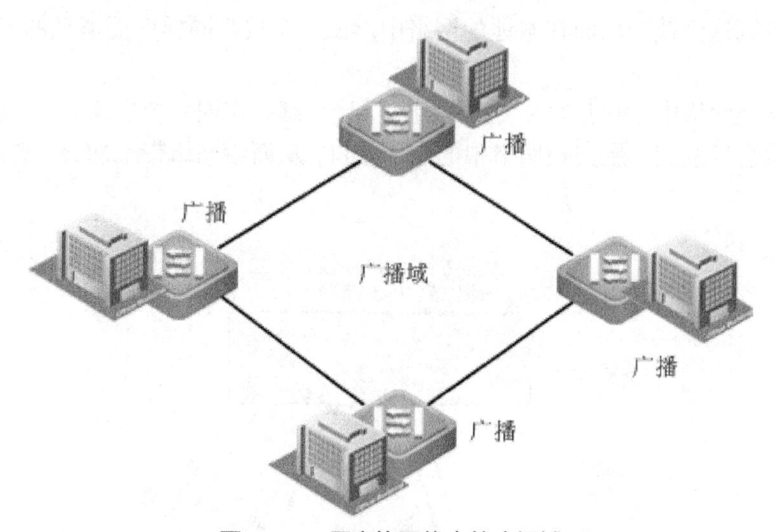

图2-1 二层交换网络中的广播域

当交换网络中接入的设备足够多时，网络中广播的范围就会扩展得足够大，会使网络中的广播包过多，容易发生网络拥塞现象。为了保留二层交换网络的优势，同时解决广播域过大的问题，在二层交换网络中通过实施虚拟局域网技术，把过大的网络划分成一个小的虚拟局域网，有效地解决过大的二层交换网络中容易发生的广播和冲突现象。

此外，通过三层的SVI技术可以实现不同VLAN之间的连通，还可以通过私有VLAN技术优化VLAN管理，通过超级VLAN技术优化多层交换网络中的IP地址管理。

本单元帮助读者认识多层交换网络中的VLAN技术，掌握特殊VLAN技术的使用。

【技术介绍】

2.1 交换网络中的VLAN技术

二层交换技术改善了传统以太网的传输性能，优化了网络传输效率，也推进了以太网技术的应用和普及。但以太网是一种基于带冲突检测的载波侦听多路访问（Carrier Sense Multiple Access/Collision Detection，CSMA/CD）技术，它使用共享的传输介质，以太网构建的局域网中存在着各种类型的网络冲突和广播，形成一个个广播域和冲突域。当本地网络中接入的主机数目较多时，会使冲突更加严重，泛滥的广播会造成二层交换网络的传输性能显著下降，甚至出现网络不可用等问题。

虽然通过在以太网中部署二层交换机设备，可以有效地解决二层交换网络中的干扰和冲突问题，但以太网中的广播给二层交换网络带来了严重影响，二层交换机仍然不能彻底地隔离本地网络中的广播报文。如何优化二层交换网络中的数据传输，减少广播给网络造成的冲突，避免广播干扰等，是二层交换网络需要解决的问题。

2.1.1 交换网络中的广播和冲突

早期的以太网通过广播方式传输信息，连接在同一个共享网络中的所有设备通信都以广播的形式发送，本地网络中任何一个节点发出一个广播帧，连接在本地网络中的其他所有设备都能收到这个帧，从而在本地的网络中形成一个接收同样广播消息的节点的集合，称为广播域。

在二层交换网络中，由于接入交换机的二层接口都处在同一个广播域中，所有广播帧、未知单播帧都会扩散到二层交换网络中的全部接口，从而给网络带来冲突，造成网络干扰，如图 2-2 所示。

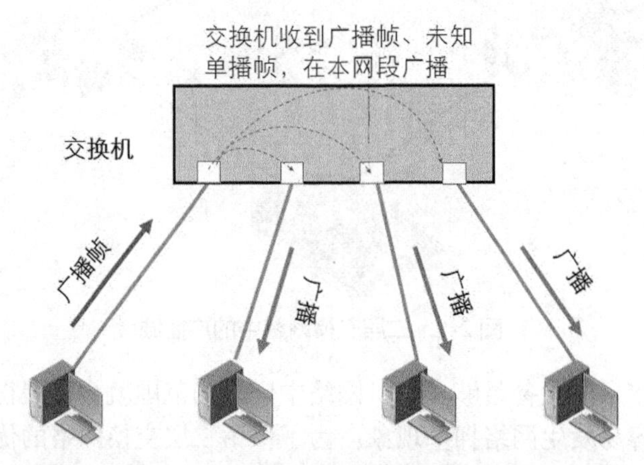

图 2-2 二层交换网络中的广播现象

安装在二层交换网络中的许多设备都极易产生广播，广播会造成连接在本地网络上的所有工作站竞争本地物理网段上的带宽，导致本地网段上的节点形成大面积的冲突，形成一个个分布在本地的二层交换网络中的冲突域（冲突域是冲突在本地网络中发生并传播的区域）。广播和冲突会严重影响交换网络的传输效率，如果忽视对本地网络中广播的清理，就会消耗大量的带宽，降低网络的传输效率。

集线器、网桥、交换机都会生成广播，但二层设备（网桥，二层交换机）、三层设备（三层交换机、路由器）都可以通过相应的技术限制广播的范围，隔离冲突域，以实现优化本地网络传输效率的目的。例如，在二层交换网络中使用 VLAN 技术，即可实现广播域和冲突域的隔离。

2.1.2 VLAN 技术原理

1. 什么是 VLAN

通过对二层交换机接口进行划分，把一个物理 LAN 划分成多个逻辑的 LAN，可形成二层交换网络中的逻辑分段，构成不同的 VLAN。在二层交换网络中使用 VLAN 技术，实现同一个 VLAN 中的主机的直接互通，而处于不同 VLAN 中的主机不能直接通信，如图 2-3 所示。

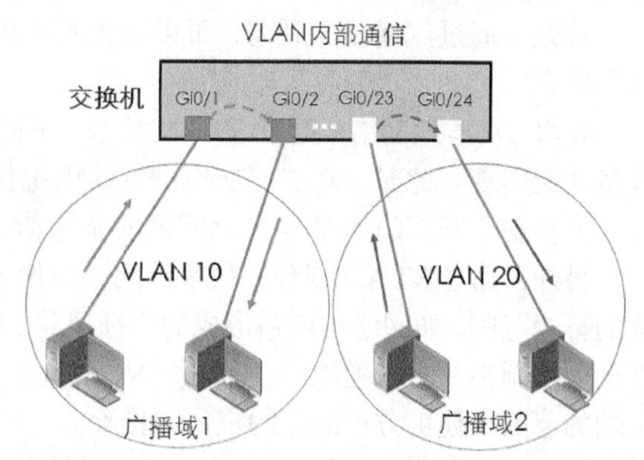

图 2-3 划分 VLAN 隔离二层交换网络中的广播域

在本地网络中，通常按照部门划分 VLAN，不同的部门 VLAN 之间不但广播包无法发送，正常的单播通信也会被隔离。这样，一台计算机发出的广播包就被限制在同一个部门 VLAN 内部传输，即每个部门的 VLAN 形成一个广播域，只有在同一个部门 VLAN 内部的成员才会收到此广播包，而属于其他 VLAN 中的设备无法收到此广播包。

此外，VLAN 技术不仅可以在本地网络中的一台交换机上实现隔离效果，还可以在二层交换网络中互连的多台交换机上实现跨交换机的 VLAN 隔离效果。这些通过 VLAN 实现的逻辑分段，不受二层交换网络中的物理位置限制，可以根据用户需求进行网络分段，如图 2-4 所示，物理位置分布在不同楼层的主机可以按照应用需要归属到同一个 VLAN 组中；即一个 VLAN 内部包含的主机可以连接在同一台交换机上，也可以跨越交换机连接。

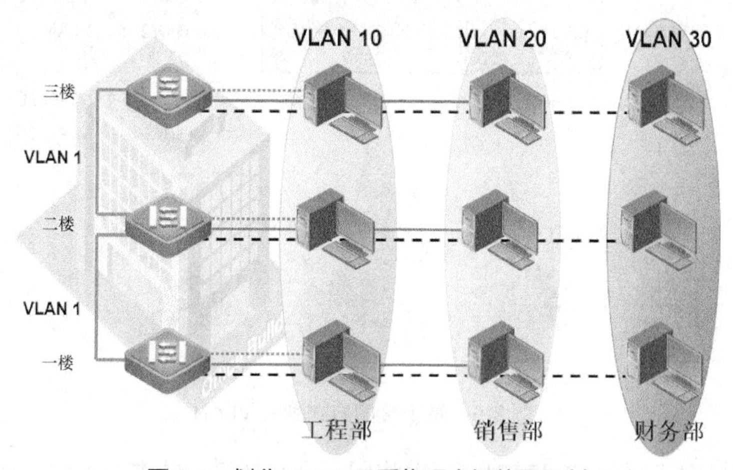

图 2-4 划分 VLAN 不受物理空间位置限制

通过实施 VLAN 技术，可以在二层交换网络中对广播域进行划分，将大的广播域划分成小的广播域，从而减少网络中的广播流量，有效地解决二层交换网络中的冲突、广播、干扰等问题。在二层交换网络中，不同 VLAN 中的主机之间无法互相通信，除非使用弱三层或者三层交换机设备。

2. 应用 VLAN 技术的好处

通过在交换网络中实施 VLAN 技术，可以带来诸如网络中隔离广播、网络安全防范、网络传输负载分担等好处。

首先，通过广播域的隔离，可以大大减少网络中泛洪的广播包，从而提高网络中的带宽利用率。

其次，在本地网络中配置 VLAN 技术，不同 VLAN 之间的数据通信需要通过三层网络设备才能实现。此时，在三层交换设备的虚拟接口上应用安全措施，如访问控制列表技术等，可实现不同部门的 VLAN 之间的安全通信，保护本地网络的安全。

另外，通过 VLAN 划分，将本地网络中设备划分到不同的广播域中，可以缩小网络故障的影响范围。如网络中环路形成的广播风暴、网络中的 ARP 病毒、网络中的攻击影响等，都会被控制在一个广播域内，即一个 VLAN 内，对其他 VLAN 没有影响，不仅可缩小网络影响的范围，还可方便故障的定位和排除。

3. 划分 VLAN 的方法

VLAN 有多种划分方式，包括基于接口、基于协议、基于 IP 地址、基于 MAC 地址等多种配置方案。

基于接口配置是最简单、最有效的 VLAN 划分方式，按照设备的接口来定义 VLAN 中的成员设备，将连接到指定接口的终端设备加入到指定的 VLAN 中。基于接口方式划分 VLAN 如图 2-5 所示。

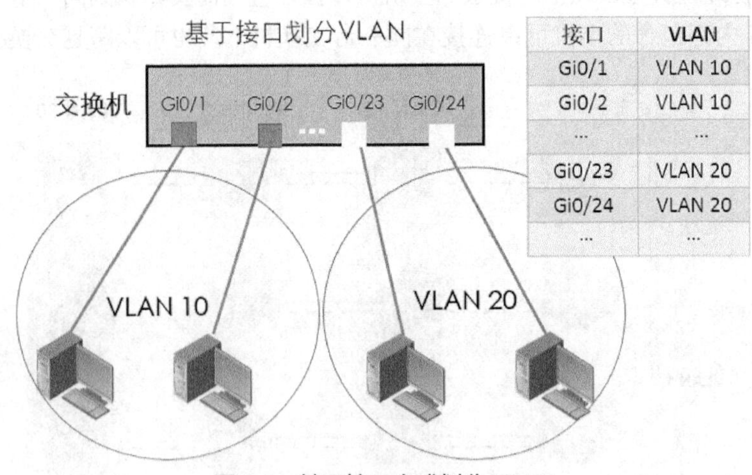

接口	VLAN
Gi0/1	VLAN 10
Gi0/2	VLAN 10
...	...
Gi0/23	VLAN 20
Gi0/24	VLAN 20
...	...

图 2-5 基于接口方式划分 VLAN

在基于接口方式划分 VLAN 时，可以将同一台交换机上的多个连续或者不连续的接口划分到同一个 VLAN 中，也可以将不同交换机上的多个接口划分到同一个 VLAN 中。划分到同一个 VLAN 中的接口都属于同一个 VLAN，即处于同一个广播域中。因此，在规划 VLAN 对应的三层逻辑子网的 IP 地址时，同一个 VLAN 内的设备都属于同一个子网；不同的 VLAN 按照不同的子网技术进行 IP 地址规划。

在二层交换网络中，通过二层的 VLAN 技术实现使用三层逻辑子网一样的隔离效果。

尽管能实现与三层子网技术一样的广播隔离效果，但其和物理网络中实施的子网技术不同，VLAN 的划分与物理位置无关，但真实子网不能实现这样的效果。

4. 配置 VLAN 的方法

在交换机上配置 VLAN 的编号范围是 1～4094。其中，VLAN 1 默认为 VLAN 管理中心，不可以删除，交换机上的所有接口都由 VLAN 1 管理。

（1）创建 VLAN。

```
Switch#configure terminal
Switch(config)#vlan vlan-id                    //创建 VLAN
Switch(config-vlan)#name vlan-name             //命名 VLAN（可选）
```

（2）将交换机接口加入到 VLAN 中。

```
Switch(config)#interface interface-id                    //进入接口配置模式
Switch(config-if-interface-id)#switchport mode access //设置接口为接入模式
Switch(config-if-interface-id)#switchport access vlan vlan-id
                                      //将接口添加到特定 VLAN 中
```

此外，还可以同时将一组接口添加到一个 VLAN 中。

```
Switch(config)#interface range interface-range   //一组需添加到 VLAN 中的接口
Switch(config-if-range)#switchport access vlan vlan-id
                                                   //划分到指定 VLAN 中
Switch(config-if-range)#show vlan    //查看 VLAN 配置信息
```

示例 2-1：以图 2-5 所示效果为例，在办公网络场景中，将指定的接口加入到同一 VLAN 中。

```
Switch#configure terminal
Switch(config)#interface GigabitEthernet 0/1
Switch(config-if-GigabitEthernet 0/1)#switchport access vlan 10
Switch(config-if-GigabitEthernet 0/1)#interface GigabitEthernet 0/2
Switch(config-if-GigabitEthernet 0/2)#switchport access vlan 10
Switch(config-if-GigabitEthernet 0/2)#exit
Switch(config)#

Switch(config)#interface range GigabitEthernet 0/23-24,0/20
Switch(config-if-range)#switchport access vlan 20
Switch(config-if-range)#end
Switch#show vlan
…
```

2.1.3 802.1Q 技术

在互相连接的多台交换机上划分 VLAN 后，同一个 VLAN 中的数据帧可以从一台交换机传输到另一台交换机上。当数据帧在同一台交换机上传输时，通过数据帧从指定接口接收，交换机依据该接口和 MAC 地址映射表信息，判断此数据帧属于哪个 VLAN，后续再在相同的 VLAN 内部进行交换或广播传输。

由于 VLAN 的划分不受地理位置限制，在以太网接口上封装的 802.3 数据帧中没有任何 VLAN 标识信息，所以接收端交换机无法判断接收到的数据帧属于哪个 VLAN，应该将该数据帧发送到哪一个 VLAN 中。也就是说，对端交换机收到一个 802.3 数据帧时，不知道该数据来自哪一个 VLAN，也不知道应该转发到哪一个 VLAN 中。

如何处理这种难题？

要使网络设备能够分辨来自不同 VLAN 中的数据帧，需要在以太网中封装的 802.3 数据帧中添加标识不同 VLAN 的“标签（Tag）”信息。IEEE 为此规范了 802.1Q 技术标准，通过在传输的 802.3 数据帧中增加“标签（Tag）”字段，实现了在 802.3 数据帧中增加 VLAN 标签，实现标识不同 VLAN 的目的，如图 2-6 所示。

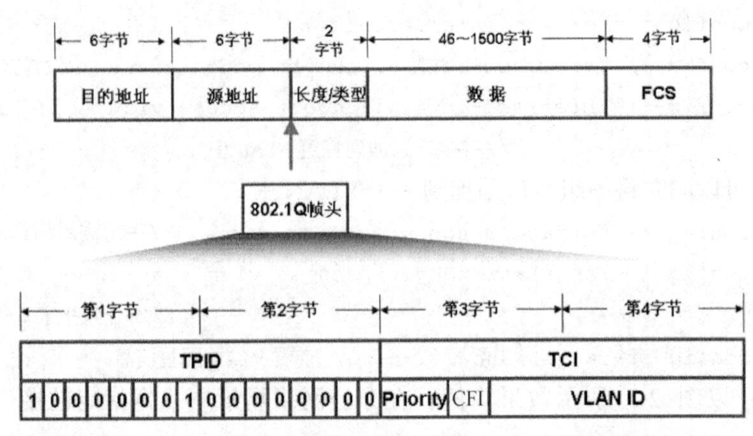

图 2-6　在 802.3 数据帧中增加“标签（Tag）”字段构成 802.1Q 帧

IEEE 规范的 802.1Q 技术标准规定：交换机上支持 802.1Q 标准的接口，收到来自某一个 VLAN 中的数据帧后，在以太网 802.3 标准的数据帧中的目的 MAC 地址和源 MAC 地址字段之后，增加 4 个字节标识 VLAN 的标签信息，用以标识传输的信息来自哪个 VLAN，应转发到哪一个 VLAN 中，如图 2-7 所示。

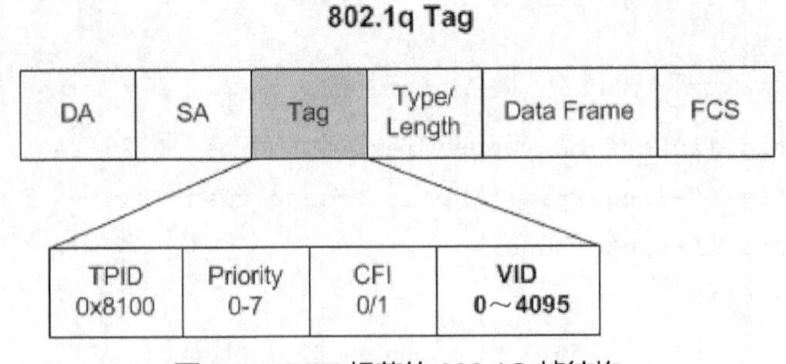

图 2-7　IEEE 规范的 802.1Q 帧结构

因此，需要在交换机之间互连的接口上封装 802.1Q 技术标准，通常把封装了 802.1Q 技术标准的接口称为干道（Trunk）接口。按照规定，Trunk 接口允许带有标签的报文通过，以方便区分不同 VLAN 中传输的信息。

802.1Q 干道协议中 VLAN 标签（Tag）共有 4 个字节，各项参数意义如下。

① TPID：取值为 0x8100，表示为 802.1Q 协议，报文带有 VLAN Tag。

② Priority：长度为 3 bit，表示 802.1Q 优先级。

③ CFI：标准格式指示位（Canonical Format Indicator，CFI），1bit，标识 MAC 地址是否以标准格式封装。取值为 0，表示 MAC 地址以标准格式封装；取值为 1，表示以非标准格式封装；默认取值为 0。

④ VID：标识 VLAN ID 标签，12bit，数值为 0～4095。其中，0 和 4095 为协议保留值，在用户设备上可以配置的 VID 是 1～4094。

交换机连接主机接口默认模式为 Access 接口，即连接 PC 的接口。通常将交换机和交换机之间的级联口设为 Trunk 接口，允许不带标签（Tag）Native VLAN 帧通过。

配置交换机 Trunk 接口的命令如下。

```
Switch(config)#interface interface-id                          //进入配置接口
Switch(config-if-interface-id)#switchport mode trunk     //将接口设为 Trunk
Switch(config-if-interface-id)#end
Switch#show vlan                          //查看 VLAN 干道接口配置信息
```

2.1.4 接口链路类型

按照交换机接口来划分 VLAN 是最简单、最有效的 VLAN 划分方法。将指定接口加入到指定 VLAN 中之后，接口就可以转发该 VLAN 内部的报文。根据接口在转发数据帧时对 VLAN 中标签的不同处理方式，交换机接口的类型可分为以下 4 种。

1. Access 接口

交换机接口的默认类型就是接口所在 VLAN，发出报文时不带 VLAN 的标签本帧 802.3。Access 接口只能发送和接收来自一个 VLAN 中的帧，实现和不能识别 VLAN 的标签的用户终端设备的相连。

2. Trunk 接口

用于交换机设备之间级联的接口，Trunk 接口能发送和接收来自多个 VLAN 中的报文，收发 Native VLAN 报文（不带 VLAN 的标签）。

3. Hybrid 接口

默认情况下，Hybrid 接口属于本设备上的所有 VLAN，能够转发所有 VLAN 报文，允许以不带标签的方式转发多种 VLAN 报文。Hybrid 接口能发送多个 VLAN 报文，接口在发送报文时，可以实现某些 VLAN 报文带 VLAN 的标签，某些 VLAN 报文不带 VLAN 标签时，需具体配置。

在某些特殊的应用场景中，需要使用 Hybrid 接口功能。例如，在 VLAN 映射中，网络服务提供商网络需要提供多个不同的 VLAN 报文，在进入用户的网络前，需要剥离外层 VLAN 的标签，必须使用 Hybrid 接口配置该功能。此时，Trunk 接口不能实现该功能，因为 Trunk 接口只能实现 Native VLAN 报文不带 VLAN 的标签通过。

在配置接口 VLAN 类型后，接口对报文进行接收和发送处理时有几种不同情况，交换机接口类型及其对帧的处理方式如表 2-1 所示。

表 2-1　交换机接口类型及其对帧的处理方式

<table>
<tr><th rowspan="2">接口类型</th><th colspan="2">对接收报文的处理</th><th rowspan="2">对发送报文的处理</th></tr>
<tr><th>接收到的报文不带 Tag</th><th>接收到的报文带 Tag</th></tr>
<tr><td>Access 接口</td><td>使用接口默认 VLAN 的 Tag</td><td>当报文 VLAN ID 与接口默认 VLAN ID 相同时，接收该报文；当报文的 VLAN ID 与接口默认 VLAN ID 不同时，丢弃该报文</td><td>去掉 Tag，发送该报文</td></tr>
<tr><td>Trunk 接口</td><td rowspan="2">允许默认的 VLAN 通过；当接口默认 VLAN ID 不在接口允许通过的 VLAN ID 列表中时，丢弃该报文</td><td rowspan="2">当报文 VLAN ID 在接口允许通过的 VLAN ID 列表中时，接收该报文；当报文 VLAN ID 不在接口允许通过的 VLAN ID 列表中时，丢弃该报文</td><td>当报文 VLAN ID 与接口默认 VLAN ID 相同时，去掉 Tag，发送该报文；当报文 VLAN ID 与接口默认 VLAN ID 不同时，保持原有 Tag，发送该报文</td></tr>
<tr><td>Hybrid 接口</td><td>当报文 VLAN ID 是接口允许通过的 VLAN ID 时，发送该报文，并通过 port hybrid vlan 命令配置接口在发送该 VLAN（包括默认 VLAN）报文时是否携带 Tag</td></tr>
</table>

2.1.5　Trunk 通信机制

在互相连接的多台交换机上划分多个 VLAN 时，如图 2-8 所示，同一个部门的 VLAN 分布在多台不同交换机上，需要实现多台交换机上同一个 VLAN 内部的通信需求。

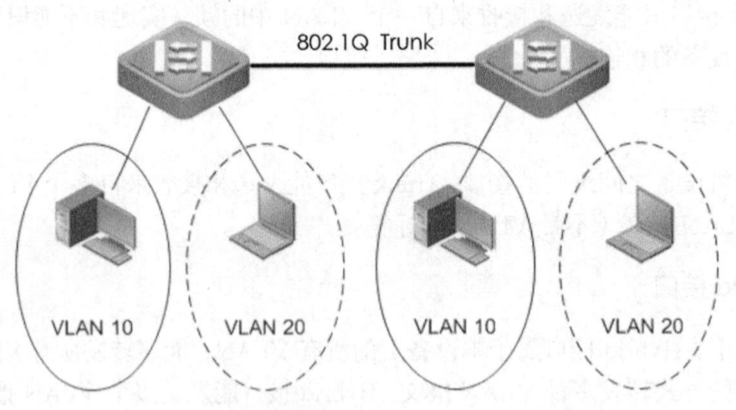

图 2-8　跨交换机实现同一个 VLAN 内部的通信

默认情况下，互连交换机之间的接口都属于 VLAN 1，其他部门的 VLAN 中的数据帧无法使用 VLAN 1 链路来传输（不同 VLAN 之间不能通信）。因此，分布在多台交换机上的同一部门 VLAN 需要实现部门内部通信时，需要在互连交换机之间的级联接口上配置 Trunk 链路，实现同一部门 VLAN 通过 Trunk 链路传输信息。

默认情况下，交换机之间的级联接口默认为 Access 接口（封装 802.3 协议），需要把其设置为 Trunk 接口，使其变为公共 Trunk 接口，同一部分 VLAN 使用标签方式实现 VLAN 内部通信。因此，来自一个 VLAN 中的终端设备上生成的 802.3 数据帧经过该 Trunk 接口时，需要使用 802.1Q 技术标准封装标签等。

接收端交换机干道接口在收到这个带有 VLAN 标签的 802.1Q 数据帧时，通过标签识别此帧属于哪一个 VLAN，并将该帧中的标签去掉，还原为 802.3 数据帧，转发到相应标签的 VLAN 中，实现跨越多台交换机的同一个 VLAN 内部的通信，如图 2-9 所示。

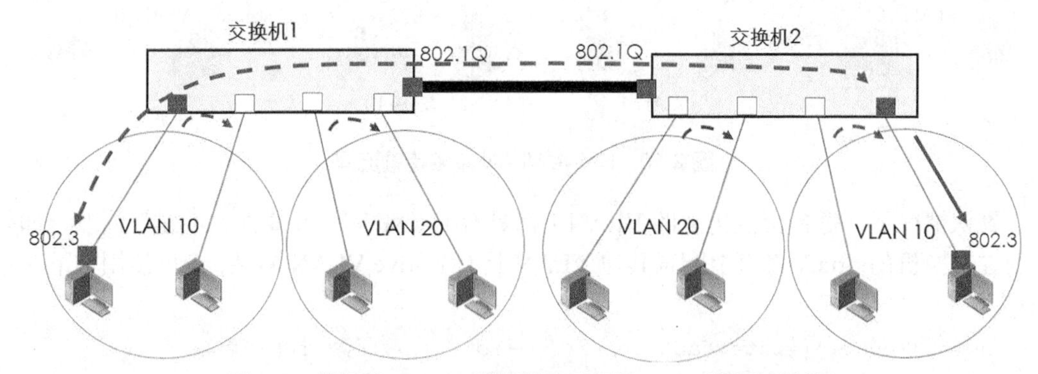

图 2-9 带标签 802.1Q 数据帧和无标签 802.3 数据帧转换

2.1.6 Native VLAN

如上所述，当来自一个 VLAN 内部的 802.3 数据帧到达交换机 Trunk 接口时，会使用 802.1Q 协议重新封装数据，增加来源 VLAN 的标签，封装成带 VLAN 标签的数据帧，再发送给对方交换机的级联接口。对方交换机收到该帧后，通过解析帧（查看 VLAN 的标签，再将标签去掉），还原为 802.3 数据帧。

在二层交换网络中的干道口上处理这些不同类型的数据帧，完成拆帧、封装工作，会造成一定的时间延迟，需要采用相关技术加快互连交换机之间重要应用数据的高速传输。此外，一些在二层交换网络上运行的协议，如 STP、RSTP、MSTP 等生成树协议发出的 BPDU 消息帧通过 Trunk 接口时，如果在通过的 Trunk 接口上都打上标签，则会导致一些不支持 VLAN 的交换机无法识别，因此导致交换机之间无法完成生成树协议的协商。或者交换机在通过集线器扩展网络中的终端设备时，交换机通过 Trunk 接口转发带有标签的 802.1Q 数据帧，也会导致承担转发的集线器设备无法解析出 802.1Q 数据帧，进而造成网络故障。

为了解决以上网络问题，IEEE 专门定义了 Native VLAN 属性（默认是 VLAN 1）。

Native VLAN 也称为本帧 VLAN，默认情况下，所有 802.3 数据帧在通过 Trunk 接口时都会打上标签。但如果在 Trunk 接口上配置某一个 VLAN 具有 Native VLAN 属性，在收到该 VLAN 中的 802.3 数据帧后，直接从 Trunk 接口转发出去，不需要封装标签。此时，原来默认 VLAN 1 的本帧属性被剥夺，因为一个 Trunk 接口上只允许有一个 Native VLAN 属性。互连的交换机的 Trunk 接口在收到没有标签的 802.3 数据帧时，也会泛洪到本地的 Native VLAN 中，如图 2-10 所示。

Native VLAN 在通过 Trunk 接口时，会省略标签的封装过程，使用 802.3 原始的数据帧直接通过，提升了 802.3 数据帧通过 Trunk 接口的传输效率，优化了网络传输。

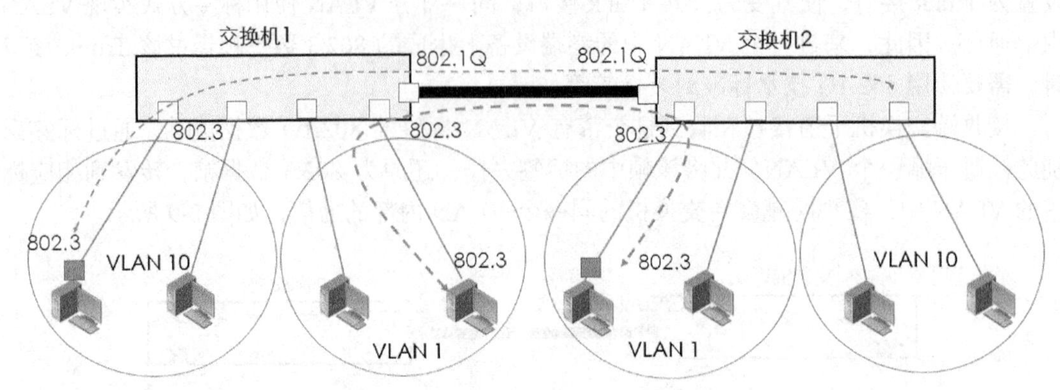

图 2-10　Native VLAN 本帧传输流程

默认情况下，每台交换机上的 VLAN 1 都具有 Native VLAN 属性，不建议修改。如果需要在交换机的 Trunk 接口上配置其他 VLAN 具有 Native VLAN 属性，则可使用如下命令修订。

```
switch(config)#interface interface-id        //配置 Trunk 接口
Switch(config-if-interface-id)#switchport trunk native vlan vlan-id
                                             //配置 Trunk 接口的 Native VLAN
```

需要注意的是，Trunk 接口两端配置的 Native VLAN 必须一致，且仅有一个。

2.1.7　VLAN 修剪

通过在 Trunk 接口上配置 VLAN 修剪功能，可减少干道上 VLAN 的通告消息，避免不必要的网络流量在干道上扩散，优化骨干链路的传输效率。

在交换机的互连的接口上配置 Trunk 技术，该条链路上允许交换机的所有 VLAN 中的报文通过，但为什么还需要修剪掉部分 VLAN，禁止该 VLAN 通过干道链路传输信息呢？允许所有 VLAN 通过干道链路传输会带来哪些问题？

二层交换网的接入层交换机上通常按照部门划分 VLAN，很多时候有很多部门的 VLAN 可能没有开展某项 VLAN 业务，但由于干道链路允许所有 VLAN 通过，来自某一台交换机上的一些 VLAN 中的广播流量，如组播流量、未知单播泛洪流量等，也会通过干道在互连的交换机之间传播，造成骨干链路上不必要的带宽资源浪费，扩展了部分 VLAN 中广播流量的影响范围。如在校园网的无线施工中，人们习惯于在无线接入点（Access Point，AP）的上行干道链路上修剪掉非指定接入用户中的 VLAN 流量。

此外，在部分实施了 VLAN 的中继协议（VLAN Trunking Protocol，VTP）交换机上，需要网络管理人员在一个 VLAN 管理的网络范围内完成 VLAN 的建立、删除和重命名。在某一台交换机上发送 VTP 更新报文，这些更新报文会向网络中交换机的所有 Trunk 接口转发，而本机上的 VTP 更新报文和其他设备没有任何关系，因此会占用一部分干道链路的带宽。通过启用 VTP 修剪技术，可以将一些无效的 VLAN 流量修剪掉，减少 Trunk 接口上通过的不必要的信息，如图 2-11 所示。

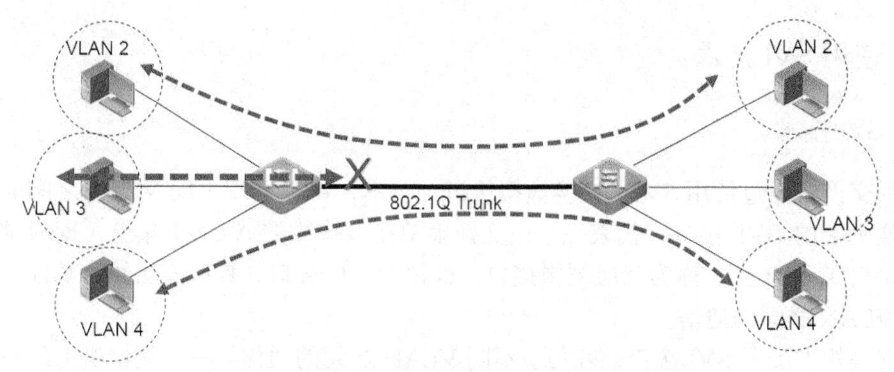

图 2-11 干道上修剪掉通过的 VLAN 3 中的数据

用户可以根据应用需要定义干道链路允许通过的 VLAN 许可列表，对干道链路上通过的 VLAN 进行修剪，配置命令如下。

```
Switch#configure terminal
Switch(config)#interface interface-id        //进入需要配置的 Trunk 接口
Switch(config-if-interface-id)#switchport mode trunk //定义该接口模式为 Trunk
Switch(config-if-interface-id)#switchport trunk allowed vlan { all |
[ add | remove | except ] } vlan-list            //定义 Trunk 接口的 VLAN 列表
```

其中，各参数的意义如下。

（1）all：许可 VLAN 列表包含所有 VLAN。

（2）add：将指定 VLAN 加入许可 VLAN 列表。

（3）remove：将指定 VLAN 从许可 VLAN 列表中删除。

（4）except：将除列出 VLAN 外的所有 VLAN 加入许可 VLAN 列表。

（5）vlan-list：可以是一个 VLAN，也可以是一个 VLAN 列表。

2.2 实现不同 VLAN 之间的通信

在二层交换机设备上划分 VLAN，可以实现隔离部门网络中的广播域，减少本地网络中的冲突，提升网络安全，优化二层交换网络的传输效率。但在交换机上划分 VLAN 后，会使不同 VLAN 之间无法通信，VLAN 之间的通信必须依靠三层设备，通过三层路由技术实现。

借助三层设备实现 VLAN 之间通信通常有如下 3 种方式。

第一种是利用交换虚拟接口（Switch Virtual Interfaces，SVI）方式实现。这种方式借助三层交换机或者弱三层交换设备实现，全部采用内部交换链路通信，具有速度高、无冲突影响等优点。

第二种是通过三层路由方式实现。每一个三层接口连接一个 VLAN，开启三层路由功能，通过三层 IP 子网技术实现通信，部署灵活方便。

第三种是利用路由器的子接口，通过路由器的单臂路由技术来实现，随着路由器淡出以太网内部通信，目前在网络中很少使用这种方式。

2.2.1 使用 SVI 技术

1. SVI 技术

三层交换机通过使用 SVI（交换虚拟接口）技术，可以实现不同 VLAN 之间的通信。一台交换机上的 SVI 接口，代表一个由交换虚拟接口构成的 VLAN 集合（即通常所说的 VLAN 接口）。SVI 接口称为三层逻辑接口，也称为三层接口，具有三层路由功能，可以实现不同 VLAN 之间的通信。

在交换机上配置 SVI 接口，可实现不同 VLAN 之间的通信。一台交换机上的一个虚拟接口对应一个 VLAN，在项目实施中应该为所有的 VLAN 都配置 SVI，以便在 VLAN 之间实现三层路由通信。

2. 创建 SVI

一个 VLAN 仅可以创建一个 SVI，通过使用"interface vlan id"命令完成配置；可以使用"no interface vlan id"命令删除对应 SVI，即关闭三层接口。

如图 2-12 所示，在三层交换机或者弱三层交换机上为各个 VLAN 创建虚拟交换接口，并为每一个 SVI 配置 IP 地址，作为各个 VLAN 内部主机的默认网关，通过配置、生成、更新路由表，即可实现不同 VLAN 之间的通信。

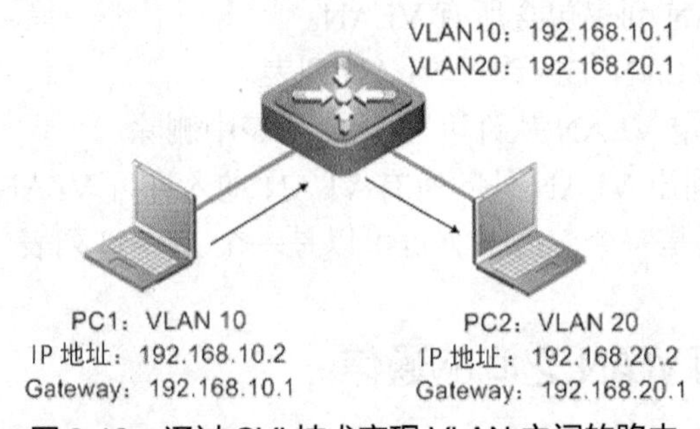

图 2-12 通过 SVI 技术实现 VLAN 之间的路由

在弱三层以上的交换机上配置 SVI，实现 VLAN 之间路由的步骤如下。

步骤 1：创建 VLAN。

```
Switch(config)#vlan vlan-id
```

步骤 2：进入 VLAN 的 SVI 配置模式。

```
Switch(config)#interface vlan vlan-id
```

使用"interface vlan"命令为 VLAN 创建 SVI 后，系统会自动为每个 SVI 分配一个 MAC 地址，用于接收二层数据帧。

步骤 3：给 SVI 配置 IP 地址。

```
Switch(config-if-interface-id)#ip address ip-address mask
```

规划 VLAN 内部所有主机的 IP 地址时，此 VLAN 内部的主机 IP 地址需要规划在这个 IP 地址所属的网段内，该地址也作为这个 VLAN 的默认网关地址使用。

3. 通信过程

不同的 VLAN 是两个不同的逻辑子网，需要按照三层子网技术配置不同网段的 IP 地址。如图 2-12 所示，每个 VLAN 内部主机的网关分别在三层交换机上配置相应 VLAN 的 SVI 的 IP 地址，来自 VLAN 10 中的计算机 PC1，需要向 VLAN 20 中的计算机 PC2 发送数据。

不同的 VLAN 之间通过 SVI 实现通信的过程如下所述。

首先，计算机 PC1 在 CPU 中封装 IP 数据包（…192.168.10.2+192.168.20.2…），并把三层的 IP 数据包封装成二层的数据帧。由于 IP 数据包中封装的源 IP 地址和目的 IP 地址不在同一网段，因此，PC1 在封装二层数据帧时，其目的 MAC 地址封装的是 PC1 网关的 MAC 地址，即三层交换机上 VLAN 10 的 SVI 的 MAC 地址。

其次，PC1 把封装完成的数据帧，经过交换机的二层交换模块转发到三层交换模块，由交换机的三层交换模块解析出 IP 数据包，再将该 IP 数据包交给三层路由进程处理。依据路由表指示的路由信息把该 IP 数据包从 VLAN 20 的 SVI 发出，转交到 VLAN 20 的部门 VLAN 中，完成最后的通信。

4. 实践案例

示例 2-2 是在图 2-12 所示的三层交换机上使用 SVI 技术实现不同 VLAN 之间通信。

示例 2-2：三层交换机上使用 SVI 技术实现 VLAN 之间的通信配置。

```
Switch#configure terminal
Switch(config)#vlan 10
Switch(config-vlan)exit
Switch(config)#vlan 20
Switch(config-vlan)#exit

Switch(config)#interface vlan 10
Switch(config-if-vlan 10)#ip address 192.168.1.1 255.255.255.0
Switch(config-if-vlan 10)#no shutdown
Switch(config-if-vlan 10)#interface vlan 20
Switch(config-if-vlan 20)#ip address 192.168.2.1 255.255.255.0
Switch(config-if-vlan 20)#no shutdown
Switch(config-if-vlan 20)#end

Switch#show ip route
……
```

2.2.2 使用单臂路由技术

在三层交换机大规模应用之前，不同 VLAN 之间的通信主要通过路由器来实现，在路由器连接交换机接口上创建子接口，实施单臂路由（Router-on-a-stick）技术，可实现不同 VLAN 之间的通信。

1. 什么是单臂路由技术

单臂路由是指在路由器的以太网接口上，通过配置子接口（或“逻辑接口”）的方式，实现在一个物理接口上创建多个逻辑接口，每一个子接口配置一个子网的 IP 地址，每一个子接口对应一个 VLAN。这样，当路由器连接到一台有多个 VLAN 的二层交换机时，通过在路由器上划分多个子接口实现二层交换机上的多个 VLAN 之间的互通，如图 2-13 所示。

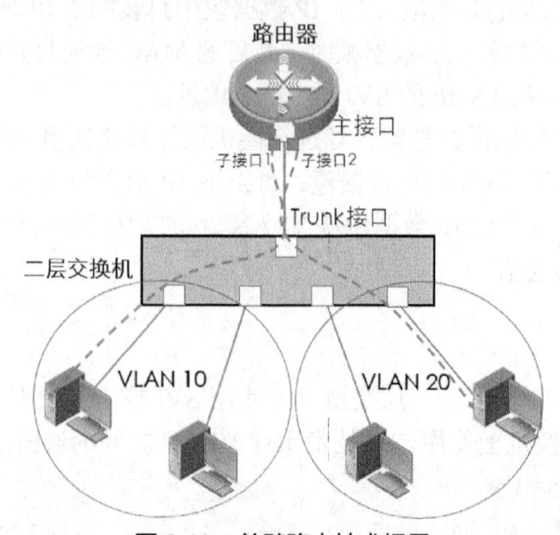

图 2-13 单臂路由技术场景

在路由器的以太网接口上划分出的多个逻辑接口称为子接口。这些划分后的逻辑子接口作为下连交换机上 VLAN 的网关，被形象地称为单臂路由。值得注意的是，这些逻辑子接口不能被单独开启或关闭，也就是说，当物理接口被开启或关闭时，该接口上的所有子接口也随之被开启或关闭。

2. 配置单臂路由

在路由器上配置单臂路由，实现 VLAN 之间路由的步骤如下。

步骤 1：创建以太网子接口。

```
Router(config)#interface interface.sub-port
```

步骤 2：为子接口封装 802.1Q 技术标准，并指定接口所属 VLAN。

```
Router(config-subif)#encapsulation dot1q vlan-id
```

在路由器上配置单臂路由时，路由器连接交换机的接口需要封装 802.1Q 技术标准，以便接收和发送来自多个 VLAN 的数据。

步骤 3：为子接口配置 IP 地址。

```
Router(config-subif)#ip address ip-address mask-address
```

3. 单臂路由技术原理

图 2-14 所示的网络拓扑中，在路由器的连接以太网的接口上划分子接口。所有子接口

的逻辑特征和物理接口一样，可以配置 IP 地址，此地址也将作为子接口下连的某一个 VLAN 的网关。同时，为了实现下连接口的协议对等，还需要在划分出的各子接口上封装 802.1Q 技术标准。

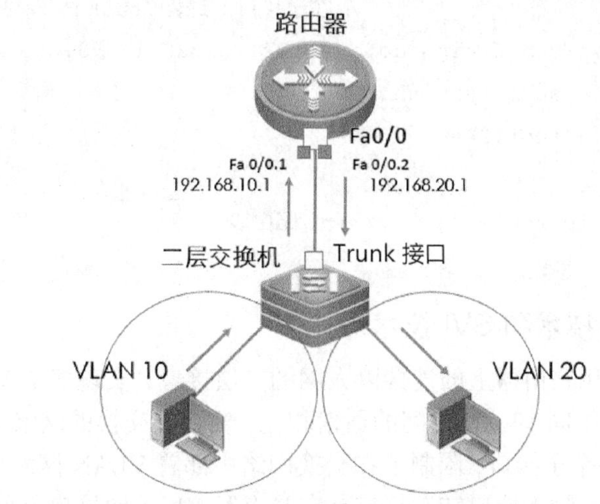

图 2-14 单臂路由实现 VLAN 之间的路由

例如，VLAN 10 中的计算机需要将数据发送给 VLAN 20 中的计算机时，要经历以下过程。

首先，需要将二层交换机上 VLAN 10 中的数据发至对应的二层逻辑子网网关，即将封装完成的 802.3 数据帧发送到交换机的 Trunk 接口上，在该接口上使用 802.1Q 协议封装成 802.1Q 帧，通过干道链路传输到路由器对应的子接口上。

其次，在路由器的子接口上使用 802.1Q 协议将该数据解封装，交给路由器的 CPU 处理。路由器解析 IP 数据包，根据 IP 数据包中的目的 IP 地址查找路由表，决定该数据应从哪一个子接口传输到该子接口对应的 VLAN 中。

4. 单臂路由实践案例

以图 2-14 所示网络拓扑为例，示例 2-3 使用路由器创建子接口，配置单臂路由。

示例 2-3：配置单臂路由实现 VLAN 之间的路由。

```
Router#
Router#configure terminal
Router(config)#interface FastEthernet 0/0.1    //创建子接口
Router(config-subif)#encapsulation dot1q 10
                                //在子接口上封装 Trunk 协议，并映射给对应的 VLAN 10
Router(config-subif)#ip address 192.168.10.1 255.255.255.0
                                //给子接口配置 IP 地址，作为 VLAN 10 的网关
Router(config-subif)#no shutdown
Router(config-subif)#exit
```

```
Router(config)#interface FastEthernet 0/0.2      //创建子接口
Router(config-subif)#encapsulation dot1q 20
                                   //在子接口上封装 Trunk 协议，并映射给对应的 VLAN 20
Router(config-subif)#ip address 192.168.20.1 255.255.255.0
Router(config-subif)#no shutdown
Router(config-subif)#end

Router#show ip route        //查看路由表
…
```

2.2.3 单臂路由技术和 SVI 技术对比

单臂路由是利用路由器上的连接以太网的三层接口，实现多个 VLAN 之间的路由，与使用 SVI 技术实现不同 VLAN 之间的通信相比，需要在交换的网络中引入路由器，并为每一个 VLAN 创建一个子接口，限制了在交换网络中部署 VLAN 网络的灵活性；不同 VLAN 中的流量都通过一个物理接口转发，容易在路由器的以太网接口上形成网络瓶颈。

在路由器上使用单臂路由技术实现不同 VLAN 之间通信，可以直观地帮助读者学习 VLAN 原理和子接口的概念，其缺点是容易造成网络单点故障，配置较复杂。

随着局域网中大规模使用弱三层以上交换机，越来越多的园区网络在三层交换机上直接配置了 VLAN 对应的 SVI，每个 VLAN 创建一个三层的 VLAN 接口，指定不同子网的 IP 地址，通过 SVI 技术实现交换机各个 VLAN 之间的互通，单臂路由技术在实际的园区网络中已很少使用。

2.3 特殊的 VLAN 技术

2.3.1 私有 VLAN 技术

在网络服务提供商（ISP）服务网络中，通常一个客户为一个 VLAN。如果网络服务提供商需要给每个用户一个 VLAN，就需要划分很多 VLAN。但一台设备能支持 VLAN 的数量最多只有 4094 个，因此限制了网络服务提供商能支持的用户数。如果一个网络服务提供商网络中的客户数量超过设备能支持的 VLAN 的最大个数，则网络服务提供商提供的服务将会受到限制。

此外，在三层交换设备上，网络服务提供商还需要为每一个客户分配一个子网的地址，每个 VLAN 需要分配一个子网地址，这种情况也将导致巨大的 IP 地址浪费。这些问题可以使用私有 VLAN（Private VLAN，PVLAN）技术来解决。

1. 私有 VLAN 技术介绍

PVLAN 技术能够在一个 VLAN 的内部实现不同接口之间的隔离效果，即实现 VLAN 中的 VLAN 隔离效果。通过 PVLAN 技术可以隔离同一个 VLAN 内部设备之间的通信流量，位于同一部门 VLAN 网络中的所有设备都只能通过网关才能实现通信，如图 2-15 所示。

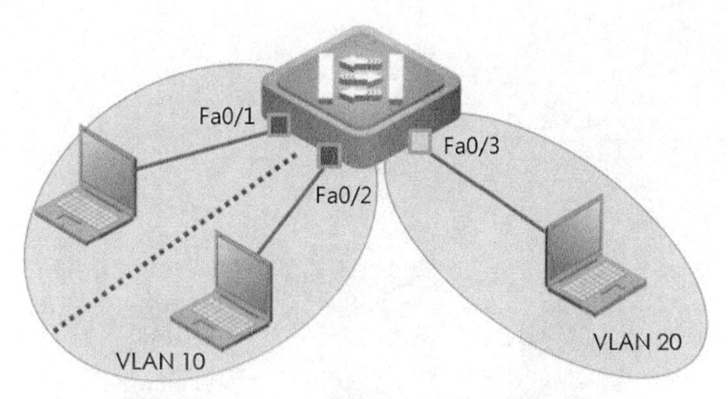

图 2-15 PVLAN 技术实现 VLAN 内部的隔离

在二层交换网络中，给 VLAN 配置 PVLAN 属性，实现 VLAN 内部的隔离效果，相当于在 VLAN 内部再划分多个子 VLAN。其中，每一个 PVLAN 属性都由两种 VLAN 构成，即由 Primary VLAN（主 VLAN）和 Secondary VLAN（辅助 VLAN）组成。

2. 私有 VLAN 类型

在 PVLAN 技术规范中，按照每一个 VLAN 承担的功能不同，可以把 PVLAN 分为主 VLAN 和辅助 VLAN。整个 PVLAN 域中只有一个主 VLAN，但可以有多个辅助 VLAN，如图 2-16 所示。

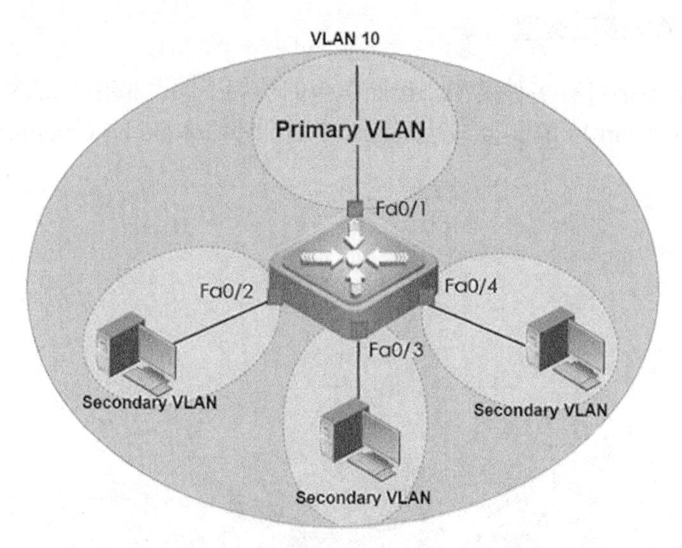

图 2-16 一个 PVLAN 域中的 VLAN 类型

（1）主 VLAN：主 VLAN 是 PVLAN 的高级 VLAN，每个 PVLAN 域中只有一个主 VLAN。

（2）辅助 VLAN：辅助 VLAN 是 PVLAN 中的子 VLAN，并且映射到主 VLAN 上。由于在一个 PVLAN 域中，可以有多种不同的辅助 VLAN。辅助 VLAN 按照其承担的功能不同，再划分为隔离 VLAN（Isolated VLAN）和团体 VLAN（Community VLAN）两种类型，如图 2-17 所示。

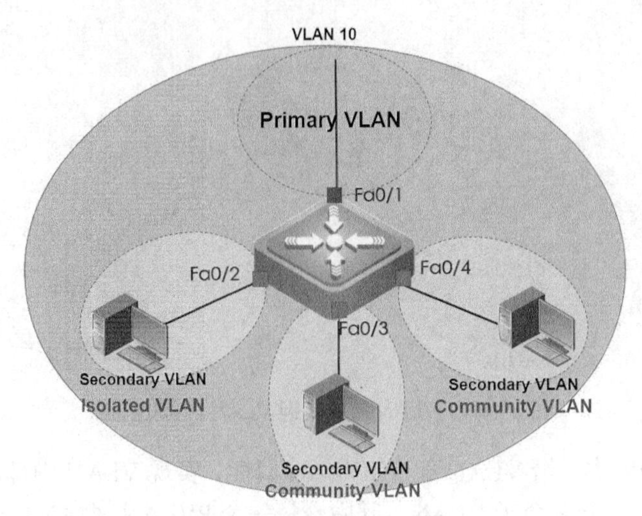

图 2-17　辅助 VLAN 类型

① 隔离 VLAN 是一个 PVLAN 域中隔离的 VLAN。隔离 VLAN 中的接口之间不能进行二层通信，一个私有 VLAN 域中只有一个隔离 VLAN。

② 团体 VLAN 是公共的 VLAN。同一个团体 VLAN 内接口连接的设备之间可以进行二层通信，但不能与其他团体 VLAN 进行二层通信（VLAN 之间禁止通信）。一个私有 VLAN 域中可以有多个团体 VLAN。

3. 私有 VLAN 接口类型

私有 VLAN 中接口有多种类型，按照承担的功能不同，私有 VLAN 接口可分为混杂接口（Promiscuous Port）、隔离接口（Isolated Port）和团体接口（Community Port）等，如图 2-18 所示。

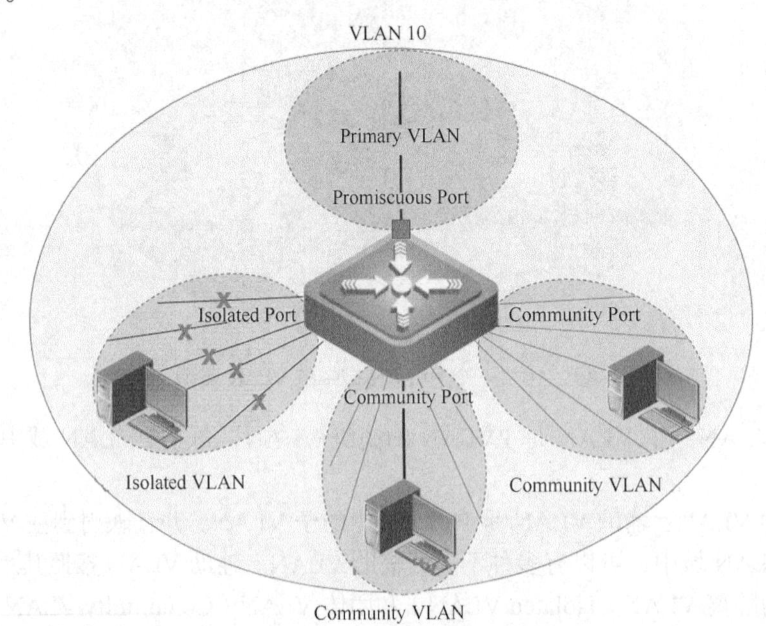

图 2-18　私有 VLAN 接口

（1）**混杂接口**：混杂接口为主 VLAN 中的接口，可以与任意接口通信，包括同私有 VLAN 中的隔离接口和团体接口通信。混杂接口通常为连接三层设备的上连接口。

（2）**隔离接口**：隔离接口为隔离 VLAN 中的接口，只能与混杂接口通信。

（3）**团体接口**：团体接口为团体 VLAN 中的接口，同一个团体 VLAN 内的接口之间可以互相通信，并且团体接口可以与混杂接口通信，但不能与其他团体 VLAN 的接口通信。

4. 私有 VLAN 的通信过程

在某企业内部的网络中，针对不同的部门，使用 PVLAN 技术配置不同的 VLAN 类型，可以实现不同部门之间的隔离，实现某一部门内部主机的隔离。

如图 2-19 所示，主 VLAN 中有 3 个部门，分别是行政部（团体 VLAN 10）、商务部（团体 VLAN 20）、财务部（团体 VLAN 30）。由于 3 个部门属于同一个主 VLAN，因此 3 个部门内部计算机的 IP 地址属于同一个子网。行政部内部计算机之间能互相通信，商务部内部计算机之间也能互相通信，财务部门属于隔离 VLAN，内部计算机之间不能互相通信，但三个部门计算机都能与主 VLAN 中的混杂接口通信，实现对内网的服务器及 Internet 的访问。

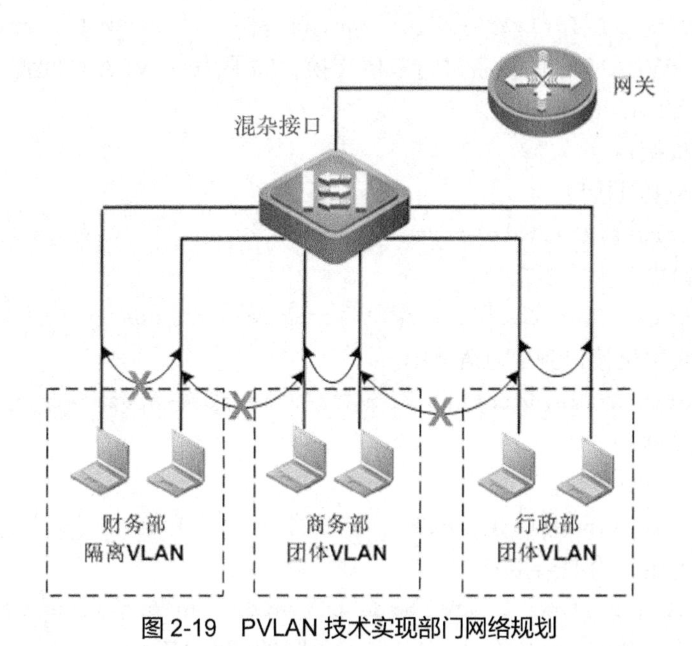

图 2-19 PVLAN 技术实现部门网络规划

5. 配置 Private VLAN

配置 Private VLAN 主要包括以下几个步骤。

（1）配置主 VLAN 与辅助 VLAN

步骤 1：进入配置模式。

```
Switch#configure terminal
```

步骤 2：进入 VLAN 配置模式。

```
Switch(config)#vlan vid
```

步骤 3：配置私有 VLAN 类型。

```
Switch(config-vlan)#private-vlan { community | isolated | primary }
```

其中，802.1Q 干道接口不能配置为私有 VLAN 接口，VLAN 1 也不能配置为私有 VLAN。

此外，一个 PVLAN 处于 Active 状态必须满足的条件包括有主 VLAN 和辅助 VLAN；辅助 VLAN 和主 VLAN 进行关联、主 VLAN 内必须有混杂接口。

（2）关联辅助 VLAN 到主 VLAN

步骤 1：进入主 VLAN 的 VLAN 配置模式。

```
Switch(config)#vlan p_vid
```

步骤 2：关联辅助 VLAN 到主 VLAN 上。

```
Switch(config-vlan)#private-vlan association [ add | remove ] svlist
```

（3）将辅助 VLAN 映射到主 VLAN 的三层接口上

步骤 1：进入主 VLAN 的 VLAN 接口模式。

```
Switch(config)#interface vlan p_vid
```

步骤 2：映射辅助 VLAN 到主 VLAN 的三层接口上。

```
Switch(config-if)#private-vlan mapping [ add | remove ] svlist
```

为了使接入 PVLAN 中的设备进行三层交换，需要为主 VLAN 配置 SVI，并将辅助 VLAN 映射到主 VLAN 的 SVI 上。

（4）配置主机接口

步骤 1：进入主机接口。

```
Switch(config)#interface port-type port
```

步骤 2：配置接口为主机接口。

```
Switch(config-if)#switchport mode private-vlan host
```

步骤 3：关联主机接口到 PVLAN 中。

```
Switch(config-if)#switchport private-vlan host-association p_vid s_vid
```

（5）配置混杂接口

步骤 1：进入主机接口。

```
Switch(config)#interface interface
```

步骤 2：配置接口为混杂接口。

```
Switch(config-if)#switchport mode private-vlan promiscuous
```

步骤 3：配置混杂接口所在的主 VLAN 及关联的辅助 VLAN。

```
Switch(config-if)#switchport private-vlan mapping p_vid [ add | remove ] svlist
```

其中，PVLAN 中必须配置混杂接口，PVLAN 的状态才会为 Up。

（6）查看配置信息

使用如下命令查看 PVLAN 的配置信息和其状态信息。

```
Switch#show vlan private-vlan [ primary | community | isolated ]
```

其中，参数 primary 显示主 VLAN 的信息；参数 community 显示团体 VLAN 的信息；参数 isolated 显示隔离 VLAN 的信息。

6. PVLAN 案例

如图 2-20 所示，在某企业网络拓扑中，按照部门划分多个不同 VLAN。其中，VLAN 10 为主 VLAN，其余都是辅助 VLAN。辅助 VLAN 20 的类型为团体 VLAN，辅助 VLAN 30 的类型为隔离 VLAN。接口 Fa0/1 和 Fa0/2 为 VLAN 30 中的接口，接口 Fa0/3 和接口 Fa0/4 为 VLAN 20 中的接口。接口 Fa0/5 为 PVLAN 中的混杂接口，与 VLAN 20 和 VLAN 30 关联。

示例 2-4 给出了图 2-20 所示网络拓扑中的 PVLAN 配置。

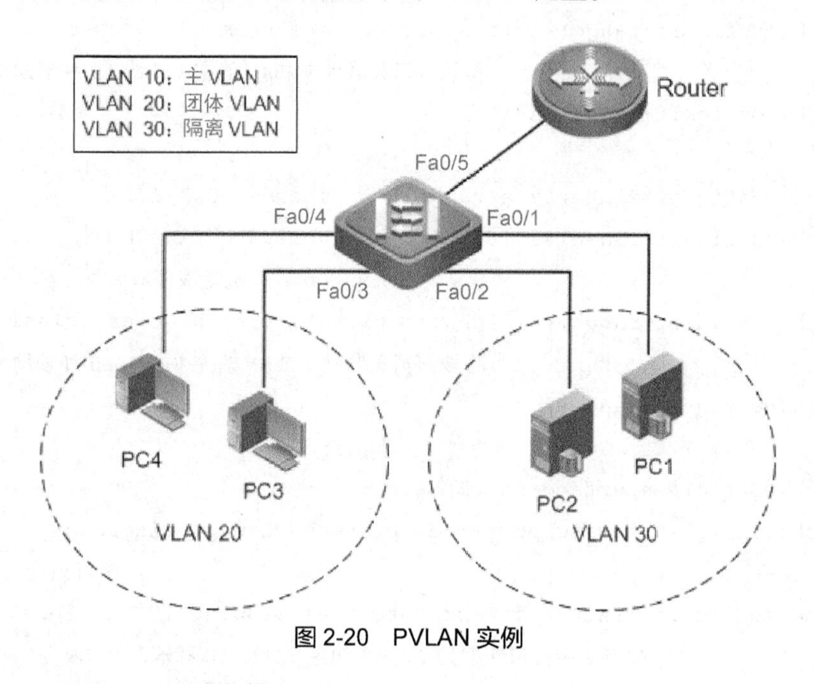

图 2-20 PVLAN 实例

示例 2-4：配置 PVLAN 实例。

```
Switch#configure terminal
Switch(config)#vlan 10
Switch(config-vlan)#private-vlan primary        //设置为 PVLAN 中的主 VLAN
Switch(config-vlan)#exit
Switch(config)#vlan 20
Switch(config-vlan)#private-vlan community
                                           //设置为 PVLAN 中的辅助 VLAN，并配置为团队 VLAN
Switch(config-vlan)#exit

Switch(config)#vlan 30
Switch(config-vlan)#private-vlan isolated
                                           //设置为 PVLAN 中的辅助 VLAN，并配置为隔离 VLAN
Switch(config-vlan)#exit
```

```
Switch(config)#vlan 10
Switch(config-vlan)#private-vlan association add 20,30
                                  //主 VLAN 关联辅助 VLAN 20、VLAN 30
Switch(config-vlan)#exit

Switch(config)#interface range FastEthernet 0/1-2
Switch(config-if-range)#switchport mode private-vlan host
                                          //配置该接口为 PVLAN 中的主机接口
Switch(config-if-range)#switchport private-vlan host-association 10 30
                          //将该接口关联到 PVLAN 的主 VLAN 10 和辅助 VLAN 30 中
Switch(config-if-range)#exit

Switch(config-if)#interface range FastEthernet 0/3-4
Switch(config-if-range)#switchport mode private-vlan host
                                          //配置该接口为 PVLAN 中的主机接口
Switch(config-if-range)#switchport private-vlan host-association 10 20
                          //将该接口关联到 PVLAN 的主 VLAN 10 和辅助 VLAN 20 中
Switch(config-if-range)#exit

Switch(config)#interface FastEthernet 0/5
Switch(config-if)#switchport mode private-vlan promiscuous
                                                  //配置该接口为混杂接口
Switch(config-if)#switchport private-vlan mapping 10 add 20,30
                //将混杂接口映射到 PVLAN 的主 VLAN 10 和辅助 VLAN 20、VLAN 30 中
Switch(config-if)#end
```

2.3.2 超级 VLAN 技术

1. 技术应用背景

在二层交换网络中，VLAN 技术以其对广播域的控制灵活、部署方便而得到广泛应用。每一个 VLAN 都相当于一个三层上的逻辑子网，都需要分配一个相应的子网地址，以实现 VLAN 之间的通信。但在某些场景中，由于划分了较多的 VLAN，需要分配足够多的 IP 地址，在目前 IPv4 地址资源日趋紧张的情况下，会导致 IP 地址的巨大浪费。

超级 VLAN（Super VLAN）技术可以有效解决上述问题，通过对 VLAN 进行聚合，不仅可以解决 IP 地址紧张问题，还能通过 VLAN 聚合（VLAN Aggregation）技术，在一台交换机中连接多个不同 VLAN，这些不同 VLAN 共享一个网段地址，使用同一个默认网关 IP 地址进行三层通信。

某分公司从总部仅申请到一个 IP 网段地址 10.1.1.0/24，其中 10.1.1.1/24～10.1.1.99/24 地址段分配给客户端，这些客户端都属于 VLAN 50。现在分公司需要在网络中添加一台视

频服务器，为保证视频服务器的服务质量，将其与客户端进行隔离，服务器地址范围为 10.1.1.100/24 ～ 10.1.1.110/24，如图 2-21 所示，使用 Super VLAN 技术满足规划需求。

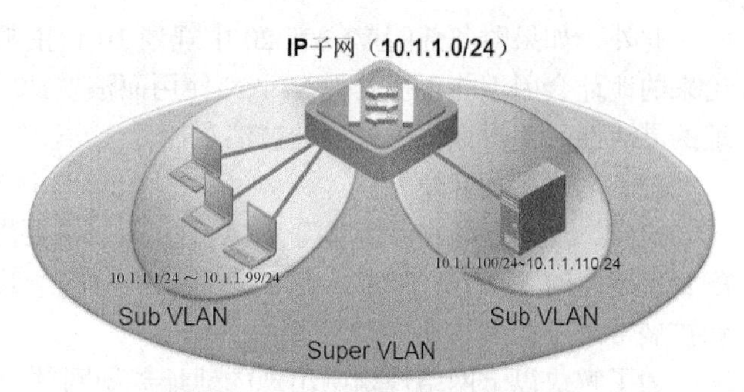

图 2-21 Super VLAN 技术实现场景

图 2-22 所示网络场景是某企业内部按部门实施的超 VLAN 规划。在财务部的 VLAN 20 中，预计有 5 台主机需要 IP 地址，可以分配一个掩码长度是 28 的子网 192.168.1.0/28。其中，192.168.1.0 为子网号，192.168.1.15 为子网广播地址，这两个地址都不能用作主机地址。此外，还需要分配 192.168.1.1 作为网关地址，其也不能作为主机地址。剩余只有 192.168.1.2～192.168.1.14 共 13 个地址可以供主机使用。这样，尽管 VLAN 20 只需要 10 个地址，却要分给其 13 个地址，每个子网浪费了 3 个地址。

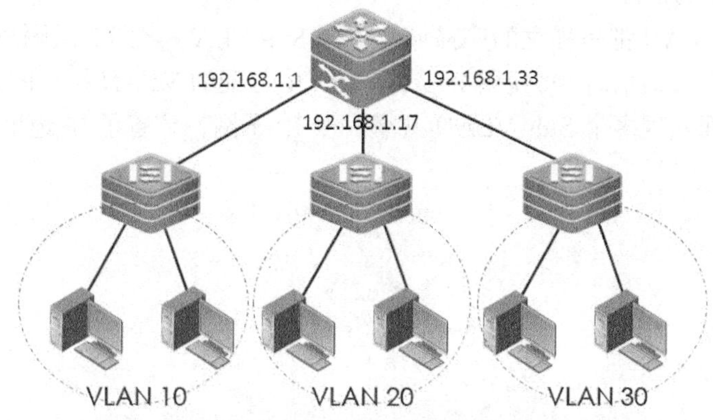

图 2-22 某企业内部按部门实施的超 VLAN 规划

在 VLAN 地址规划中，一个 VLAN 对应一个子网，分配一个 IP 子网段，配置一个 SVI IP 地址作为 VLAN 默认网关，在网络中划分的 VLAN 数量较多时，就会浪费大量的 IP 地址资源。表 2-2 所示为某企业网部分部门的 IP 地址规划。

表 2-2 某企业网部分部门的 IP 地址规划

VLAN	对应子网	对应网关地址	理论 IP 地址数	可用主机数
20	192.168.1.0/28	192.168.1.1	16	13
30	192.168.1.16/28	192.168.1.17	16	13
40	192.168.1.32/28	192.168.1.33	16	13

以上地址规划会带来以下几个方面的问题。

（1）地址浪费

规划的 3 个非核心业务部门的 VLAN 需要消耗掉多个 IP 地址（每一个 VLAN 中都有子网地址、子网广播地址、网关地址），很多 IP 地址被子网号、子网广播地址、子网默认网关地址消耗掉。

此外，如果财务部门 VLAN 20 中规划 10 台主机，而实际只接入了 3 台主机，那么多出来的地址会因不能再被其他 VLAN 使用而浪费掉。这种地址分配的约束，降低了子网编址的灵活性，使得许多闲置地址被浪费掉。

（2）网络扩展麻烦

同样，假设公司的后勤部门 VLAN 40 未来需要增加 5 台主机，又不愿改变现有的网络配置，而此时 192.168.1.48/28 后的地址已经分配给其他部门使用，这就给后续的网络升级和扩展带来了很大不便。

为了解决以上网络规划中出现的地址规划问题，超级 VLAN 的聚合技术（就像接口聚合一样的道理）应运而生。

2. 超级 VLAN 技术介绍

超级 VLAN 又称为 VLAN 聚合，是一种优化 IP 地址管理的技术。超级 VLAN 将一个网段的 IP 地址分给不同的 VLAN 使用，这些 VLAN 又称为 Sub VLAN，这些 Sub VLAN 同属于一个 Super VLAN。

每一个 Sub VLAN 都是独立的广播域，不同 Sub VLAN 之间二层隔离。当 Sub VLAN 之间的用户进行三层通信时，将使用 Super VLAN 中分配的 VLAN 接口的 IP 地址作为全网的网关地址，从而实现多个 Sub VLAN 共享一个 IP 子网，节省了 IP 地址资源，如图 2-23 所示。

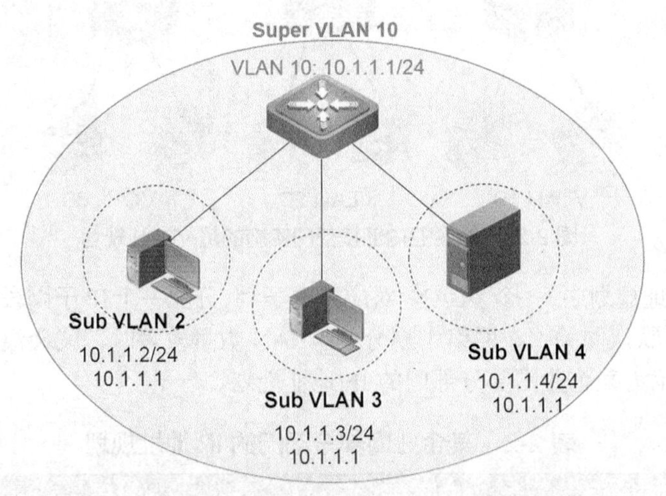

图 2-23　多个 Sub VLAN 共享一个 IP 子网

为了实现不同 Sub VLAN 之间及 Sub VLAN 与其他网络的互通，需要利用 ARP 代理（Proxy ARP）技术，实现 ARP 请求和响应报文的转发，实现二层隔离 VLAN 之间的三层互通。默认状态下，启用 Super VLAN 和 Sub VLAN 中的 ARP 代理功能。

因此，采用 Super VLAN 技术可以极大地节省 IP 地址资源，实现包含多个 Sub VLAN 共享的一个 Super VLAN 的 IP 子网规划。

3. Super VLAN 技术原理

Super VLAN 技术的原理就是一个 Super VLAN 和多个 Sub VLAN 关联，共享一个 IP

地址段，关联的 Sub VLAN 使用公用 Super VLAN 对应的 VLAN 接口（即 Super VLAN Interface）的 IP 地址作为三层通信的网关地址。此时，Sub VLAN 之间以及 Sub VLAN 与外部的三层通信均借用 Super VLAN Interface 来实现，从而节省了 IP 地址资源。

（1）Super VLAN：创建 VLAN 接口，并配置接口 IP 地址，不能加入物理接口。

（2）Sub VLAN：不支持创建 VLAN 接口，可以加入物理接口，不同 Sub VLAN 之间二层相互隔离。

在 IPv4 网络环境中，创建完成 Super VLAN 及其 Super VLAN Interface 之后，用户需要开启设备的本地代理功能。Super VLAN 利用本地代理 ARP，对 Sub VLAN 内用户发出的 ARP 请求和响应报文进行处理，从而实现 Sub VLAN 之间的三层互通，如图 2-24 所示。

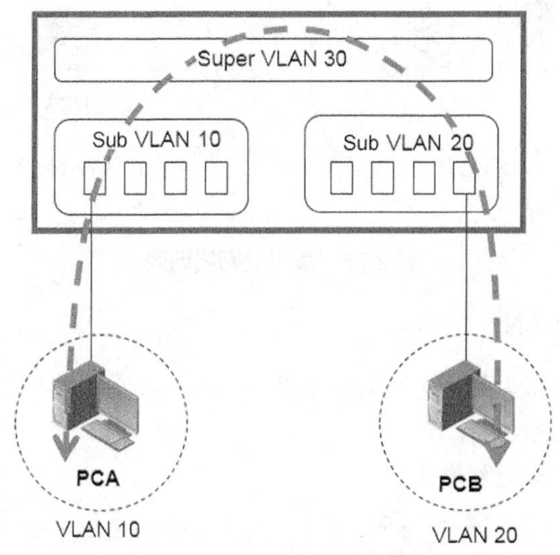

图 2-24 Sub VLAN 之间通过代理通信

4. Super VLAN 通信过程

图 2-25 所示为某企业网络场景，描述了一个 Super VLAN 中的两个 Sub VLAN 之间的通信过程。其中，Sub VLAN 20 和 Sub VLAN 30 聚合成 Super VLAN 10；PC1 和 PC2 在 Sub VLAN 20 中，PC3 在 Sub VLAN 30 中。

当 Sub VLAN 20 中的 PC1 需要和 Sub VLAN 20 中的 PC2 进行通信时，由于目的 IP 地址和自己在同一个网段，所以直接对目的地址发送 ARP 请求。

ARP 请求发送到交换机后，交换机对 ARP 请求的目的地址进行分析，发现目的地址属于 Sub VLAN 20 的地址范围，就将此报文在 Sub VLAN 20 内广播，PC2 收到后直接对 PC1 进行 ARP 应答。

当 PC1 和 PC3 进行通信时，交换机发现 ARP 请求的目的地址不属于 Sub VLAN 20，就启动 ARP 代理，由交换机对目的 IP 地址进行 ARP 请求，并将解析出来的 MAC 地址发送给 PC1，从而实现不同 Sub VLAN 之间的通信。

需要注意的是，PVLAN 与 Super VLAN 有相同之处，但它们主要的应用场景不同，

PVLAN 主要用于解决 VLAN 数量受限制的问题，Super VLAN 主要用于解决 IP 地址优化问题。

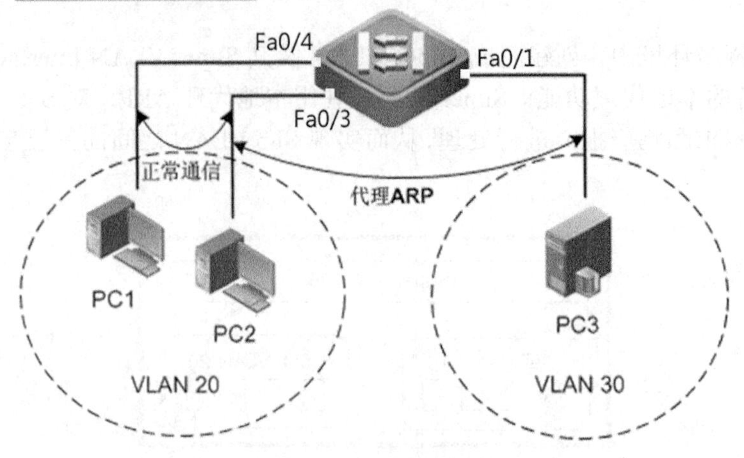

图 2-25　某企业网络场景

5. 配置 Super VLAN

配置 Super VLAN 主要分为以下几个步骤。

（1）定义 Super VLAN

步骤 1：进入 VLAN 配置模式。

```
Switch(config)#vlan vlan-id
```

步骤 2：配置 VLAN 为 Super VLAN。

```
Switch(config-vlan)#supervlan
```

（2）配置 Super VLAN 的 Sub VLAN

步骤 1：进入 Super VLAN 配置模式。

```
Switch(config)#vlan vlan-id
```

步骤 2：配置 Super VLAN 的 Sub VLAN 列表。

```
Switch(config-vlan)#subvlan vlan-id-list
```

（3）配置 Sub VLAN 的 IP 地址范围

步骤 1：进入 Sub VLAN 配置模式。

```
Switch(config)#vlan vlan-id
```

步骤 2：设置 Sub VLAN 的 IP 地址范围。

```
Switch(config)#subvlan-address-range start-ip end-ip
```

（4）配置 Super VLAN 的虚拟接口

步骤 1：进入 Super VLAN 的配置模式。

```
Switch(config)#interface vlan vlan-id
```

步骤 2：配置 Super VLAN 的虚拟接口。

```
Switch(config-if)#ip address ip-address mask
```

（5）配置 VLAN 的 ARP 代理功能

步骤 1：进入 VLAN 配置模式。

```
Switch(config)#vlan vlan-id
```

步骤 2：打开 VLAN 的 ARP 代理功能。

```
Switch(config-vlan)#proxy-arp
```

（6）查看 Super VLAN 配置

查看 Super VLAN 配置的命令如下。

```
Switch#show supervlan
```

6. Super VLAN 应用案例

以图 2-25 所示某部门的 Super VLAN 规划场景为例，示例 2-5 给出了图中交换机的 Super VLAN 配置。

示例 2-5：Super VLAN 配置。

```
Switch#configure terminal
Switch(config)#vlan 20
Switch(config-vlan)#exit
Switch(config)#vlan 30
Switch(config-vlan)#exit

Switch(config)#vlan 10
Switch(config-vlan)#supervlan          //将 VLAN 10 配置为 Super VLAN
Switch(config-vlan)#subvlan 20,30
                  //将 VLAN 20 和 VLAN 30 配置为 Sub VLAN，并关联到 Super VLAN
Switch(config-vlan)#exit

Switch(config)#vlan 20
Switch(config-vlan)#subvlan-address-range 172.16.1.2 172.16.1.99
                                                //配置 Sub VLAN 20 的地址范围
Switch(config-vlan)#exit

Switch(config)#vlan 30
Switch(config-vlan)#subvlan-address-range 172.16.1.100 172.16.1.200
                                                //配置 Sub VLAN 30 的地址范围
Switch(config-vlan)#exit

Switch(config)#interface vlan 10
Switch(config-if)#ip address 172.16.1.1 255.255.255.0
```

```
Switch(config-if)#exit

Switch(config)#interface range FastEthernet 0/1
Switch(config-if-range)#switchport access vlan 30
Switch(config-if)#exit

Switch(config)#interface range FastEthernet 0/3-4
Switch(config-if-range)#switchport access vlan 20
Switch(config-if-range)#end
```

2.4 网络实践：使用 Super VLAN 优化 IP 地址

【任务描述】

某企业分公司从总部申请到一个 IP 网段地址 10.1.1.0/24，其中，10.1.1.1/24～10.1.1.99/24 地址段分配给客户端设备，客户端设备都属于 VLAN 50。

现在分公司需要在网络中添加一台视频服务器，为了保证视频服务器的服务质量，需要将其与客户端设备进行隔离，其中，服务器使用的地址范围为 10.1.1.100/24～10.1.1.110/24。如果将视频服务器单独划分到一个广播域中，则需要增加新的 VLAN，并为其分配新的 IP 网段，但是分公司只申请了一个 IP 网段。

【网络拓扑】

图 2-26 所示为某企业分公司企业网络场景，在不申请新的 IP 网段的情况下，使用 Super VLAN 技术提供 IP 地址的优化使用方案。

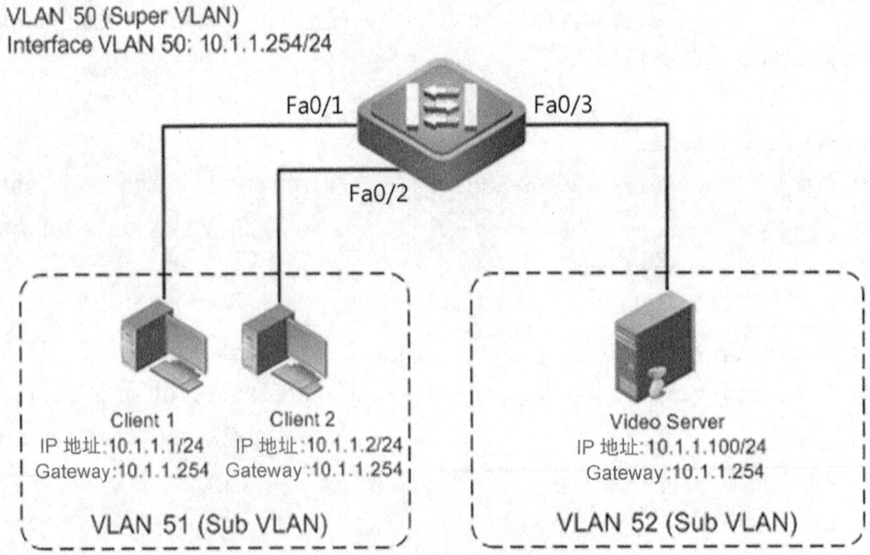

图 2-26 某企业分公司企业网络场景

使用 Super VLAN 技术，将客户端设备和服务器划分到不同的 Sub VLAN 中，实现 Sub VLAN 之间的二层隔离，即使其处于不同的广播域中。但所有 Sub VLAN 都可以共享相同的 IP 网段，所以无须申请新的 IP 网段。由于 Sub VLAN 之间是二层隔离，所以客户端设备和服务器之间的通信需要通过三层实现。

【设备清单】

二层交换机（1 台，需支持 Super VLAN 技术）；测试 PC（3 台）。

需要说明的是，后续拓扑中出现“接入交换机”“二层堆栈交换机”图标均属于二层交换机；出现的“固化汇聚交换机”“模块化汇聚交换机”“核心交换机”“三层堆栈交换机”图标均属于三层交换机。因为应用方案不同，有应用细分。为方便使用，后续没有特殊说明，分别使用二层交换机、三层交换机名称简化描述，方便开展实训操作。

【实施步骤】

步骤 1：创建 VLAN。

```
Switch#configure terminal
Switch(config)#vlan50
Switch(config-vlan)#exit
Switch(config)#vlan51
Switch(config-vlan)#exit
Switch(config)#vlan52
Switch(config-vlan)#exit
```

步骤 2：配置 Super VLAN 和 Sub VLAN。

```
Switch(config)#vlan 50
Switch(config-vlan)#supervlan                  //将 VLAN 50 配置为 Super VLAN
Switch(config-vlan)#subvlan 51,52
                    //将 VLAN 51 和 VLAN 52 配置为 Sub VLAN，并关联到 Super VLAN
Switch(config-vlan)#exit
```

步骤 3：配置 Sub VLAN 的 IP 地址范围。

```
Switch(config)#vlan 51
Switch(config-vlan)#subvlan-address-range 10.1.1.1 10.1.1.99
                                            //配置 Sub VLAN 51 的 IP 地址范围
Switch(config-vlan)#exit

Switch(config)#vlan 52
Switch(config-vlan)#subvlan-address-range 10.1.1.100 10.1.1.110
                                            //配置 Sub VLAN 52 的 IP 地址范围
Switch(config-vlan)#exit
```

步骤 4：配置 Super VLAN 的三层接口。

```
Switch(config)#interface vlan 50
```

```
Switch(config-if-vlan 50)#ip address 10.1.1.254 255.255.255.0
Switch(config-if-vlan 50)#exit
```

步骤 5：将接口划分到相应的 Sub VLAN 中。

```
Switch(config)#
Switch(config)#interface range FastEthernet 0/1-2
Switch(config-if-range)#switchport access vlan 51
                                        //将接入客户端的接口划分到 Sub VLAN 51 中
Switch(config-if-range)#exit

Switch(config)#interface FastEthernet 0/3
Switch(config-if-FastEthernet 0/3)#switchport access vlan 52
                                        //将接入服务器的接口划分到 Sub VLAN 52 中
Switch(config-if-FastEthernet 0/3)#exit
```

步骤 6：验证测试。

在 Client 1 上 Ping 视频服务器的地址，结果是可以 Ping 通，即表示 Client 1 与视频服务器通过 Super VLAN 的三层接口互通，测试结果如图 2-27 所示。

```
C:\Documents and Settings\Administrator>ping 10.1.1.100

Pinging 10.1.1.100 with 32 bytes of data:

Reply from 10.1.1.100: bytes=32 time<1ms TTL=128
Reply from 10.1.1.100: bytes=32 time<1ms TTL=128
Reply from 10.1.1.100: bytes=32 time<1ms TTL=128
Reply from 10.1.1.100: bytes=32 time<1ms TTL=128

Ping statistics for 10.1.1.100:
    Packets: Sent = 4, Received = 4, Lost = 0 (0% loss),
Approximate round trip times in milli-seconds:
    Minimum = 0ms, Maximum = 0ms, Average = 0ms
```

图 2-27　测试结果

【注意事项】

在部署 Sub VLAN 时有如下注意事项。

（1）Super VLAN 中不能包含任何成员接口，只能包含 Sub VLAN。Sub VLAN 需要包含实际的物理接口。

（2）Super VLAN 不能作为其他 Super VLAN 的 Sub VLAN。

（3）Super VLAN 不能被当作正常的 802.1Q VLAN 使用。

（4）VLAN 1 不能为 Super VLAN。

（5）针对 Sub VLAN，不能创建 VLAN 接口并分配 IP 地址。

（6）Super VLAN 不能使用 VRRP，不支持多播。

（7）基于 Super VLAN 接口的 ACL 和 QoS 配置不对 Sub VLAN 生效。

2.5 认证测试

1. 在部署 VLAN 的过程中，为实现交换网络优化，降低不必要的 VLAN 广播对网络的影响，可在交换机上配置如下命令。

```
Switch(config-if)#switchport mode trunk
Switch(config-if)#switchport trunk allowed vlan remove 20
```

在执行上述命令后，此接口接收到 VLAN 20 的数据时会（　　）。

A. 根据 MAC 地址表进行转发

B. 直接丢弃该 VLAN 中的数据，不进行转发

C. 将 VLAN 20 的标签去掉，加上合法的标签再进行转发

D. Trunk 接口会去掉 VLAN 20 的标签，直接转发给主机

2. 当 VLAN 内部数据帧通过干道链路转发时，将会在以太网帧中加入 802.1Q 标签，以区分不同 VLAN 的数据帧。该标签会插入到原始以太网帧的（　　）。

A. 目的 MAC 地址后　　B. 源 MAC 地址后

C. Type 后　　D. FCS 前

3. 当 VLAN 数据帧通过干道链路转发时，将会在数据帧中加入 802.1Q 标签，以区分不同 VLAN 的数据帧。在 802.1Q 标签中，VLAN 字段的最大可能值是（　　）。

A. 8192　　B. 4096　　C. 4092　　D. 4094

4. 在交换机上配置 Trunk 接口时，出于安全的需要，要禁止 VLAN 15 的数据帧通过，使用的命令是（　　）。

A. Switch(config-if)#switchport trunk allowed remove 15

B. Switch(config-if)#switchport trunk vlan remove 15

C. Switch(config-if)#switchport trunk vlan allowed remove 15

D. Switch(config-if)#switchport trunk allowed vlan remove 15

5. 在小型分支机构中，出于成本原因，可能会使用路由器子接口互连多个 VLAN，下面可以正确地为 VLAN 5 定义一个子接口的命令是（　　）。

A. Switch(config-if)#encapsulation dot1q 5

B. Switch(config-subif)#encapsulation dot1q 5

C. Switch(config-if)#encapsulation dot1q vlan 5

D. Switch(config-subif)#encapsulation dot1q vlan 5

6. 工程师在部署 VLAN 时，如果把一个接口分配给一个不存在的 VLAN，那么（　　）。

A. 这个 VLAN 将自动被创建

B. 这个接口将进入 Error 状态

C. 系统会提醒操作者在创建 VLAN 后再配置此接口的 VLAN 信息

D. 系统会提示 VLAN 不存在，命令不被执行

7. 在交换机上，以下关于 Trunk 接口的叙述正确的是（　　）。

A. 默认不传递 VLAN 1 的信息

B. 该接口默认传输所有 VLAN 信息

C. 该接口不仅可以连接交换机，还可以连接主机

D. 交换机接口默认模式为 Trunk

8. 在交换网络中配置干道链路时，需要考虑 Native VLAN 的一致性和对特定 VLAN 的修剪。下列关于 Native VLAN 和修剪的描述中，正确的是（　　）【选择两项】。

A. 属于 Native VLAN 的数据在干道链路上传输时是不带 Tag 的

B. 属于 Native VLAN 的数据在干道链路上传输时携带 VLAN 1 的标签

C. 在进行 Trunk 修剪时，VLAN 1 不能被修剪，否则 BPDU 报文将无法在干道链路上传输

D. 在进行 Trunk 修剪时，可以将 VLAN 1 修剪掉，BPDU 报文仍然可以在干道链路上传输

9. 园区网中部署了多个 VLAN，将交换机之间的链路模式配置为 Trunk，以标签的方式承载不同 VLAN 的流量。关于交换机的 Trunk 接口，以下陈述正确的是（　　）【选择两项】。

A. 默认不传输 VLAN 1 的信息

B. 默认传输 VLAN 1 的数据，并且 VLAN 1 的数据不带 Tag

C. 默认传输 0～4095 的所有 VLAN 信息

D. 默认传输该交换机上配置的所有 VLAN 信息

E. 交换机接口模式默认为 Trunk

10. 园区网中部署了多个 VLAN，将交换机之间的链路模式配置为 Trunk，以标签的方式承载不同 VLAN 的流量。在这种环境下，当交换机的 Trunk 接口收到一个不带标签的标准 802.3 数据帧时，交换机对这个数据帧的处理方式是（　　）。

A. 丢弃

B. 向 VLAN 1 转发

C. 向 Native VLAN 转发

D. 向所有 VLAN 转发

单元3 使用RSTP实现网络快速收敛

【技术背景】

如图 3-1 所示，在交换网络中提供链路冗余，可以增强网络的健壮性，保障网络的高可用性。但在二层交换网络中实施冗余链路，可能会导致网络出现环路，进而可能严重影响安装在网络中的交换设备的工作性能，甚至导致整个网络瘫痪。生成树协议（Spanning Tree Protocol，STP）可以解决交换网络中的环路问题，并在网络拓扑发生变化时，实现交换链路的自动收敛。

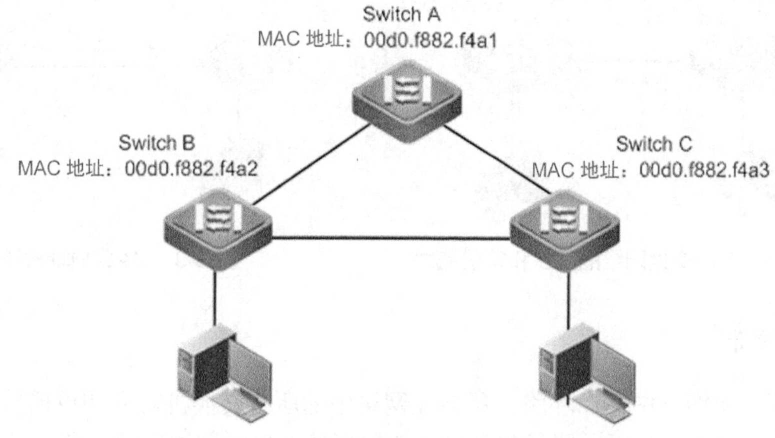

图 3-1 使用冗余链路增强交换网络的健壮性

早期的 STP 构建的网络收敛时间较长，30～50s 的收敛时间对很多应用来说无法忍受。基于此情况，快速生成树协议（Rapid Spanning Tree Protocol，RSTP）通过技术改进，使收敛最快在 1s 以内完成，可以大大改善网络传输性能，优化网络传输效率。

本单元将帮助读者了解单生成树技术以及如何使用 RSTP 实现网络的快速收敛。

【技术介绍】

3.1 交换网络中的环路

二层交换网络中交换机依据 MAC 地址表，使用过滤转发的方式传输数据，有效改善了二层交换网络中广播传输多的缺点。如图 3-2 所示，在二层交换网络中，通常需要增加网络的冗余和备份链路，以增强网络的稳定性，避免单点网络故障的发生。

但在二层交换网络中，冗余和备份链路容易形成网络环路，环路会引发广播风暴、

MAC 地址表不稳定及多帧复制等问题。

1. 广播风暴问题

交换机收到一个未知单播帧或广播帧时，会将其转发到其他所有接口。由于网络中存在环路，广播帧会沿着交换环路回到最初发送的交换机，如此循环往复，最终会因广播帧过多，导致网络拥塞，消耗网络系统资源，进而形成二层交换网络中的广播风暴。

2. MAC 地址表不稳定

当交换网络中存在环路时，对于未知单播帧，交换机的处理方式是向其他所有接口洪泛，网络中的其他交换机会从不同接口先后收到某台主机发出的数据帧，需要不断刷新MAC 地址表和对应的接口，引起 MAC 地址表不稳定，如图 3-3 所示。

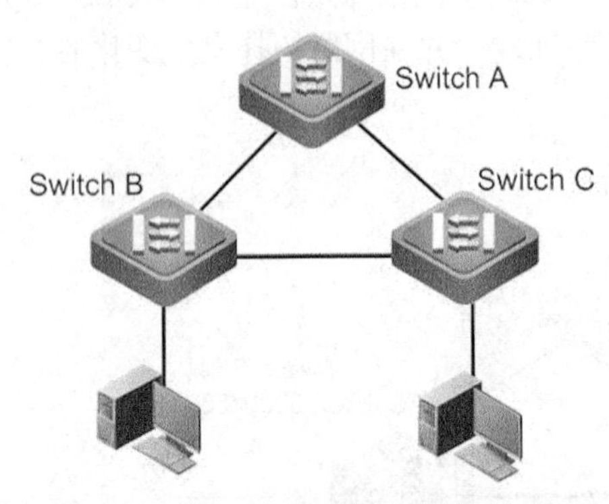

图 3-2　二层交换网络的冗余和备份链路

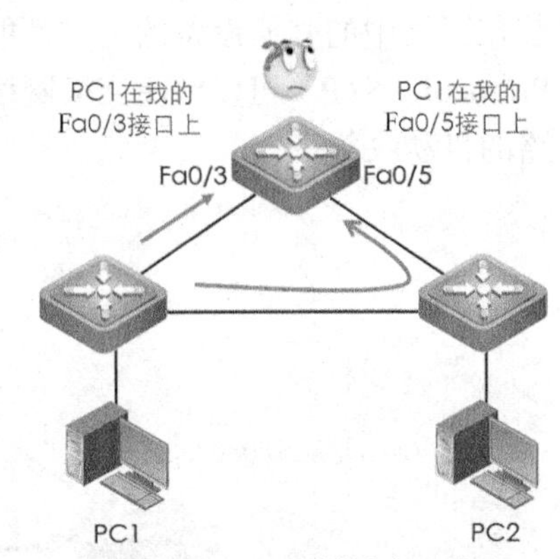

图 3-3　MAC 地址表不稳定

3. 多帧复制

如果二层交换网络中存在环路，还会让网络中的所有交换机对未知单播帧多次转发，导致网络中的主机先后从不同路径收到同一个数据帧，造成网络资源浪费。

3.2 生成树协议

在交换网络中部署冗余链路，可以有效地增强网络的健壮性；但网络中若存在环路，也会导致网络故障，其中，广播风暴给网络造成的危害最大。因此，在二层交换网络中，为了保障网络“健康”运行，在保障网络链路冗余的情况下，使用 IEEE 的生成树协议，可以有效地避免因冗余链路产生的网络问题，既解决环路的问题，又增强网络的稳定性。

3.2.1 相关概念

1. 什么是生成树

IEEE 组织规范的生成树协议可以很好地解决交换网络中的环路问题。生成树协议通过运行生成树算法，在交换网络中构造一个树形拓扑，生成一个无环的网络，确保在某一时刻、从某一个源网络发送到任何一个目的网络中的路径只有一条，这样就不会在网络中存在环路。

如果在交换网络中发现某条正在使用的链路出现了故障，则开启生成树协议的交换机会将之前阻塞的接口打开，恢复网络中的备份链路，从而保证网络的连通，如图 3-4 所示。

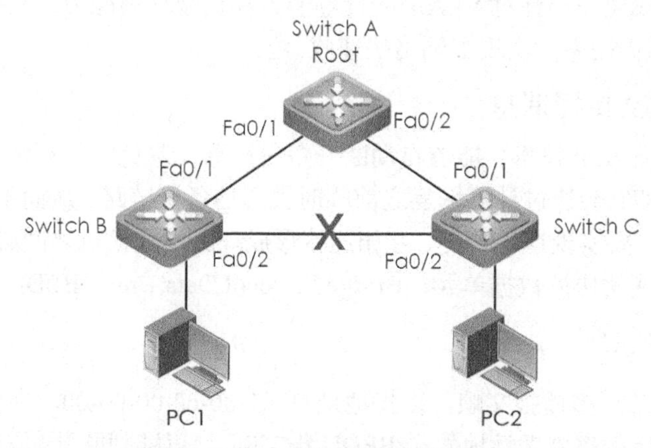

图 3-4 生成树协议保障网络的连通

在运行生成树协议的网络中，交换机执行生成树算法（Spanning-Tree Algorithm，STA），在具有冗余和备份的网络中，先选举一个根节点，作为生成树的“树根”，寻找其他所有非根节点到达根节点最近的链路作为主要链路；如果选出的不是最短链路，则将其从逻辑上断开，不转发数据，避免交换环路。当主要链路发生故障断开时，交换机重新进行生成树计算，将此前断开的备份链路恢复，实现链路备份，以保障数据的转发。

2. 生成树协议发展历史

由于生成树协议在很多设备上默认自动开启，所以它不像众多路由协议那样广为人知。生成树协议和其他协议一样，随着网络的不断发展而更新换代，总体来说可以分成以下三代生成树协议。

（1）第一代生成树协议（STP 和 RSTP）

在以太网发展初期，广播风暴是二层交换网络灾难性的故障，在这种环境下产生的生成树协议很好地解决了这一问题。生成树协议的思想十分简单，自然界中生长的树是不会出现环路的，所以如果网络也能够像一棵树那样生长，就永远不会出现环路，由此诞生了 STP 和 RSTP，即第一代生成树协议。

（2）第二代生成树协议（PVST 和 PVST+）

随着 VLAN 技术的出现，基于 VLAN 1 单生成树无法适应多 VLAN 的网络环境，出现了支持多 VLAN 的生成树协议。在每个 VLAN 内部都生成一棵树是最简单的解决方法。它能够保证每一个 VLAN 独立计算都不存在环路。但是由于种种原因，以这种方式工作的生成树并没有形成标准协议，而是各个厂商都有自己的一套协议。其中，以 Cisco 的每个 VLAN 生成树（Per VLAN Spanning Tree，PVST）最具代表性。

（3）第三代生成树（MISTP 和 MSTP）

采用 PVST/PVST+技术，让每个 VLAN 内部生成一棵生成树，接口需要转发大量来自 VLAN 内部的中继需求，从而会影响网络传输性能。多实例生成树协议有效地解决了这些问题，通过创建一个实例对应一个生成树，可以把多个相同拓扑的 VLAN 映射到一个实例中，一个实例中可以包含多个 VLAN，但一个 VLAN 不能对应多个实例。多实例生成树协议既有和 PVST 生成树一样针对 VLAN 的计算能力和负载均衡能力，又拥有和单生成树协议相媲美的 CPU 低占用率，实现了网络快速收敛。

3.2.2 BPDU 报文传播消息

在交换机上配置 STP 技术，能够自动断开备份链路，避免由于环路形成网络故障；一旦主要链路断开，STP 会通过计算恢复之前临时关闭的备份链路，从而不影响数据的转发，提高网络的稳定性。要实现这些功能，互相连接形成环路的交换机之间必须交换一些信息，这些交流信息称为网桥协议数据单元（Bridge Protocol Data Unit，BPDU）。

1. 什么是 BPDU

BPDU 是一种二层多播报文帧，多播地址是 01-80-c2-00-00-00。在生成树协议工作状态下，交换机以固定频率周期性地发送 BPDU 报文帧，默认时间间隔是 2s，所有支持该生成树协议的交换机都会收到该报文帧。通过这些信息，加上生成树协议算法，即可生成一个无环路拓扑。

2. BPDU 帧类型

生成树的 BPDU 报文帧有两种类型，分别是配置 BPDU 和拓扑变更通知 BPDU（Topology Change Notification BPDU，TCN BPDU）。

（1）配置 BPDU

生成树协议定义了几个重要的概念，包括根桥（Root Bridge）、根接口（Root Port）、指定接口（Designated Port）和路径开销（Path Cost）。配置 BPDU 报文由运行 STP 的网络的根交换机周期性发送，内容包括根网桥 ID、发送网桥 ID、链路开销、时间间隔等参数，主要用于选举根交换机和保持拓扑稳定。

当网络中的某台交换机在一段时间内没有收到根交换机发出的配置 BPDU 报文时，会认为网络拓扑发生了变化，需要重新计算接口状态，切换链路。

（2）TCN BPDU

当网络中的交换机检测到拓扑变更时，会向根交换机的方向发送拓扑变更通知，网络中的其他交换机在收到 TCN BPDU 报文后，会回复确认信息 TCA。当根交换机收到拓扑变更通知后，向网络中发送配置 BPDU，通知网络中的交换机重新计算拓扑状况。

3. BPDU 帧内容

BPDU 帧内容如图 3-5 所示。

PID	PVI	BPDU Type	Flags	Root ID	RPC	Bridge ID	Port ID	Message Age	Max Age	Hello Time	Forward Delay

图 3-5　BPDU 帧内容

各项参数的意义如下。

（1）PID：协议号（Protocol ID），目前都是 0。

（2）PVI：协议版本号（Protocol Version ID），如 STP 协议的值为 0。PVI 字段值针对不同生成树协议而不同。

（3）BPDU Type：00 表示此 BPDU 为配置 BPDU；80 表示此 BPDU 为 TCN BPDU。

（4）Flags：标志位，表明此报文是 TC 报文还是 TCA 报文，最高位置 1 为 TC 报文，最低位置 1 为 TCA 报文。

（5）Root ID：根网桥 ID。在生成树中，每台交换机都有唯一标识符，也称为 Bridge ID（桥 ID）。Bridge ID 共 8 字节，由两部分组成，前 2 字节是交换机优先级，后 6 字节是交换机 MAC 地址。

（6）RPC：根路径开销（Root Path Cost，RPC）指从发送该配置 BPDU 的网桥到根桥的最小路径开销，即最短路径上的所有链路开销的代数和。

（7）Bridge ID：发送网桥的桥 ID。

（8）Port ID：交换机发送 BPDU 报文的接口 ID。

（9）Message Age：消息寿命，每经过一个交换机，此数值增加 1。

（10）Max Age：运行 STP 非根交换机收到 BPDU 配置后，开启生存期定时器，如果生存期定时器达到 Max Age 还未从根接口收到配置 BPDU 报文，则交换机认为该接口连接链路发生故障。803.1d 标准中的 Max Age 默认为 20s。

（11）Hello Time：发送 BPDU 报文的间隔时间，803.1d 中默认 Hello Time 是 2s。

（12）Forward Delay：拓扑发生变化时，交换机接口从侦听状态转到学习状态的时间间隔，如 803.1d 标准的默认 Forward Delay 时间是 15s。

通过协议分析工具软件在网络中捕获的 BPDU 报文格式如图 3-6 所示。

```
▽ IEEE 802.3 Ethernet
    Destination: 01:80:c2:00:00:00 (Spanning-tree-(for-bridges)_00)
    Source: 00:d0:f8:82:f4:a1 (FujianSt_82:f4:a1)
    Length: 38
    Trailer: 0000009500000009
▽ Logical-Link Control
    DSAP: Spanning Tree BPDU (0x42)
    IG Bit: Individual
    SSAP: Spanning Tree BPDU (0x42)
    CR Bit: Command
  ▷ Control field: U, func=UI (0x03)
▽ Spanning Tree Protocol
    Protocol Identifier: Spanning Tree Protocol (0x0000)
    Protocol Version Identifier: Spanning Tree (0)
    BPDU Type: Configuration (0x00)
  ▷ BPDU flags: 0x00
    Root Identifier: 32768 / 00:d0:f8:82:f4:a1
    Root Path Cost: 0
    Bridge Identifier: 32768 / 00:d0:f8:82:f4:a1
    Port identifier: 0x8017
    Message Age: 0
    Max Age: 20
    Hello Time: 2
    Forward Delay: 15
```

图 3-6　BPDU 报文格式

3.2.3　STP 接口状态与定时器

交换机中参与 STP 生成树算法的接口在网络故障收敛之后都会经过一系列的状态变

迁，最后达到稳定的状态，即接口被阻塞或者转发数据。处于阻塞状态的接口也只是从逻辑上断开，并非物理状态Down。

1. STP接口状态

运行STP的交换机的二层接口工作状态分别为Block、Listening、Learning、Forwarding，如图3-7所示。

（1）Block状态（阻塞）

在生成树的计算中，如果网络中存在环路，则总有一些链路需要在逻辑上断开。交换机通过将某些接口设为Block状态，使其所在链路阻塞。阻塞状态下的接口不转发数据帧，不学习数据帧中的MAC地址，但是能监听从上游交换机发送过来的BPDU报文。

（2）Listening状态（监听）

在网络发生拓扑变更时，交换机的部分接口进入监听状态。在此状态下的接口参与到生成树的选举中，根据条件，监听接口可能被选举为根接口、指定接口或阻塞接口。

Block
20s最大生存时间
Listening
15s转发延时
Learning
15s转发延时
Forwarding

图3-7　STP接口状态

在监听状态，接口接收并且发送BPDU报文，参与接口角色选举，但不能学习数据帧的MAC地址。监听状态是一个临时（过渡）状态，接口会在一段时间后进入其他状态，这个时间是Forward Delay，默认为15s。

（3）Learning状态（学习）

交换机接口在监听状态时，如果被选举为根接口或者指定接口，则此接口进入学习状态。接口在学习状态下，学习数据帧中的MAC地址，接收和发送BPDU报文，但不转发数据帧。交换机在学习状态下等待的时间由根交换机配置BPDU报文中的Forward Delay决定，默认是15s。

（4）Forwarding状态（转发）

从学习状态等待了Forward Delay时间后，接口即进入转发状态。在转发状态下，为了构造MAC地址表，接口将学习数据帧的源MAC地址。

2. 禁用状态

接口在该状态下，不参与STP的选举与计算，不发送和接收BPDU报文，也不发送和接收任何数据帧的接口，处于禁用状态。

3. 定时器

为了保证交换网络中生成树结构的稳定，交换机通过定期发送和接收BPDU报文，学习网络中开启STP的交换机发布的BPDU信息。交换机通过定时器来维持网络的稳定，包括Hello Time、Max Age和Forward Delay。

（1）Hello Time

当STP构建的拓扑稳定后，根交换机会定时向网络中发送配置BPDU帧，由网络中的其他交换机转发，并扩散到整个网络中的各台交换机上。根交换机发送BPDU报文的时间间隔就是Hello Time，默认为2s，通过配置可以修改默认时间，但通常不建议修改。

（2）Max Age

在根交换机发送的BPDU帧中，除通告网络中的STP参数外，另一个重要的功能是维护网络拓扑的稳定。如果交换机发现某个根接口一段时间内都没有收到BPDU帧，则认为所在网络的拓扑发生了变化，就向该根交换机发送一个TCN BPDU帧，这段时间就是最大生存时间Max Age，一般默认值为20s。

（3）Forward Delay

Forward Delay即转发延迟时间，是接口停留在监听状态和学习状态的时间。默认情况下，延迟时间为15s，该定时器可以通过配置修改。交换机刚启动时，接口将快速过渡到监听状态。当交换网络的拓扑发生变化时，交换机的部分接口会阻塞。启动生成树协议的交换机通过学习和计算，把网络从阻塞状态切换到转发状态，需要等待的时间是30～50s，最短为2倍的Forward Delay，最长为Max Age加上两倍的Forward Delay。

3.2.4 STP选举

为了在交换网络中形成没有环路的树形结构，运行STP的交换机之间需要进行一系列的选举，通过生成树计算，构建树形网络拓扑。

1. 选举根交换机

先选举出一个根节点，再从根节点出发，在交换网络中计算生成树，构建无环路的树形拓扑。在IEEE组织规范的STP技术标准803.1d中，网络中只有一个根节点，即根交换机。根交换机在网络中的任务是在冗余的交换网络中发送配置BPDU帧和TCN BPDU帧，当网络的拓扑发生变化时，可以及时调整网络拓扑，维护交换网络的稳定。

冗余网络中的每一台交换机上电后，都会假定自己就是根交换机，同时发送BPDU报文，并在Root ID字段填入自己的Bridge ID（交换机的Bridge ID共8字节，由两部分组成，前2字节是交换机优先级，默认值是32768，十六进制数为0x8000）。由于Bridge ID的后6字节是交换机的MAC地址，MAC地址是全球唯一的，因此，交换机的Bridge ID也具有唯一性。

根交换机的选举规则如下：Bridge ID数值越小的交换机，越有可能被选举为根交换机。

如图3-8所示，三台交换机最初都认为自己是根交换机，发送自己的BPDU帧，同时接收其他交换机发送的BPDU帧。在生成树选举的过程中，MAC地址为00d0.f882.f4a1的交换机由于具有最小的Bridge ID，从而被选举为根交换机。根交换机选举完成后，其他交换机不再发送自己的BPDU报文，而只转发根交换机的BPDU报文。

需要注意的是，选举根交换机时，默认情况下交换机优先级都一样，Bridge ID只能由MAC地址决定。但是，出于网络稳定性的考虑，往往希望性能最好、最稳定、处在网络核心位置的交换机能选举成为根交换机，此时可以通过修改网络中交换机的优先级，将需要成为根交换机的优先级配置得最低，配置一个优先级数值次低的交换机作为根交换机的备份。

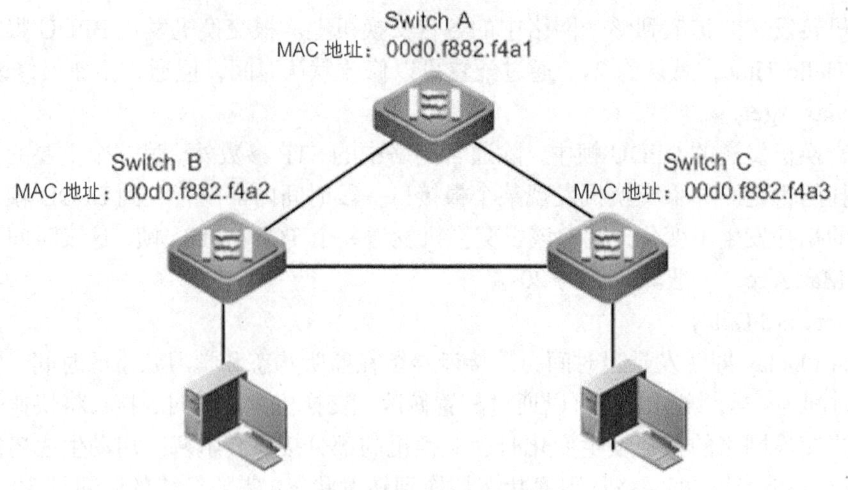

图 3-8　根交换机的选举

2. 选举根接口

选举出根交换机后，其他交换机自动成为非根交换机。每台非根交换机都需要选举出一个到达根交换机的最近接口作为根接口，用于接收根交换机发出的 BPDU 报文。

如果冗余的网络中存在环路，非根交换机会拥有到达根交换机的多条路径，那么，非根交换机会选出到达根交换机的本地最短路径的接口作为根接口。在启动生成树网络中，进行最短路径选择的依据依次是路径开销、发送者 Bridge ID、发送接口 Port ID、接收接口 Port ID。

（1）比较路径开销

选择根接口时，首先要比较 STP 中每一个接口的路径开销。接口的路径开销由交换机的链路带宽决定，如表 3-1 所示，STP 路径开销可以用两种数值表示。

表 3-1　生成树路径开销

带宽	IEEE 803.1d	IEEE 803.1t
10Mbit/s	100	2000000
100Mbit/s	19	200000
1000Mbit/s	4	20000
10Gbit/s	2	2000

在图 3-9 中，假设 Switch A 被选举为根交换机，Switch B 和 Switch C 就需要选举根接口。对于 Switch B 来说，可以通过两条路径到达根交换机，其中第一条路径为从 B → A，开销为 4；第二条路径为从 B → C → A，开销为 23（4+19）。如果选择最短路径，则 Switch B 的根接口为 Gi0/1，同理，Switch C 的根接口为 Gi0/2。Switch C 到达根交换机的最短路径为 C → B → A，尽管跳数多，但生成树中路径开销只与带宽有关。

（2）比较发送交换机 Bridge ID

当非根交换机到达根交换机的多条路径开销都一样时，无法通过比较路径开销选举出最短路径，需要通过比较发送报文的交换机的 Bridge ID 来选择最短路径。

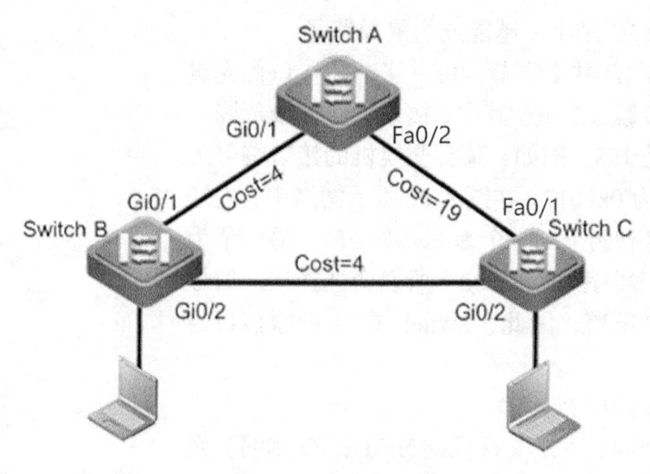

图 3-9 比较路径开销

如图 3-10 所示，很容易判断 Switch B 和 Switch C 到达根交换机的最短路径分别为 B→A 和 C→A。

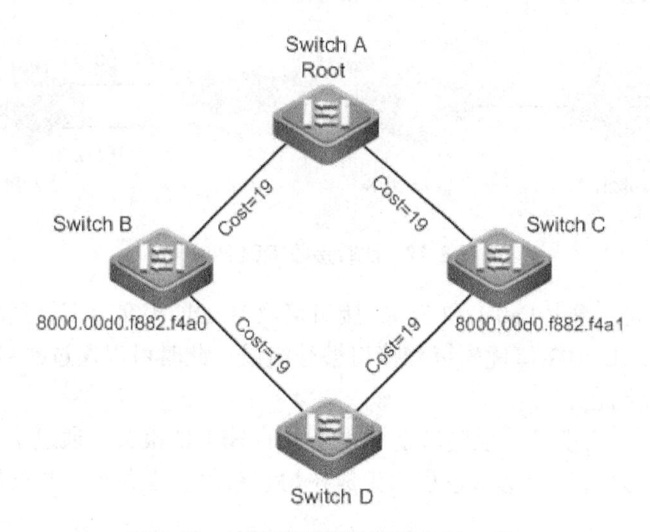

图 3-10 比较发送交换机的 Bridge ID

但对于 Switch D 来说，有 D→B→A 和 D→C→A 两条路径到达根交换机。两种方案的路径开销都为 38，此时需要比较发送 BPDU 报文的交换机的 Bridge ID。通过比较，Switch B 的 Bridge ID 更小。因此，选择 D → B → A 的路径为 Switch D 到根交换机的最短路径。最短路径确定后，Switch D 上根接口也随之确定，根接口为 Fa0/1 接口。

（3）比较发送接口 Port ID

在某些拓扑下，可能上述两种依据都无法判断最短路径，此时需通过比较发送接口的 Port ID 来判断。

如图 3-11 所示，对于 Switch C 来说，有两条路径均可以到达根交换机，一条通过本地的 Fa0/1 接口到达，另一条通过本地的 Fa0/2 接口到达。这两条路径开销相同，并且发送 BPDU 报文的交换机为同一台交换机，即 Bridge ID 也相同。在这种情况下，需要比较发送接口 Port ID，Port ID 越小，越能成为最短路径。

交换接口 Port ID 共 2 字节，由一字节的接口优先级和一个字节的接口编号组成。其中，接口的优先级范围是 0～240，默认值是 128。例如，某台交换机的接口编号为 23，那么 Port ID 为 0x8017。在图 3-11 所示网络中，发送 BPDU 报文的接口有两个，一个为 Fa0/1 接口，另一个为 Fa0/2 接口，由于优先级都为 128，所以会选择接口编号小的链路作为最短链路，因此，Switch C 上的根接口为 Fa0/1。

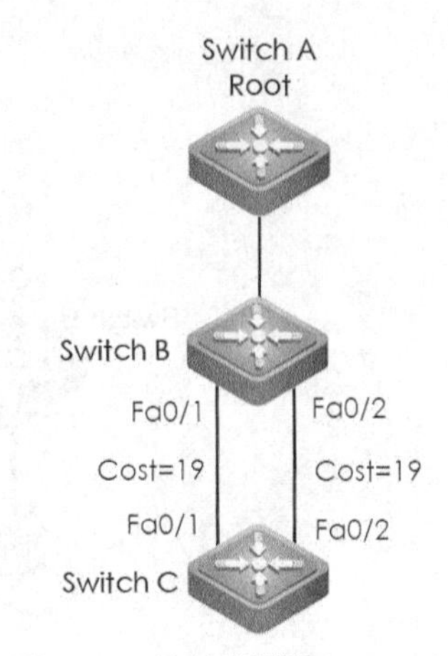

图 3-11　比较发送接口 Port ID

（4）比较接收接口 Port ID

当路径开销相同，发送交换机的 Bridge ID 相同，发送接口也相同时，如何选择最短路径及根接口呢？

如图 3-12 所示，Switch B 和 Switch C 之间通过集线器连接，Switch C 收到的 BPDU 报文都来自 Switch B 的 Fa0/1 接口，因此，由上面所述条件都无法判断出最短路径。在这种情况下，需要根据接收接口 Port ID 判断最短路径。

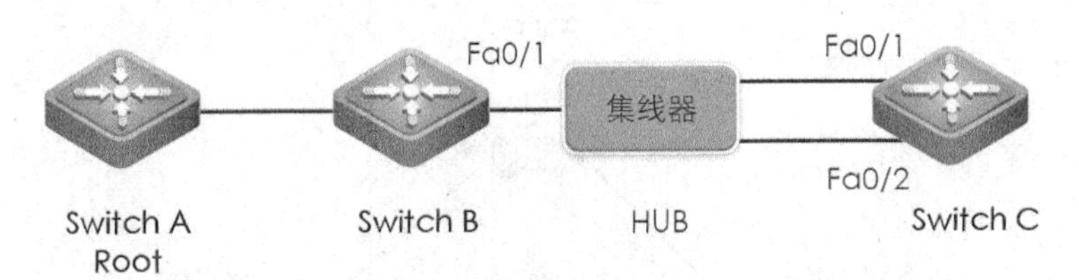

图 3-12　比较接收接口 Port ID

在 Switch C 上，通过 Fa0/1 和 Fa0/2 接口接收 BPDU 报文，默认情况下接口优先级都为 128。由于 Port ID 由接口优先级和接口编号组成，此时可以通过接口编号比较出 Fa0/1 所在的路径为最短路径。

在正常情况下，交换机从根接口上接收上游的 BPDU 报文，通过指定接口向下连交换机发送 BPDU 帧。通过以上选举过程，生成树协议最终会在每台非根交换机上分别选举出一个根接口。

3. 选举指定接口

在第一代生成树（STP）中，每一个以太网段都需要选举出一个指定接口，来为指定的网段转发数据流。指定接口是以太网段到达根交换机最近的接口，一直保持为转发状态。根交换机上没有根接口，根交换机上的所有接口均是指定接口。

如图 3-13 所示，假设选举出的根交换机是 Switch A，那么对于网段 1 来说，到达根交换机上最近的接口显然是 Switch A 上的 Fa0/1 接口。同样，对于网段 2 来说，到达根交换机最近的接口是 Switch A 上的 Fa0/2 接口。

在选举指定接口时，首先比较路径开销，如果相同，则比较发送交换机的 Bridge ID；如果仍然一样，则比较发送接口 Port ID；如果仍然无法得出结果，则比较接收 BPDU 报文接口的 Port ID。

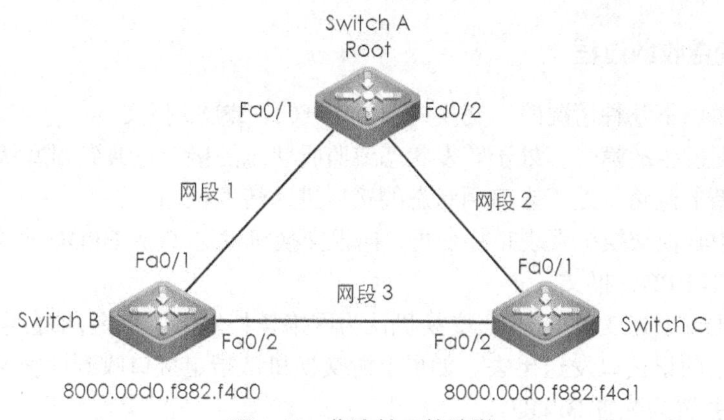

图 3-13 指定接口的选举

对于网段 3 来说，可以通过 Switch B 的上行接口到达根交换机，也可以通过 Switch C 的上行接口到达根交换机。在链路带宽相同的情况下，由于 Switch B 的 Bridge ID 更小，所以网段 3 会选择 Switch B 上的 Fa0/2 接口作为本网段的指定接口。而 Switch C 上的 Fa0/2 接口既不是指定接口又不是根接口，由此会进入阻塞状态，不转发数据，但是会接收 BPDU 报文。

对于某条阻塞链路来说，并不是此链路上的所有接口都处于阻塞状态，通常只是部分接口阻塞。

3.2.5 STP 拓扑变更

在冗余的网络中选举出根交换机、根接口和指定接口后，生成树协议将在网络中阻塞其余接口，形成没有环路的树形结构网络，实现网络通信。

1. 根交换机的功能

当网络通过收敛处于稳定状态时，根交换机在全网中每 2s 发送一次 BPDU 报文，同步全网的拓扑状态。非根交换机从根接口上接收到该 BPDU 报文后，修改其中的发送者 Bridge ID 字段和发送 Port ID 字段；从自己的指定接口向其他网段发送变更过的 BPDU 报文，使 BPDU 报文顺利地扩散到网络中的每台交换机上。

2. TCN 拓扑变更通知

当网络拓扑发生变更时，非根交换机向根交换机发送拓扑变更通知 TCN BPDU 报文。TCN BPDU 报文的主要作用是，当网络中出现拓扑变更时，向根交换机报告拓扑变更，并由根交换机向全网发送配置 BPDU。

3. TCN BPDU 报文格式

当 BPDU 报文中的标志（Flag）字段最低位置 1 时，表示该报文为 TC BPDU 报文；最高位置 1 时，表示该报文为拓扑变更确认 TCA 报文，如图 3-14 所示。

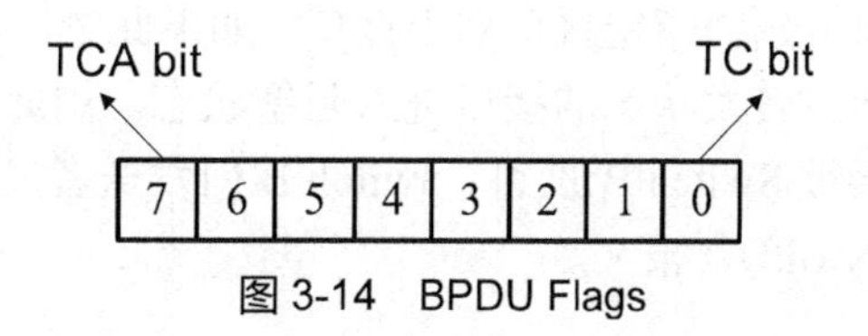

图 3-14 BPDU Flags

4. 拓扑变更收敛过程

通常，发生以下几种情况时，交换机会发送 TCN BPDU 报文。

（1）当链路发生故障时，处于转发状态或监听状态的接口过渡到阻塞状态。

（2）增加新的链路，处于未启用状态的接口进入转发状态。

（3）网络中其他交换机发现拓扑变更，向根交换机发送 TCN BPDU 报文，交换机从指定接口收到 TCN BPDU 报文。

当网络中出现上述 3 种情况时，交换机认为网络拓扑发生了变更，即会生成 TCN BPDU 报文，并从自己的根接口发送出去。如果上游交换机从指定接口收到此报文，则会向发送者发送 TCA，并置为配置 BPDU。

如果发送者没有收到 TCA，则会一直发送 TCN BPDU。同样，收到 TCN BPDU 的交换机会产生自己的 TCN 报文并从根接口向根交换机发送。所有交换机都进行同样的操作，直到根交换机收到此报文，收到网络拓扑变更消息。

最后，根交换机向全网发送一个 TC BPDU 通知，网络中的每台交换机都转发，通知所有交换机网络拓扑发生变更消息。收到 TC BPDU 报文的交换机都将自己的 MAC 地址表的老化时间修改为 15s（MAC 地址表的老化时间默认为 300s），以更快地学习到新的转发路径。

5. 拓扑变更报文的流向

网络拓扑发生变化时，TCN、TC 报文的流向如图 3-15 所示。

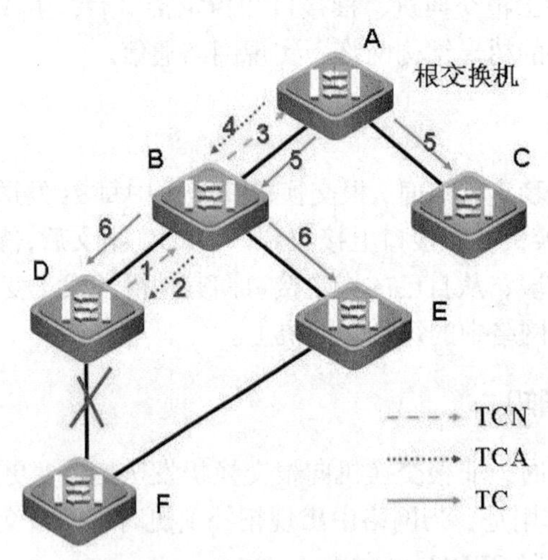

图 3-15 TCN、TC 报文的流向

假设 Switch F 和 Switch D 之间的链路为主要链路，那么 Switch D 和 Switch F 的上行接口分别为指定接口和根接口。如果此链路出现故障，则 Switch D 由于出现了链路故障，会导致转发状态的接口进入阻塞状态。因此，Switch D 会从根接口发送 TCN 报文，此报文会被 Switch B 收到。Switch B 向发送者发送 TCA 确认报文，同时从自己的根接口发送 TCN BPDU 报文。

报文到达根交换机Switch A。Switch A向Switch B发送TCA确认报文，并从指定接口发送TC报文。收到TC报文的交换机都将自己的MAC表老化时间设置得短一些，同时将TC报文从指定接口转发出去，扩散到全网。

Switch F重新选举接口角色，最终Switch F和Switch E相连的接口选举为根接口，Switch E的下连接口变为指定接口，从而完成冗余链路的切换。

3.2.6 配置STP

1. STP基本配置

在交换机上配置STP的步骤如下。选择生成树的版本是STP、RSTP或MSTP。默认情况下，交换机自动开启的生成树模式为MSTP。

```
Switch#configure terminal
Switch(config)#spanning-tree        //开启生成树协议
Switch(config)#spanning-tree mode { mstp | rstp | stp }
                                    //配置 Spanning Tree 模式
```

示例3-1说明了在交换机上如何配置STP。

示例3-1：在交换机上配置STP。

```
Switch#configure terminal
Switch(config)#spanning-tree
Switch(config)#spanning-tree mode stp
Switch(config)#end
```

2. 调整STP参数

（1）配置优先级参数

通过在交换机上配置优先级，可以使指定的交换机成为根交换机，命令如下。

```
Switch(config)#spanning-tree priority priority
```

交换机优先级取值为0～61440，可配置数值是0或4096的整数倍，默认值是32768。

在某些链路路径开销相同的拓扑中，最短路径的选择与Port ID有关，因此可能需要配置接口优先级。通过如下命令可以配置接口优先级。

```
Switch(config-if)#spanning-tree port-priority priority
```

交换机接口优先级取值为0～240，可配置的数值是0或者16的整数倍，默认值是128。

示例3-2实现了在交换机上配置STP，配置交换机优先级，配置接口优先级。

示例3-2：配置生成树优先级和接口优先级。

```
Switch#configure terminal
Switch(config)#spanning-tree
Switch(config)#spanning-tree mode stp
Switch(config)#spanning-tree priority 4096
Switch(config)#interface FastEthernet 0/1
Switch(config-if-FastEthernet 0/1)#spanning-tree port-priority 16
```

```
Switch(config-if)#end
```

（2）修改定时器参数

在 STP 中，各项定时器均有其默认值。使用如下命令可以修改 Hello Time 的默认值。

```
Switch(config)#spanning-tree hello-time seconds
```

根交换机发送 BPDU 报文默认时间间隔是 2s，通过配置可修改时间间断，取值是 1～10s。使用如下命令可以修改 Forward Delay 的默认值。Forward Delay 默认时间为 15s，取值为 4～30s。

```
Switch(config)#spanning-tree forward-time seconds
```

Max Age 为 BPDU 报文的最大生存时间，默认值是 20s，取值是 6～40s。使用如下命令修改 Max Age 默认值。

```
Switch(config)#spanning-tree max-age seconds
```

3. 查看和调试 STP 状态

使用 show 命令可查看交换机上的 STP 配置及 STP 运行状态，显示交换机中配置的生成树版本、生成树的启用状态、各定时器参数、Bridge ID、交换机优先级等信息。

```
Switch#show spanning-tree
```

使用如下命令查看交换机接口的角色与状态，显示接口的转发状态、接口优先级、接口开销、接口角色等信息。

```
Switch#show spanning-tree interface interface
```

（1）查看定时器

使用如下命令查看 STP 定时器的值。

```
Switch#show spanning-tree [ forward-time | hello-time | max-age | max-hops ]
```

各项参数的意义如下。

① forward-time：转发延迟时间，是接口停留在监听状态和学习状态的时间。默认情况下，延迟时间为 15s。

② hello-time：BPDU 报文的发送间隔时间，默认为 2s。

③ max-age：BPDU 报文在网络中的最大生存时间，默认为 20s。

④ max-hops：BPDU 在一个区域内经过 max-hops 台交换机后被丢弃，默认值为 20。

（2）查看 STP 配置及状态信息

图 3-16 所示为具有冗余的交换网络中配置 STP 的典型拓扑，分别在 Switch A、Switch B、Switch C 上启用生成树协议，并配置生成树模式为 STP。其中，Switch A 的优先级配置为 4096，被选举为根交换机。通过 show 命令可查看 Switch A 中的各项 STP 参数。显示结果中主要字段的含义如下。

① StpVersion：生成树的版本。

② SysStpStatus：生成树的状态。

③ PathCostMethod：路径开销的表示方法。

④ Priority：交换机优先级。

⑤ DesignatedRoot：根交换机的 Bridge ID。

⑥ RootCost：到达根交换机的路径开销。

⑦ RootPort：交换机上的根接口。

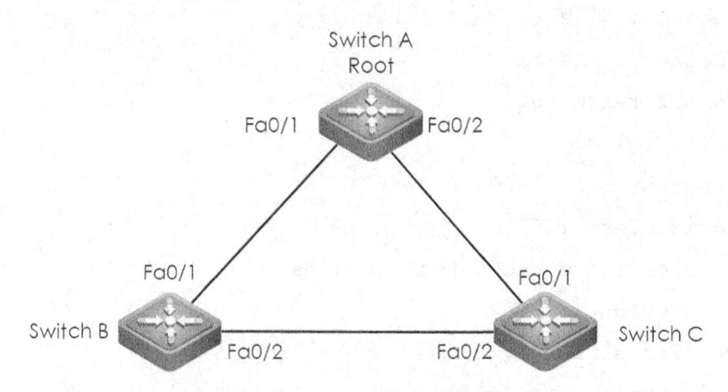

图 3-16 STP 的典型拓扑

示例 3-3：查看 STP 配置及运行状态。

```
SwitchA#show spanning-tree
StpVersion : STP
SysStpStatus : ENABLED
MaxAge : 20
HelloTime : 2
ForwardDelay : 15
BridgeMaxAge : 20
BridgeHelloTime : 2
BridgeForwardDelay : 15
MaxHops: 20
TxHoldCount : 3
PathCostMethod : Long
BPDUGuard : Disabled
BPDUFilter : Disabled
BridgeAddr : 00d0.f834.6af0
Priority: 4096
TimeSinceTopologyChange : 0d:0h:21m:8s
TopologyChanges : 3
DesignatedRoot : 1000.00d0.f834.6af0
RootCost : 0
RootPort : 0
```

示例 3-4：查看 STP 的接口状态。

```
SwitchA#show spanning-tree interface fa0/2
PortAdminPortFast : Disabled
PortOperPortFast : Disabled
```

```
PortAdminLinkType : auto
PortOperLinkType : point-to-point
PortBPDUGuard : disable
PortBPDUFilter : disable
PortState : forwarding
PortPriority : 128
PortDesignatedRoot : 1000.00d0.f834.6af0
PortDesignatedCost : 0
PortDesignatedBridge :1000.00d0.f834.6af0
PortDesignatedPort : 8002
PortForwardTransitions : 1
PortAdminPathCost : 200000
PortOperPathCost : 200000
PortRole : designatedPort
```

（3）查看接口状态

使用 show spanning-tree interface 命令，可以查看交换机接口的状态，显示结果中主要字段各项参数的意义如下。

① PortState：接口状态。

② PortPriority：接口优先级。

③ PortDesignatedRoot：根交换机的 Bridge ID。

④ PortRole：接口角色。

3.3 快速生成树协议

IEEE 组织规范的 RSTP 技术标准为 802.1w，该标准由早期的生成树协议标准 802.1d 发展而成，这种协议在网络结构发生变化时，能更快地收敛网络。

RSTP 和 STP 最大的区别在于网络收敛速度的差别。当网络拓扑发生变化时，在 STP 中从阻塞接口进入转发状态所需的时间是 30～50s。而在 RSTP 中，这个时间可以缩短到 1s。为了提高网络收敛速度，RSTP 在很多方面对 STP 的工作方式做了改进，如 BPDU 报文格式、引入替代接口和备份接口、优化拓扑变更机制等。

3.3.1 RSTP 接口状态

和 STP 不一样，在 RSTP 中，接口状态只有 3 种，分别是 Discarding 状态（丢弃）、Learning 状态（学习）、Forwarding 状态（转发）。

在 STP 中，处于阻塞状态、监听状态和禁止状态的接口在数据转发上没有区别，都是将数据丢弃，并且不学习 MAC 地址。为了提升网络收敛速度，在 RSTP 中，禁用状态、阻塞状态和监听状态都被合并到了 Discarding 状态。

表 3-2 所示为 STP 和 RSTP 接口状态对比。

表 3-2　STP 和 RSTP 接口状态对比

STP 接口	RSTP 接口	是否转发数据	是否学习 MAC 地址
禁用	丢弃	否	否
阻塞	丢弃	否	否
监听	丢弃	否	否
学习	学习	否	是
转发	转发	是	是

3.3.2　RSTP 接口角色

在 STP 中，接口角色类型包括根接口（Root Port，RP）、指定接口（Designated Port，DP）、阻塞接口和禁用接口。为了提高速度，在 RSTP 中，除这些接口外，还增加了替代接口（Alternate Port，AP）和备份接口（Backup Port，BP）。

1. 根接口

根接口是本地交换机距离根交换机最近的接口，非根交换机通过根接口接收 BPDU 报文，如图 3-17 所示，RP 表示根接口。需要注意的是，根交换机上没有根接口。

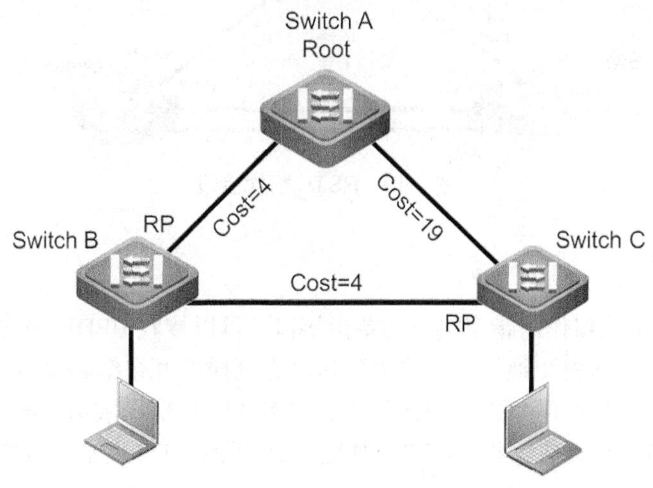

图 3-17　RSTP 根接口

2. 指定接口

和 STP 一样，RSTP 指定接口是转发数据的以太网段接口，如图 3-18 所示，DP 表示指定接口。

3. 替代接口

替代接口是 RSTP 中新引入的接口，作为根接口的备份接口。替代接口可以接收 BPDU 报文但不转发数据。替代接口出现在非根交换机上，当根接口发生故障后，替代接口自动成为根接口，如图 3-19 所示，AP 表示替代接口。

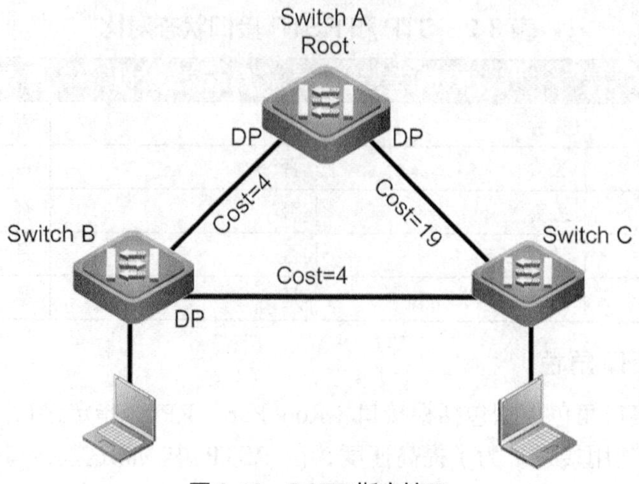

图 3-18　RSTP 指定接口

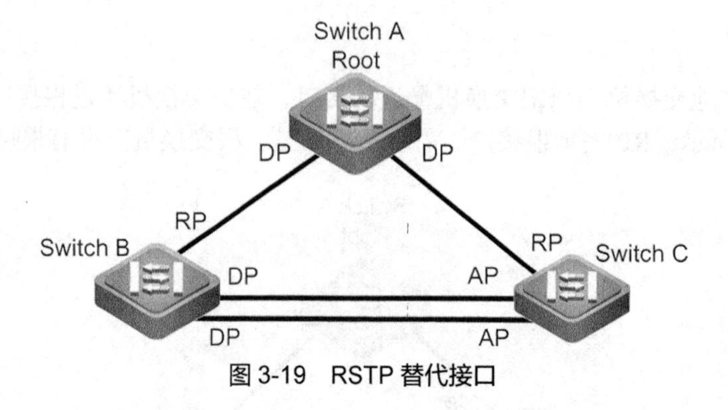

图 3-19　RSTP 替代接口

4. 备份接口

RSTP 中的备份接口作为指定接口的备份接口，可以接收 BPDU 报文，但不转发数据。

备份接口出现在非根交换机上，作为到达以太网段的冗余链路接口，只出现在交换机之间的级联链路上，拥有两条以上的链路，实现多链路共享局域网网段。当指定接口出现故障后，备份接口会自动成为指定接口。如图 3-20 所示，BP 表示备份接口。

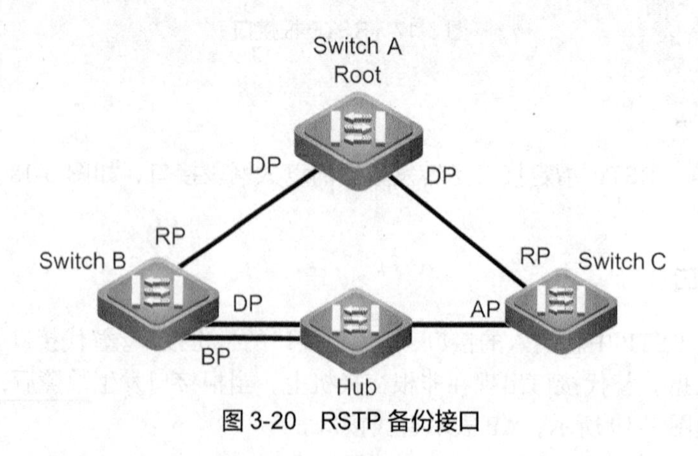

图 3-20　RSTP 备份接口

当网络拓扑发生变化时，替代接口和备份接口都能够立即接替根接口和指定接口，实现网络快速收敛。

3.3.3 BPDU 格式变化

RSTP 对 BPDU 消息报文做了一些更改，主要修改标志（Flag）字段。

在 STP 中，BPDU 消息报文中的标志字段只使用最高位和最低位，即 TCA 标志位和 TC 标志位。

而在 RSTP 中，则利用此字段中剩余 6 个 bit 来标识其他内容，分别增加了接口角色、学习、协定等标志位，如图 3-21 所示。

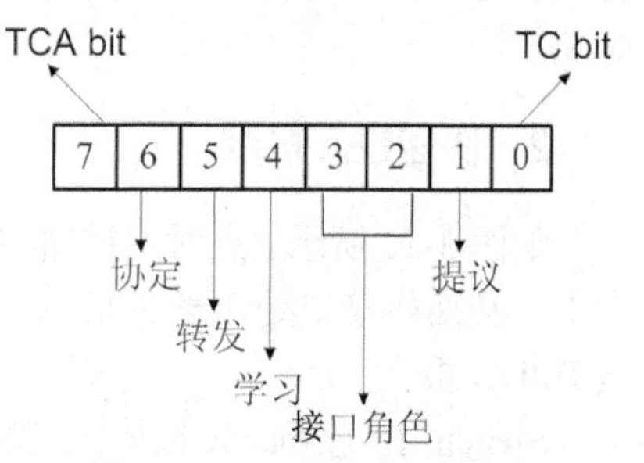

图 3-21 RSTP BPDU 格式

在 RSTP 中，RSTP 和 STP 对于 BPDU 报文的处理方式也有很大差别。

在 STP 中，根交换机从指定接口发出 BPDU 报文；非根交换机从根接口接收到 BPDU 报文后，会重新产生一个新的 BPDU 报文，从指定接口发送出去。

如果非根网桥没有收到根交换机发送的 BPDU 报文，它就不能确定网络中的链路是否发生故障。在网络中，任何到达根交换机的链路出现故障，都会导致非根网桥没有收到根交换机发送的 BPDU 报文的情况发生。

因此，在 RSTP 技术中，根交换机每隔 Hello Time 都会发送 BPDU 报文，非根交换机即使没有收到根交换机的 BPDU 报文，也会按照 Hello Time（默认 2s）周期性地发送包含自身的 BPDU 报文。

位于网络中的下连交换机，如果指定接口在连续 3 个 Hello Time 内都没有收到任何 BPDU 报文，那么该交换机就会认为和上连交换机之间的链路出现了故障，并进行老化处理。此时，BPDU 报文充当了交换机之间的 keep-alive 报文。而在 STP 中，只能被动等待 20s 的 BPDU 老化时间，相比之下，RSTP 发现链路故障所需的时间更短。

3.3.4 RSTP 链路状态及快速过渡机制

在传统的 STP 中，某个接口被选举为指定接口后，它从阻塞状态进入转发状态需要等待两倍的转发延迟时间（默认是 15s）。

1. 链路状态

RSTP 不需要依赖定时器的时间，接口能够主动确认是否已经安全过渡到转发状态。为了实现这样的目的，在 RSTP 中还引入了边缘接口和链路类型两种技术标准。交换机上直接连接主机的接口不会产生环路，也更容易在禁用状态和转发状态之间实现切换。对于这类接口，可以直接从阻塞状态进入转发状态，而不需要经过中间状态。在链路发生转变时，边缘接口也不会产生拓扑变更通知。如果边缘接口接收到 BPDU 报文，那么它会立即从边缘接口状态转变为正常生成树接口。

RSTP 将链路分为点到点链路类型和共享式链路类型。默认情况下，如果接口工作在全双工模式下，那么认为它是点到点链路类型；如果接口工作在半双工模式下，那么认为它是共享式链路类型，如图 3-22 所示。

在点到点链路类型中，配置了 RSTP 的交换机上的指定接口能够快速地过渡到转发状态，而不需要等待两倍的转发延迟时间。

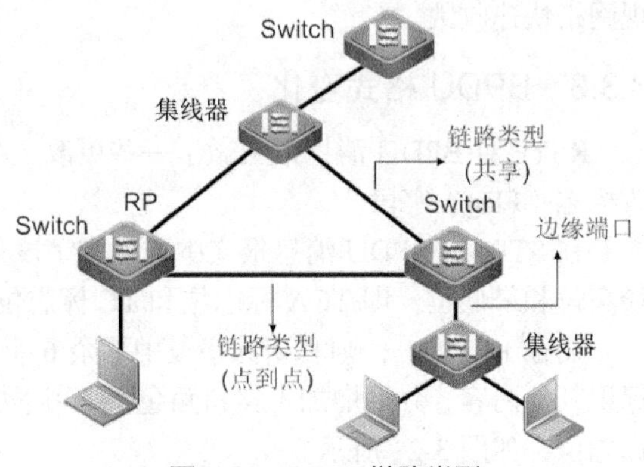

图 3-22　RSTP 链路类型

2. 快速过渡机制

如图 3-22 所示，点对点链路在初始状态下，交换机接口处于学习状态，互相发送 BPDU 报文。

Switch B 收到 Switch A 发送来的 BPDU 报文，发现此 BPDU 报文为上级 BPDU，会认为自己的接收接口是根接口。于是，Switch B 向 Switch A 发送协定 BPDU 报文，当 Switch A 收到协定报文后，接口立即进入转发状态。此时，Switch B 的根接口也进入转发状态，同时向自己的指定接口发送提议 BPDU 报文。

如图 3-23 所示，Switch B 从学习状态的指定接口发送提议 BPDU 报文，Switch C 回复协定 BPDU 报文，Switch B 的指定接口进入转发状态，Switch C 根接口进入转发状态。

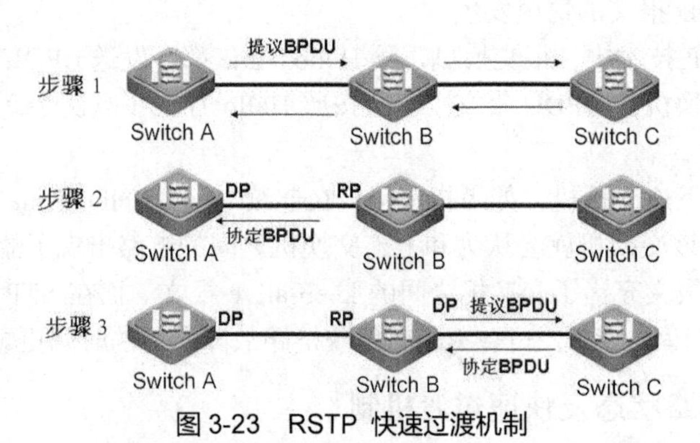

图 3-23　RSTP 快速过渡机制

通过这样的方式，指定接口从学习阻塞状态进入转发状态，只需要等待双方的协定时间即可，并不依赖定时器，收敛通常在 1s 内完成。

根接口失效后，根接口的替代接口直接进入转发状态，同时产生拓扑变更，更新交换机的 MAC 地址表。如果链路是半双工工作模式，则接口过渡到转发状态只能按照 803.1d 中的方式操作，等待两倍的延迟时间。

3.3.5　RSTP 拓扑变更机制

在早期的 STP 技术标准 803.1d 中，如果链路故障造成网络拓扑发生变化，发生链路故障的交换机上的一个新接口即成为根接口，该交换机立即发出 TCN BPDU 通知，由其他非根交换机将此报文转发给根交换机。根交换机收到此报文后，向网络中下发带有 TC 标志的 BPDU 报文，收到 TC BPDU 的交换机都将自己的 MAC 地址表生存时间设置得短一些，从而快速学习新的 MAC 地址。

同样，在 RSTP 中当非边缘接口由阻塞状态进入转发状态时，也会引起网络拓扑的变更。发生链路故障的交换机向除边缘接口外的所有接口发送 TC BPDU 拓扑变更通知，同时清除该交换机上除边缘接口之外所有接口学习到的 MAC 地址。其他交换机收到 TC BPDU 报文后，也清除掉除接收报文接口和边缘接口之外所有接口学习到的 MAC 地址，同时向除接收接口和边缘接口之外的所有接口发送 TC BPDU 报文。通过这样的方式，RSTP 能很快地将网络拓扑变更通知扩散到整个网络，实现更快的收敛。

需要注意的是，使用 STP 技术，只有根交换机才能发送 TC BPDU 报文，运行 STP 的交换机才会发送 TCN BPDU；而使用 RSTP 技术，交换机发送的都是 TC BPDU。图 3-24 所示为 RSTP 拓扑变更机制示意图。

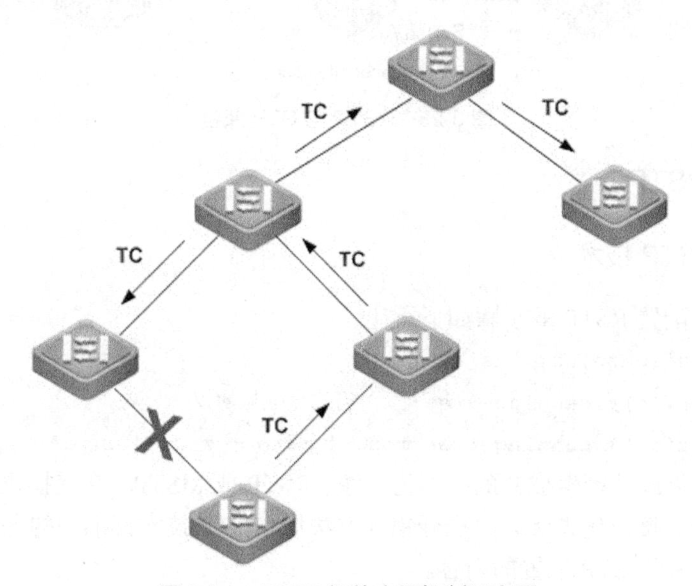

图 3-24 RSTP 拓扑变更机制示意图

3.3.6 RSTP 和 STP 兼容

RSTP 可以与第一代 STP 完全兼容，RSTP 会根据收到的 BPDU 版本号自动判断与之相连的交换机是支持 STP 还是支持 RSTP，并分别选择相应的操作方式。

此外，在一个交换网络中，如果同时存在配置有 RSTP 技术和 STP 技术的交换机，则会遇到如下特殊问题。

如图 3-25 所示，Switch A 支持 RSTP 技术标准，Switch B 只支持 STP 技术标准，Switch C 支持 RSTP 技术标准，Switch A 发现与它相连的是配置了 STP 技术标准的交换机，于是发送 STP 标准的 BPDU 报文实现通信，但这样就使 Switch C 认为与之互连的是 STP 技术标准的交换机，造成的结果是网络中有两台支持 RSTP 技术标准的交换机，但都以 STP 技术标准来运行，大大降低了网络的效率。

因此，可以在交换的网络中配置 RSTP 提供的 protocol-migration 功能，以在全网中强制发送 RSTP BPDU 报文。这样，Switch A 便强制发送 RSTP 技术标准的 BPDU 报文，使 Switch C 认为与之互连的交换机都支持 RSTP 技术标准，使两台交换机都以 RSTP 技术标准高效运行。

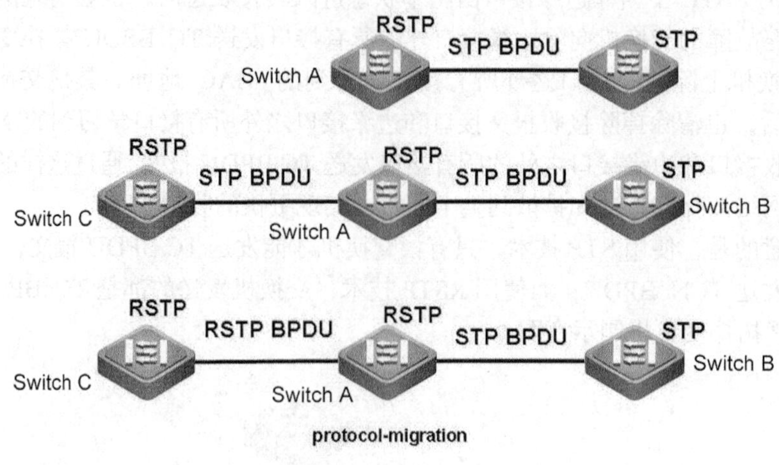

图 3-25　RSTP 与 STP 兼容

3.3.7　配置 RSTP

1. 配置 RSTP 技术

在交换机上配置 RSTP 的步骤如下所述。

```
Switch#configure terminal
Switch(config)#spanning-tree    //开启生成树协议
Switch(config)#spanning-tree mode { mstp | rstp | stp }  //配置生成树模式
```

根据需要，可以选择生成树的版本为 STP、RSTP 或 MSTP。在交换机上配置 RSTP 技术标准的优先级、接口优先级、路径开销的方法均与 STP 技术标准中的配置一样，具体方法可参考前文中关于 STP 配置的内容。

备注 1：默认状态下，交换机上的 STP 是关闭的，需要使用命令开启。

备注 2：默认情况下，交换机开启 MSTP。

2. 配置 RSTP

在 RSTP 技术标准中，接口的链路类型直接决定了交换网络中的拓扑能不能快速收敛，如果没有设置，则 RSTP 通过判断连接的接口是否为全双工来决定链路的类型。

在交换机上可以通过强制设置链路类型实现网络快速收敛，步骤如下所述。

```
Switch(config)#interface interface     //进入配置的接口
Switch(config-if)#spanning-tree link-type { point-to-point | shared }
                                        //配置链路类型
```

根据需要，可以将链路配置为点对点模式或共享模式。其中，上述命令中 point-to-point 为点对点模式，shared 为共享模式。

3. 配置 RSTP 版本检查

如果网络中有部分交换机运行 STP 技术标准，则会导致其他运行 RSTP 技术标准的交换机版本自动下降为STP技术标准。为了保障RSTP技术标准与STP技术标准之间的版本兼容，可运行版本检查功能，让运行RSTP的交换机之间强制运行RSTP。

配置RSTP版本检查的命令如下。

```
Switch#clear spanning-tree detected-protocols   //对所有接口进行强制版本检查
Switch#clear spanning-tree detected-protocols interface interface
                                          //对特定接口进行强制版本检查
```

4. 配置PortFast接口属性

为了加快交换网络中生成树的收敛速度，优化交换网络的传输，IEEE组织专门开发了生成树协议的PortFast属性。当交换机上的某个二层接口被配置为PortFast接口时，一旦该接口Up，将立即过渡到Forwarding状态，跳过生成树的中间状态，从而使交换机的接口立即对用户数据进行转发。

通过在交换机上开启生成树协议的PortFast接口属性，可以避免交换机网络中的一些实际应用问题，如DHCP请求超时等。在实际网络场景中，PortFast属性只用于连接运行了生成树协议的交换机连接的终端计算机或服务器的接口，如图3-26所示。

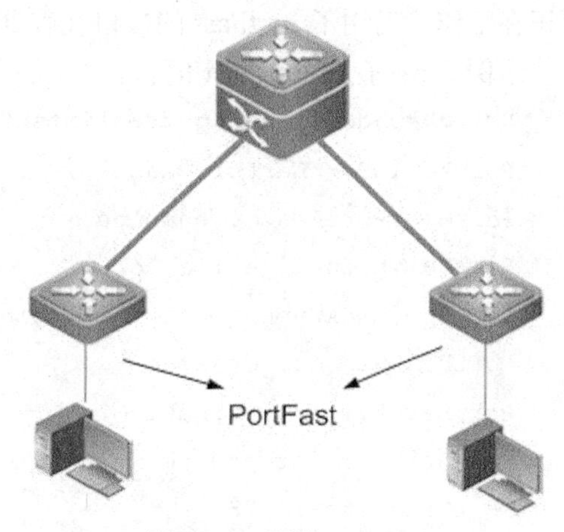

图3-26 配置PortFast

需要注意的是，不允许将运行了生成树协议的交换机的上行链路接口配置为PortFast接口，否则会导致网络出现环路。

运行生成树协议后，如果某个接口启用了PortFast特性，该接口将成为RSTP的边缘接口。收到BPDU报文后，边缘接口将允许直接过渡到转发状态，当链路状态发生变化时，也不会产生拓扑变更。

在接口模式下，使用如下命令可以启用接口的PortFast属性。

```
Switch(config-if)#spanning-tree portfast
```

在接口模式下，使用如下命令可以禁用接口的PortFast属性。

```
Switch(config-if)#spanning-tree portfast disable
```

接入层交换机上大部分接口会连接终端设备，如PC、服务器、打印机等，在全局模式下，使用如下命令，可以使所有接口启用PortFast属性。

```
Switch(config-if)#spanning-tree portfast default
```

需要注意的是，当配置完这个命令后，必须在连接到汇聚交换机的上行链路接口上使用spanning-tree portfast disable命令明确禁用PortFast属性，避免交换网络中产生新的环路。

示例3-5：配置PortFast。

模式如下：(config-if-FastEthernet 0/1)

```
Switch#configure
Switch(config)#interface FastEthernet 0/1
```

```
Switch(config-if-FastEthernet 0/1)#spanning-tree portfast
Switch(config-if-FastEthernet 0/1)#end

Switch#configure
Switch(config)#spanning-tree portfast default
Switch(config)#interface FastEthernet 0/23
Switch(config-if-FastEthernet 0/23)#switchport mode trunk
Switch(config-if-FastEthernet 0/23)#spanning-tree portfast Disabled
Switch(config-if-FastEthernet 0/23)#end
```

使用如下命令可以查看接口 PortFast 状态，包括管理配置状态与实际操作状态。

```
Switch#show spanning-tree interface interface
```

管理配置状态表示是否手工启用了 PortFast 属性；实际操作状态表示 PortFast 属性是否正在工作。启用了 PortFast 的接口在收到 BPDU 帧后会使操作状态变为 Disabled。

示例 3-6：查看 PortFast 信息。

```
Switch#show spanning-tree interface FastEthernet 0/1
PortAdminPortFast : enabled      //PortFast 的管理配置状态
PortOperPortFast : enabled       //PortFast 的实际操作状态
PortAdminLinkType : auto
PortOperLinkType : point-to-point
PortBPDUGuard : disable
PortBPDUFilter : disable
PortState : forwarding
PortPriority : 128
PortDesignatedRoot : 8000.00d0.f882.f4a1
PortDesignatedCost : 0
PortDesignatedBridge :8000.00d0.f882.f4a1
PortDesignatedPort : 8001
PortForwardTransitions : 12
PortAdminPathCost : 200000
PortOperPathCost : 200000
PortRole : designatedPort
```

3.4 认证测试

1. 在交换网络规划中，如果存在冗余链路，则需要启用生成树协议，以保证网络的健壮性。下面关于生成树协议的作用描述不正确的是（　　）。

A. 生成树协议能够将冗余链路阻断，并作为备份链路

B. 生成树协议能够防止桥接环路的产生

C. 生成树协议能够防止网络临时失去连通性

D. 生成树协议能够使交换机工作在存在物理环路的网络环境中

2. 管理员在一台交换机上启用 802.1d 生成树后，使用 show spanning-tree 命令进行查看时发现接口状态为 Listening。对于该状态的描述，以下说法正确的是（ ）。

A. 可以接收和发送 BPDU，但不能学习 MAC 地址

B. 既可以接收和发送 BPDU，又可以学习 MAC 地址

C. 可以学习 MAC 地址，但不能转发数据帧

D. 不能学习 MAC 地址，但可以转发数据帧

3. 在交换机上配置生成树协议时，如果需要手工指定根交换机，则可以将网桥优先级设置为（ ），以使 Bridge ID 比其他交换机的默认 ID 更低，成为根交换机。

A. 1　　B. 2048　　C. 36864　　D. 8192

4. 交换机启用生成树后，默认的生成树类型是（ ）。

A. STP　　B. RSTP　　C. MSTP　　D. PPTP

5. 在 RSTP 中，为了加快拓扑收敛速度，新增了的接口角色是（ ）【选择两项】。

A. Alternated Port　　B. Backup Port　　C. Master Port　　D. Slave Port

6. 下列（ ）可作为 RSTP 交换机的优先级。

A. 1　　B. 2　　C. 500　　D. 8192

7.（ ）交换机 STP 默认的优先级为（ ）。

A. 0　　B. 1　　C. 32767　　D. 32768

8.（ ）接口状态既不转发报文，又不学习 MAC 地址，不发送但监听 BPDU。

A. Forwarding　　B. Learning　　C. Listening　　D. Block

9. 在 RSTP 中，处于 Discarding 状态的接口角色是（ ）【选择两项】。

A. Listening　　B. Backup　　C. Learning　　D. Alternate

10. 在实施冗余交换网络时，工程师启用了生成树协议，构造了一个无环拓扑。生成树构造无环拓扑需要执行 4 个步骤，其顺序为（ ）。

A. 第一步：选举一个根网桥。第二步：在每个非根网桥上选举一个根接口。第三步：在每个网段上选举一个指定接口。第四步：阻塞非根、非指定接口

B. 第一步：选举一个根网桥。第二步：在每个网段上选举一个指定接口。第三步：在每个非根网桥上选举一个根接口。第四步：阻塞非根、非指定接口

C. 第一步：选举一个根网桥。第二步：在每个非根网桥上选举一个指定接口。第三步：在每个网段上选举一个根接口。第四步：阻塞非根、非指定接口

D. 第一步：选举一个根网桥。第二步：在每个网段上选举一个根接口。第三步：在每个非根网桥上选举一个指定接口。第四步：阻塞非根、非指定接口

单元4 使用 MSTP 增强网络弹性

【技术背景】

RSTP 在 STP 的基础上进行了改进，实现了网络拓扑的快速收敛。但早期的 RSTP 和 STP 技术都存在一个缺陷，即所有 VLAN 共享一棵生成树，无法在多个 VLAN 之间实现数据流量的负载均衡。VLAN 之间的链路被阻塞后，将不承载任何流量，造成带宽浪费，甚至有可能导致部分 VLAN 中的报文无法转发。

在多 VLAN 网络环境下，通过配置多个不同的生成树实例，可实现多 VLAN 网络环境下的均衡负载。例如，图 4-1 所示的双核心网络架构，使用 MSTP 技术，把不同 VLAN 中的通信流量分流，如 VLAN 10 和 VLAN 20 中的数据流量通过三层交换机 Switch C 转发，VLAN 30 和 VLAN 40 中的数据流量通过三层交换机 Switch D 转发。

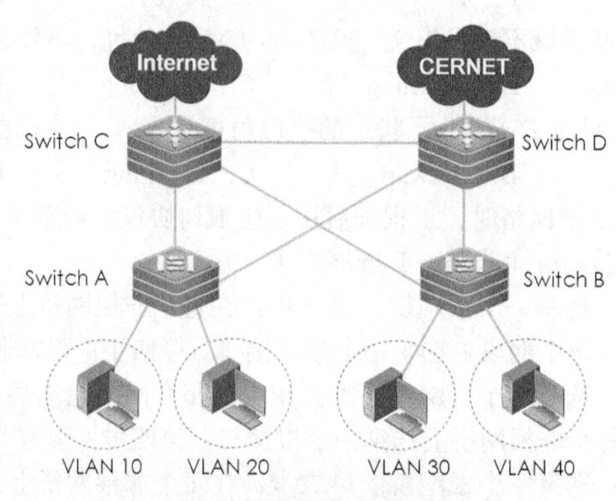

图 4-1　双核心网络架构

本单元帮助读者认识 MSTP 技术，掌握 MSTP 技术原理。

【技术介绍】

多生成树协议（Multiple Spanning Tree Protocol，MSTP）是在早期的 802.1d 技术标准 STP 和 802.1w 技术标准 RSTP 的基础上发展起来的新一代生成树协议，其标准规范为 IEEE 802.1s。有时 MSTP 也称为多实例的生成树协议（Multiple Instance STP，MISTP），主要解决传统生成树协议解决不了的多 VLAN 复杂环境中存在的带宽浪费、VLAN 接口阻塞、网络均衡负载等问题。

MSTP 应用在多 VLAN 应用场景中，它不仅仅继承了 RSTP 接口快速迁移的优点，还解决了 RSTP 技术标准在不同 VLAN 中无法运行在同一棵生成树上的问题。此外，MSTP 技术还能通过优化配置，完成对来自不同 VLAN 中的流量的控制，解决不同 VLAN 网络中的流量均衡负载的难题。

4.1 传统单生成树问题

与众多协议发展过程一样，生成树协议也随着网络新技术的发展而不断更新，从最初的 802.1d 标准定义的 STP，到 802.1w 标准定义的 RSTP，再到最新的 802.1s 标准定义的 MSTP。

RSTP 是在 STP 技术上改进发展的新一代标准生成树协议，实现了二层交换网络中拓扑的快速收敛。基于技术的沿革，早期的 STP 和 RSTP 在网络中进行生成树计算时，都没有考虑到 VLAN 的情况，也就是说，每一个 VLAN 内部生成一棵独立生成树。同时，所有 VLAN 共享相同的生成树链路，这也意味着所有 VLAN 都使用相同的路径发送和接收网络中的生成树数据。因此，在存在多个 VLAN 部署的交换网络场景中，各个 VLAN 内部都独自完成生成树计算，容易造成共享链路的阻塞。链路被阻塞后将不承载任何流量，造成带宽浪费；有可能造成部分 VLAN 的报文无法转发；此外，无法在多 VLAN 之间实现数据流量的负载均衡。

图 4-2 所示为存在多个 VLAN 的网络场景中运行的单生成树计算场景。

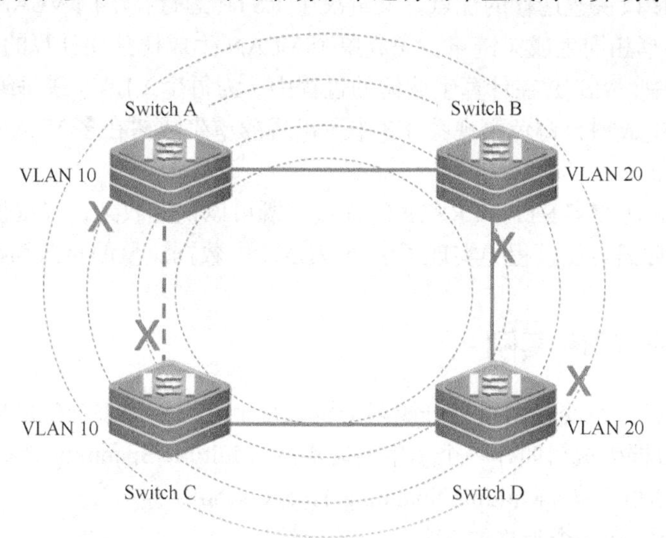

图 4-2 存在多个 VLAN 的网络场景中运行的单生成树计算场景

图 4-3 所示为二层交换网络内部应用 STP 或 RSTP 生成树部署的场景，其中，生成树之间的逻辑连接用虚线表示，交换机 S6 是生成树的根桥。

其中，S6 为根交换设备，以 S6 为根交换机完成生成树计算之后，交换机 S2 和 S5 之间、交换机 S1 和 S4 之间的链路被阻塞。除标注 VLAN 2 或 VLAN 3 的链路允许来自对应 VLAN 的报文通过外，其他链路均不允许来自 VLAN 2、VLAN 3 的报文通过。

接入计算机 Host A 和 Host B 都属于 VLAN 2 的用户设备，由于交换机 S2 和 S5 之间的骨干链路被阻塞，而交换机 S3 和 S6 之间的骨干链路又不允许来自 VLAN 2 的报文通过，因此，Host A 和 Host B 之间无法通信。

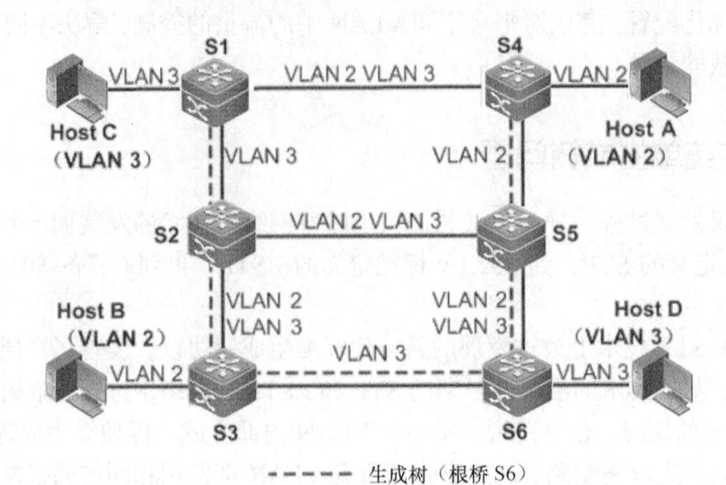

图 4-3　应用 STP 或 RSTP 生成树部署的场景

为了弥补单生成树 STP 和 RSTP 的缺陷，IEEE 组织于 2002 年发布了应用在多 VLAN 场景中的 MSTP 技术标准 802.1s。

新一代生成树技术标准 802.1s 提出了生成树技术和 VLAN 技术相结合的标准，MSTP 既继承了 RSTP 接口快速迁移的优点，又解决了 RSTP 运行在不同 VLAN 场景中，实现多个不同 VLAN 共享相同生成树链路，完成单个 VLAN 生成树独立计算的问题。

在冗余网络中，MSTP 在计算生成树的过程中，为每个 VLAN 或每组 VLAN 合并（映射）计算成一棵生成树，避免出现图 4-3 中所出现的单生成树在多 VLAN 网络连接场景中的网络故障问题。

此外，MSTP 还兼容 STP 和 RSTP 的优点，既可以快速收敛，又提供了数据转发的多条冗余路径，在数据转发过程中实现了多个 VLAN 中数据流量的负载均衡。

4.2 认识 MSTP 实例

MSTP 技术把一个交换网络划分成多个域，每个域内形成多棵生成树，生成树之间彼此独立。通常把每棵生成树叫作一个多生成树实例（Multiple Spanning Tree Instance，MSTI），每个域叫作一个 MST 域（Multiple Spanning Tree Region）。

如图 4-4 所示，在一个独立的 MST 域中连接有多台交换机，映射成一个实例，也可以有多个实例。

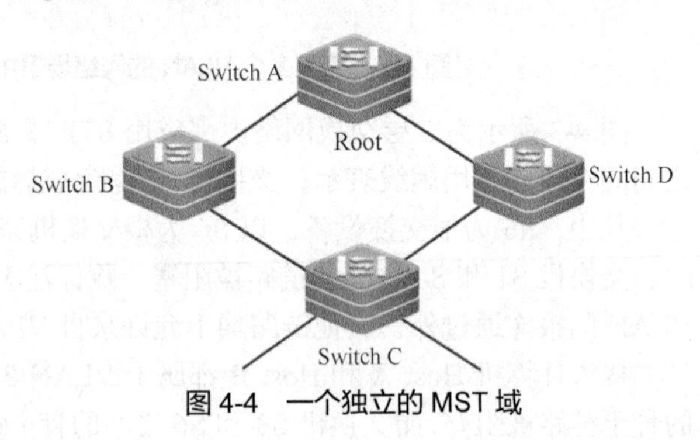

图 4-4　一个独立的 MST 域

这里所谓的实例（Instance），就是多个 VLAN 映射的一个集合。将多个 VLAN 捆绑到一个实例中共享一条链路，生成一棵树，可以有效地节省通信开销和资源占用率。其中，MSTP 技术管理的各个实例拓扑中的计算相互独立，依托这些实例实现负载均衡。可以把多个具有相同拓扑的 VLAN 映射到一个实例中，这些不同的 VLAN 在共享链路上接口的转发状态，取决于接口在对应 MSTP 实例中的转发状态。

如图 4-5 所示，使用 MSTP 技术标准配置完成多个 VLAN 映射表（即 VLAN 和 MSTI 的对应关系表），把不同的 VLAN 和一个多生成树实例 MSTI 映射起来。其中，每个 VLAN 只能映射到一个 MSTI，即同一个 VLAN 中的数据只能在一个 MSTI 中传输，而一个 MSTI 可能对应多个 VLAN。

经 MSTP 计算完成后，全网最终生成两棵生成树。其中，MSTI 1 的多实例生成树以 S4 为根交换设备，转发 VLAN 2 的报文；MSTI 2 的多实例生成树以 S6 为根交换设备，转发 VLAN 3 的报文，这样就实现了所有 VLAN 的内部互通；同时，不同 VLAN 中的报文沿不同的路径转发，实现了网络的负载均衡。

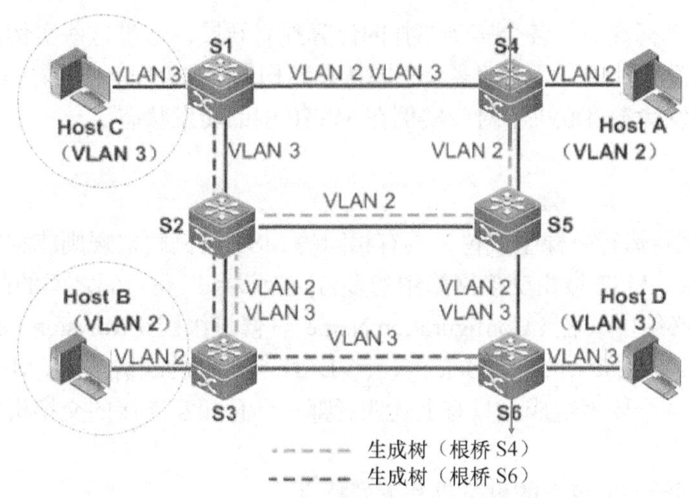

图 4-5　MSTP 实现交换网络负载均衡

4.3 了解 MST 域

在多实例生成树协议中，MSTP 技术标准定义了实例的概念。简单地说，STP/RSTP 是基于接口的生成树，而 MSTP 就是基于实例的生成树。

图 4-6 所示为实施 MSTP 技术标准而生成的网络拓扑矢量连接图，展示了 MSTP 技术管理的网络场景。其中，每一个节点在网络中为一台交换机，多台交换机之间通过骨干链路连接组成 3 个 MST 域，每个 MST 域中包含多个 MST 实例。

下面依托图 4-6 所示场景介绍 MSTP 技术标准中涉及的专业术语及通信原理。

1. MST 实例

在 MSTP 管理的网络规划中，为了让一个或多个 VLAN 共享一棵生成树，需要对安装在网络中的 VLAN 交换机进行实例的映射，可以将一个或多个 VLAN 映射到一个 MST 实例（MST Instance）中，一个 VLAN 只能映射到一个实例。

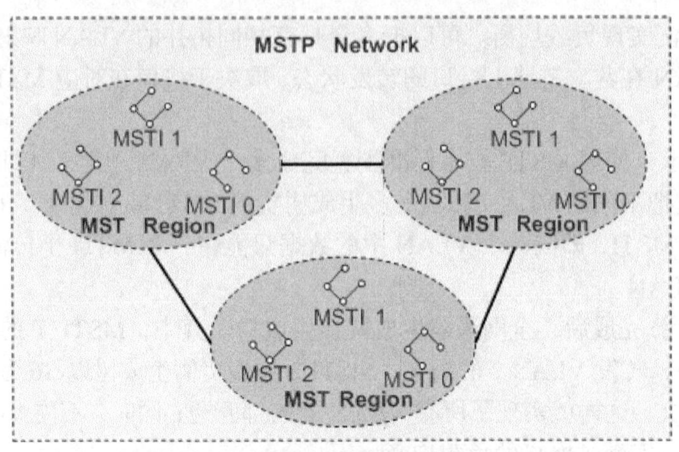

图 4-6 实施 MSTP 技术标准而生成的网络拓扑矢量连接图

在 MSTP 技术标准中，各个实例拓扑的计算独立开展，通过这些实例就可以实现负载均衡。在实际配置的时候，可以把多个相同拓扑结构的 VLAN 映射到某一个实例中，这些 VLAN 接口的转发状态将取决于对应实例在 MSTP 中的转发状态。

2. MST 域

一个 MST 域将运行一棵生成树，具有相同的 MST 实例映射规则或相同配置的交换机组成一个 MST 域。MST 域由交换网络中的多台交换设备以及它们之间的网段构成。

一个“域”必须由域名（Configuration Name）、修订级别（Revision Level）、格式选择器（Configuration Identifier Format Selector）、VLAN 与实例的映射关系（Mapping of VIDs to Spanning Trees）4 个要素组成。只有上述四者都一样且相互连接的交换机才被认为在同一个域内。

安装在同一个 MST 域中的设备具有下列特点。

（1）都启动了 MSTP。

（2）具有相同的域名，用 32 字节长的字符串来标识 MST 域的名称。

（3）具有相同的 MSTP 修订级别配置，用 16 位修正值标识 MST 域修正。

（4）具有相同的 VLAN 到生成树实例的映射配置。

这里的 VLAN 到 MST 实例的映射，是指在每台交换机中，最多可以创建 64 个 MST 实例，编号为 1～64，Instance 0 强制存在。通过配置可以将 VLAN 和不同的实例进行映射，没有被映射到 MST 实例中的 VLAN 默认属于 Instance 0。

实际上，在配置映射关系之前，交换机上的所有 VLAN 都属于 Instance 0。

例如，在图 4-7 所示的网络场景中，Switch A 和 Switch C 在一个域中，Switch B 和 Switch D 在一个域中。其中，Switch A 和 Switch C 配置了相同的“Name:test1”，配置了相同的“Revision number:1”，配置了相同的实例映射规则，因此，在 MSTP 运算中，Switch A 和 Switch C 会被认为在同一个域中。

同样，Switch B 和 Switch D 由于配置有相同的 Name 和 Revision number，也配置了相同的实例映射规则，所以也被视为在同一个域中。

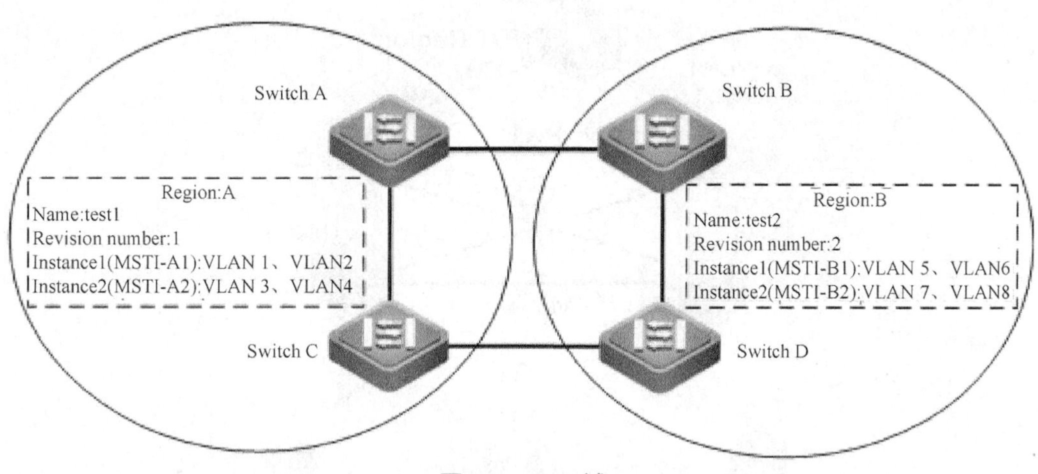

图 4-7　MST 域

在每个域中，MSTP 都将为每个 MST 实例进行独立的生成树计算，包括选举出根交换机、交换机上的各接口角色以及确定接口的状态（Forwarding 或者 Discarding）。需要注意的是，计算出的接口角色和状态只在本 MST 实例中有效，即只对本 MST 实例中的 VLAN 的数据转发有效。

4.4　MSTP 基本概念

在配置多实例的 MSTP 网络场景中，需要了解 MSTI、IST、CIST、CST 等基本概念。

1. MST 域

在 MSTP 中，都启动了 MSTP 技术标准，且具有相同的域名，具有相同的 VLAN 到生成树实例映射配置，具有相同的 MSTP 修订级别配置的交换机组成一个 MST 域。

一个局域网中可以存在多个 MST 域，各 MST 域之间在物理上直接或间接相连。用户可以通过 MSTP 配置命令把多台交换机划分到同一个 MST 域内。

2. MSTI 生成树

在实施了 MSTP 技术标准的网络场景中，每个实例中的生成树称为 MSTI 生成树。一个 MST 域内可以生成多棵生成树，每棵生成树都称为一个多生成树实例。MSTI 域根是每个多生成树实例的树根。

MSTI 可以与一个或者多个 VLAN 建立映射关系，按照规则，一个 VLAN 只能与一个 MSTI 映射。如图 4-8 所示，本地网络中配置有多个不同的 MSTI，每一个 MSTI 中都有各自的域根，MSTI 之间彼此独立。

3. VLAN 映射表

VLAN 映射表是 MST 域的属性，它描述了 VLAN 和 MSTI 之间的映射关系。

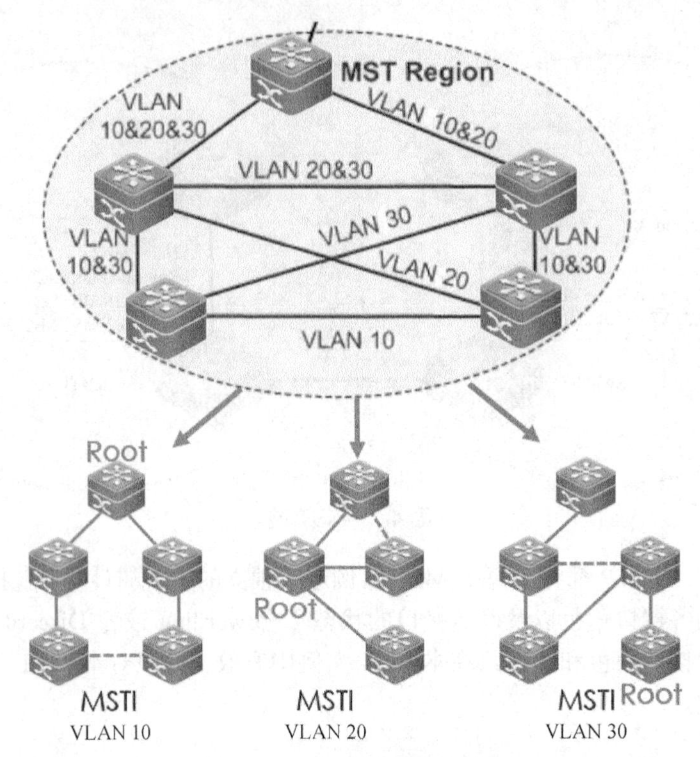

图 4-8 MSTI 基本概念示意图

4. 公共生成树

公共生成树（Common Spanning Tree，CST）是连接交换网络内部的所有 MST 域的一棵生成树。对于 CST 来说，每个 MST 域相当于一个虚拟的网桥。如果将 MST 域视为一个网桥，那么 CST 就是这些“网桥”通过 STP 或 RSTP 计算出来的一棵生成树。图 4-9 所示为连接各个 IST 域构成的 CST。

5. 内部生成树

内部生成树（Internal Spanning Tree，IST）是各个 MST 域内生成的一棵生成树，是一个特殊的 MSTI（ID 为 0），也称为 MSTI 0。

IST 是公共和内部生成树（Common and Internal Spanning Tree，CIST）在 MST 域中的一个实例。如图 4-9 所示，互相连接的交换设备构成两个 IST。IST 是 MST 域内的一棵生成树。

IST 使用编号 0，使整个 MST 区域从外部上看就像一个虚拟的网桥。

6. CIST

CIST 是通过 STP 或 RSTP 协议计算生成，连接一个交换网络内所有交换设备的单生成树。如图 4-9 所示，所有 MST 域中的 IST 加上 CST 就构成了一棵完整的 CIST。

IST 和 CST 共同构成整个网络的 CIST，它相当于每个 MST 域中的 IST、CST 以及早期的 802.1d 的生成树模式。STP 和 RSTP 会为 CIST 选举出 CIST 的根。

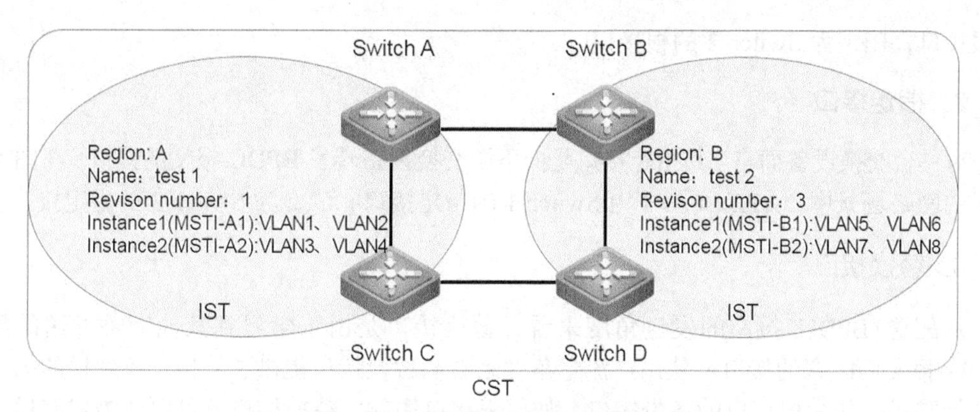

图 4-9 连接各个 IST 域构成的 CST

如图 4-9 所示，在区域 A 中，实例 1 和实例 2 各自运行本实例的生成树，所有交换机运行一棵生成树，在整个运行 802.1s 生成树的交换机组成的网络中，区域 A 和区域 B 各自被视为一个网桥，在这些网桥间运行的生成树被称为 CST，CIST 是整个网络中 IST、CST 以及 802.1d 生成树技术构成的网桥的集合。

7. 主桥

主桥（Master Bridge）也就是 IST Master，它是域内距离总根最近的交换设备。如果总根在 MST 域中，则总根为该域的主桥。

8. 域根

域根（Regional Root）分为 MSTI 域根和 IST 域根。MSTI 域根是每个多实例生成树中的实例树根。IST 是 MST 域内的一棵生成树，是一个特殊的 MSTI。MST 域中的各 IST 生成树中距离总根最近的交换机是 IST 域根。

9. 总根

总根是 CIST 的根桥，是实例 Instance 0 中的某台设备。

4.5 MSTP 接口

4.5.1 MSTP 接口角色

实施 RSTP 技术的网络中定义了生成树根接口、指定接口、替换接口、备份接口和边缘接口，在实施 MSTP 技术标准的生成树中，除继续沿用这些接口功能外，还在 RSTP 的基础上新增了两种接口，即 Master 接口和域边缘接口。除边缘接口外，其他接口角色都参与 MSTP 的计算过程。

1. 根接口

在非根桥上，离根桥最近的接口是本交换设备的根接口，根交换设备没有根接口。根接口负责向根桥方向转发 BPDU 报文。如图 4-10 所示，Switch 1 为根桥，CP1 为 Switch 3

的根接口，BP1 为 Switch 2 的根接口。

2. 指定接口

对一台交换设备而言，其指定接口是向下游交换设备转发 BPDU 报文的接口。在图 4-10 所示的网络场景中，AP2 和 AP3 为 Switch 1 的指定接口，CP2 为 Switch 3 的指定接口。

3. 替换接口

从配置 BPDU 报文的发送角度来看，替换接口是由于学习到其他网桥发送的配置 BPDU 报文而阻塞的接口。从用户流量角度来看，替换接口提供了从指定桥到根的另一条可切换路径，作为根接口的备份接口。如果根接口失效，替换接口就可以变为根接口。在图 4-10 所示的网络场景中，BP2 为替换接口。

4. 备份接口

从配置 BPDU 报文的发送角度来看，备份接口就是由于学习到自己发送的配置 BPDU 报文而阻塞的接口。从用户流量角度来看，备份接口作为指定接口的备份，提供了另一条从根节点到叶节点的备份通路。在图 4-10 所示的网络场景中，CP3 为备份接口。

5. Master 接口

Master 接口是 MST 域和总根相连的所有路径中最短路径上的接口，它是交换设备上连接到 MST 域总根的接口。Master 接口是域中的报文去往根桥的必经之路。

Master 接口是特殊的域边缘接口，在 CIST 上的角色是根接口，在其他各实例上的角色都是 Master 接口。

如图 4-11 所示，交换设备 Switch 1、Switch 2、Switch 3、Switch 4 之间的链路构成一个 MST 域，SW1 设备接口 AP1 在域内所有接口中到总根的路径开销最小，所以 AP1 为 Master 接口。

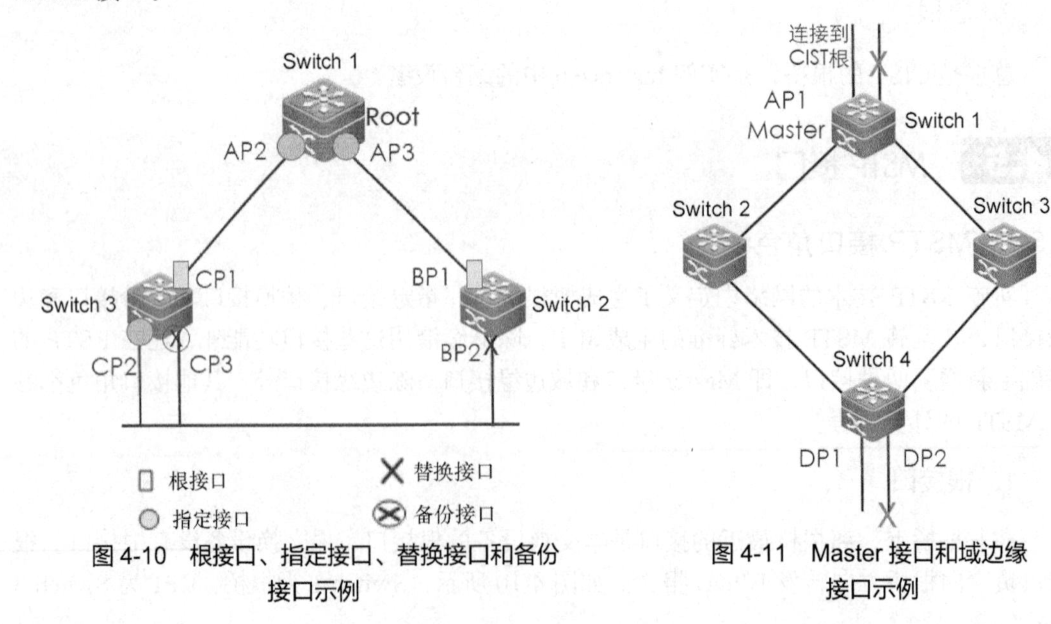

图 4-10 根接口、指定接口、替换接口和备份接口示例

图 4-11 Master 接口和域边缘接口示例

6. 域边缘接口

域边缘接口是指位于 MST 域的边缘，并连接其他 MST 域或 SST 的接口。

进行 MSTP 计算时，域边缘接口在 MSTI 上的角色和 CIST 实例的角色保持一致，即如果边缘接口在 CIST 实例上的角色是 Master 接口，则它在域内所有 MSTI 上的角色都是 Master 接口。

如图 4-11 所示，MST 域内的 AP1、DP1 和 DP2 都和其他域直接相连，它们都是本 MST 域的域边缘接口。其中，AP1 在 CIST 上的角色是 Master 接口，所以在 MST 域内所有生成树实例中的角色都是 Master 接口。

7. 边缘接口

边缘接口位于整个域的边缘，边缘接口一般与用户终端设备直接连接。

4.5.2 MSTP 接口状态

MSTP 接口状态的定义方法与 RSTP 接口状态定义相同，MSTP 接口状态如表 4-1 所示。

表 4-1 MSTP 接口状态

接口状态	说明
Forwarding	在这种状态下，接口既转发用户流量，又接收/发送 BPDU 报文
Learning	这是一种过渡状态。在 Learning 状态下，交换设备会根据收到的用户流量构建 MAC 地址表，但不转发用户流量，所以称为学习状态。 Learning 状态的接口接收/发送 BPDU 报文，不转发用户流量
Discarding	Discarding 状态的接口只接收 BPDU 报文

接口状态和接口角色没有必然联系，表 4-2 所示为 MSTP 中接口状态和接口角色的对照。

表 4-2 接口状态和接口角色对照

接口状态	根接口/Master 接口	指定接口	域边缘接口	替换接口	备份接口
Forwarding	Yes	Yes	Yes	No	No
Learning	Yes	Yes	Yes	No	No
Discarding	Yes	Yes	Yes	Yes	Yes

其中，Yes 表示接口支持的状态，No 表示接口不支持的状态。

4.6 MSTP 计算

MSTP 技术在计算生成树时，使用的算法和原理与 STP/RSTP 大同小异，只是因为在 MSTP 中引入了域和内部路径开销等参数，故 MSTP 技术标准中生成树的计算优先级向量是 7 维的，而 STP/RSTP 技术标准中的生成树是 5 维的。

1. 优先级向量

优先级向量是生成树协议计算时考虑的优先级参数。

在 STP/RSTP 技术标准计算中，优先级向量包括根桥标识符、根路径开销、桥标识符、发送 BPDU 报文接口标识符、接收 BPDU 报文接口标识符。

在 MSTP 技术标准计算中，优先级向量包括 CIST 根桥标识符、CIST 外部根路径开销、CIST 域根标识符、CIST 内部根路径开销、CIST 指定桥标识符、CIST 指定接口标识符、CIST 接收接口标识符。

在 MSTP 技术标准计算中，MSTI 和 CIST 都根据优先级向量来计算，这些优先级向量信息都包含在 MST BPDU 报文中。互连的交换设备之间通过互相交换 MST BPDU 报文来生成 MSTI 和 CIST。

参与 CIST 计算的优先级向量为根交换设备 ID、外部路径开销、域根 ID、内部路径开销、指定交换设备 ID、指定接口 ID 及接收接口 ID。

参与 MSTI 计算的优先级向量为域根 ID、内部路径开销、指定交换设备 ID、指定接口 ID 和接收接口 ID。

这些向量的优先级从左到右依次递减。

向量优先级的比较原则：同一向量比较时，值最小的向量具有最高的优先级。

2. MST BPDU 报文

MSTP 使用多生成树桥协议数据单元（Multiple Spanning Tree Bridge Protocol Data Unit，MST BPDU）作为生成树计算的依据。使用 MST BPDU 报文计算生成树的拓扑、维护网络拓扑及传达拓扑变化记录。表 4-3 所示为 MST BPDU 报文结构。

表 4-3　MST BPDU 报文结构

字段	说明
Protocol Identifier	协议标识符
Protocol Version Identifier	协议版本标识符，STP 为 0，RSTP 为 2，MSTP 为 3
BPDU Type	BPDU 类型，MSTP 为 0x02
CIST Flags	CIST 标志字段
CIST Root Identifier	CIST 的总根交换机 ID
CIST External Path Cost	CIST 外部路径开销，指从本交换机所属 MST 域到 CIST 根交换机的累计路径开销。CIST 外部路径开销根据链路带宽计算
CIST Regional Root Identifier	CIST 域根交换机 ID，即 IST Master 的 ID。如果总根在这个域内，那么域根交换机 ID 就是总根交换机 ID
CIST Port Identifier	本接口在 CIST 中的指定接口 ID
Message Age	BPDU 报文的生存期
Max Age	BPDU 报文的最大生存期，超时则认为到根交换机的链路出现故障
Hello Time	Hello 定时器，默认为 2s
Forward Delay	Forward Delay 定时器，默认为 15s
Version 1 Length	Version 1 BPDU 报文的长度，值固定为 0
Version 3 Length	Version 3 BPDU 报文的长度

续表

字段	说明
MST Configuration Identifier	MST 配置标识，表示 MST 域的标签信息，包含 4 个字段
CIST Internal Root Path Cost	CIST 内部路径开销，指从本接口到 CIST Master 交换机的累计路径开销。CIST 内部路径开销根据链路带宽计算
CIST Bridge Identifier	CIST 的指定交换机 ID
CIST Remaining Hops	BPDU 报文在 CIST 中的剩余跳数
MSTI Configuration Messages（默认）	MSTI 配置信息

3. MSTP 算法

MSTP 技术标准的生成树可以将整个二层网络划分为多个 MST 域，各个域之间通过计算生成 CST。域内则通过计算生成多棵生成树，每棵生成树都是一个多生成树实例。其中，实例 0 称为 IST，其他多生成树实例为 MSTI。

MSTP 技术标准同 STP 一样，使用配置消息进行生成树的计算，只是配置消息中携带的是设备上 MSTP 的配置信息。运行 MSTP 的实例初始化时，都认为自己是总根或域根，通过 MST BPDU 报文交互配置消息，按照 7 维向量计算 CIST 生成树和 MSTI。

其中，STP/RSTP 中的桥标识符实际上是发送 BPDU 报文的设备标识符，与 MSTP 中的 CIST 的指定桥标识符对应。

MSTP 中的 CIST 域根标识符有两种情况：一种是总根所在域内，BPDU 报文中该字段是参考总根的标识符；另一种情况是不包含总根的域中，BPDU 报文中该字段是参考主设备的标识符。

（1）CIST 生成树的计算

连接在交换网络中的交换设备互相发送/接收 BPDU 报文，在经过比较配置消息后，在整个网络中选择一个优先级最高的交换机作为 CIST 的树根。在每个 MST 域内，MSTP 通过计算生成 IST；同时，MSTP 将每个 MST 域作为单台交换机对待，通过计算在 MST 域间生成 CST。如前所述，CST 和 IST 构成整个交换机网络的 CIST。

（2）MSTI 的计算

在 MST 域内，MSTP 根据 VLAN 和生成树实例的映射关系，针对不同的 VLAN 生成不同的生成树实例。每棵生成树独立进行计算，计算过程与 STP/RSTP 计算生成树的过程类似，请参见前文关于 STP 和 RSTP 的介绍。

MSTI 计算过程具有以下特点。

- 每个 MSTI 独立计算自己的生成树，互不干扰。
- 每个 MSTI 的生成树计算方法与 STP 基本相同。
- 每个 MSTI 的生成树可以有不同的根和不同的拓扑。
- 每个 MSTI 在自己的生成树内发送 BPDU 报文。
- 每个 MSTI 的拓扑通过命令配置决定。
- 每个接口在不同 MSTI 上的生成树参数可以不同。
- 每个接口在不同 MSTI 上的角色、状态可以不同。
- 在 MST 域内，报文沿着其对应的 MSTI 转发。

- 在 MST 域间，报文沿着 CST 转发。

（3）生成树协议算法的实现过程

在初始时，每台交换机上的各个接口会生成以自身交换机为根桥的配置消息，其中，根路径开销为 0，指定 Bridge ID 为自身交换机 ID，指定接口为本接口。每台交换机都向外发送自己的配置消息，并在接收到其他配置消息后进行如下处理。

当接口收到比自己的配置消息优先级低的配置消息时，交换机把接收到的配置消息丢弃，对该接口的配置消息不做任何处理；当接口收到比自己配置消息优先级高的配置消息时，交换机用接收到的配置消息中的内容替换配置消息中的内容；交换机对该接口的配置消息和交换机上其他接口的配置消息进行比较，选出最优的配置消息。

（4）配置消息的比较原则

根 ID 较小的配置消息优先级较高，若根 ID 相同，则比较根路径开销。

计算配置消息中的根路径开销与本接口对应的路径开销之和（设为 S），S 较小的配置消息优先级较高；若根路径开销也相同，则依次比较指定 Bridge ID、指定接口 ID、接收该配置消息的接口 ID 等。MSTP 计算中比较 7 维向量，STP/RSTP 中比较 5 维向量。

（5）计算生成树的步骤

步骤 1：选出根桥。比较所有交换机发送的配置消息，根 ID 最小的交换机为根桥。

步骤 2：选出根接口。每台交换机把接收最优配置消息的接口作为交换机根接口。

步骤 3：确定指定接口。交换机根据根接口的配置消息和路径开销，为每个接口计算一个指定接口配置消息，树根 ID 替换为根接口的配置消息的树根 ID，根路径开销替换为根接口的配置消息的根路径开销加上根接口的路径开销，指定 Bridge ID 替换为自身交换机的 ID，指定接口 ID 替换为自身接口 ID。

步骤 4：交换机使用计算出来的配置消息和对应接口上原来的配置消息进行比较。如果接口上原来的配置消息更优，则交换机将此接口阻塞，接口的配置消息不变，并且此接口将不再转发数据，只接收配置消息。如果计算出来的配置消息更优，则交换机将该接口设置为指定接口，接口上的配置消息替换成计算出来的配置消息，并周期性向外发送。

4.7 配置 MSTP

4.7.1 MSTP 基本配置

MSTP 的配置包括启用 MSTP、配置 MST 域、配置 VLAN 与生成树实例的映射关系。

1. 启用 MSTP

在交换机上启用 MSTP 的步骤如下。

步骤 1：启用生成树。

```
Switch(config)#spanning-tree
```

步骤 2：选择生成树模式为 MSTP。

```
Switch(config)#spanning-tree mode mstp
```

默认情况下，当启用生成树后，生成树的运行模式为 MSTP。

2. 配置 MSTP 属性

如果要让多台交换机处于一个 MST 域中，则需要在这几台交换机上配置相同的域名称、修正号及 VLAN 与生成树实例的映射关系，配置步骤如下所述。

步骤 1：进入全局配置模式。

```
Switch#configure terminal
```

步骤 2：进入 MSTP 配置模式。

```
Switch(config)#spanning-tree mst configuration
```

步骤 3：在交换机上配置 VLAN 与生成树实例的映射关系。

```
Switch(config-mst)#instance instance-id vlan vlan-range
```

各项参数的含义如下。

（1）instance-id 表示实例号，取值是 0～64。

（2）vlan-range 表示映射到此实例中的 VLAN，取值是 1～4094。

（3）连续的 VLAN 可以用 vlan_id-vlan_id 表示，如“1-20”表示 VLAN 1 至 VLAN 20。不连续的 VLAN 用“,”隔开，如“1-20，23，34”表示的范围是 VLAN 1 至 VLAN 20 以及 VLAN 23 和 VLAN 34。

步骤 4：配置 MST 域的名称。

```
Switch(config-mst)#name name
```

name 表示 MST 域的名称，取值是长度为 1～32 个字符的字符串。

步骤 5：配置 MST 域的修正号。

```
Switch(config-mst)#revision number
```

参数的取值是 0～65535，默认值为 0。

3. MSTP 配置典型案例

图 4-12 所示为某企业网络中的 Switch A、Switch B 和 Switch C 互相连接，组成公司的核心网络，实现冗余和备份，增强网络的健壮性。为优化网络，使用 MSTP 配置生成树实现同一个 MST 域中的均衡负载，三台交换机组成一个 MST 域。在三台交换机上，VLAN 1 被映射到 Instance 1 中，VLAN 2 被映射到 Instance 2 中。

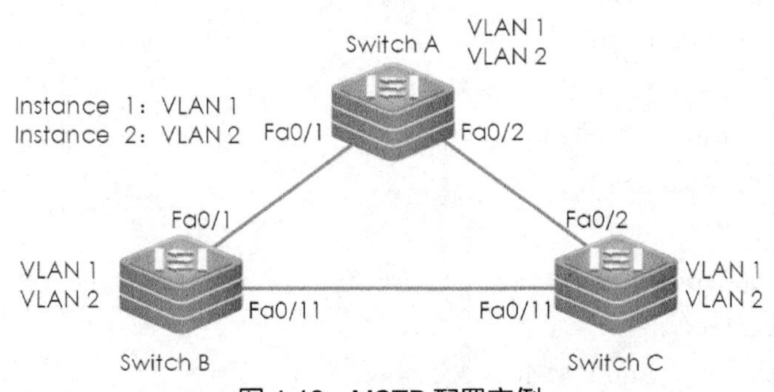

图 4-12 MSTP 配置实例

（1）配置 MSTP

以下示例为三台交换机上的 MSTP 配置实例，使三台交换机处于同一个 MST 域，它们的 MSTP 配置相同。

示例 4-1：MSTP 配置实例。

```
Switch#configure terminal
Switch(config)#spanning-tree
Switch(config)#spanning-tree mode mstp
Switch(config)#spanning-tree mst configuration
Switch(config-mst)#instance 1 vlan 1
Switch(config-mst)#instance 2 vlan 2
Switch(config-mst)#name abc
Switch(config-mst)#revision 1
Switch(config-mst)#end
```

（2）查看 MSTP 配置信息

交换机的 MSTP 配置完成后，使用“show spanning-tree”命令，查看生成树的全局配置及状态信息。

示例 4-2：查看生成树的全局配置及状态信息。

```
SwitchA#show spanning-tree
StpVersion : MSTP
SysStpStatus : ENABLED
MaxAge : 20
HelloTime : 2
ForwardDelay : 15
BridgeMaxAge : 20
BridgeHelloTime : 2
BridgeForwardDelay : 15
MaxHops: 20
TxHoldCount : 3
PathCostMethod : Long
BPDUGuard : Disabled
BPDUFilter : Disabled

mst 0 vlans map : 3-4094
BridgeAddr : 00d0.f821.a542
Priority: 32768
TimeSinceTopologyChange : 0d:0h:0m:5s
TopologyChanges : 1
DesignatedRoot : 8000.00d0.f821.a542
RootCost : 0
RootPort : 0
CistRegionRoot : 8000.00d0.f821.a542
```

```
CistPathCost : 0

mst 1 vlans map : 1
BridgeAddr : 00d0.f821.a542
Priority: 32768
TimeSinceTopologyChange : 0d:0h:0m:5s
TopologyChanges : 1
DesignatedRoot : 8001.00d0.f821.a542
RootCost : 0
RootPort : 0

mst 2 vlans map : 2
BridgeAddr : 00d0.f821.a542
Priority: 32768
TimeSinceTopologyChange : 0d:0h:0m:5s
TopologyChanges : 1
DesignatedRoot : 8002.00d0.f821.a542
RootCost : 0
RootPort : 0
```

从“show spanning-tree”命令中可以查看到全局的生成树配置，如 Max Age、Hello Time 等。同时，也可以查看各实例中的配置结果。例如，Instance 0 中的 VLAN 映射表为 3～4094，因为所有 VLAN 默认映射到 Instance 0。在 Instance 0 中，通过 RootCost : 0 和 RootPort : 0 信息可以判断，Switch A 为根交换机。同样，在 Instance 1 和 Instance 2 中，也可以判断 Switch A 为根交换机。

（3）查看 MSTP 配置结果

使用“show spanning-tree mst configuration”命令，查看 MSTP 的配置结果。

示例 4-3：查看 MST 的配置结果。

```
SwitchC#show spanning-tree mst configuration
Name      : abc
Revision : 1
Instance  Vlans Mapped
--------------------------------------------------
0         : 3-4094
1         : 1
2         : 2
--------------------------------------------------
```

从配置结果可以看出，未被映射到特定实例中的 VLAN 都默认被映射到 Instance 0 中。

（4）查看特定实例信息

使用“show spanning-tree mst instance-id”命令，查看特定实例的信息。

示例 4-4：查看具体 Instance 的 MSTP 信息。

```
SwitchB#show spanning-tree mst 1
MST 1 vlans mapped : 1
BridgeAddr : 00d0.f882.f4a1
Priority: 32768
TimeSinceTopologyChange : 0d:0h:2m:48s
TopologyChanges : 1
DesignatedRoot : 8001.00d0.f821.a542
RootCost : 400000
RootPort : 1
```

从示例 4-4 的显示结果中可以看到，Switch B 在 Instance 1 中的优先级为 32768，根接口为 Fa0/1。

（5）查看特定接口在相应实例中的状态信息

使用“show spanning-tree mst instance-id interface interface-id”命令，查看特定接口在相应实例中的状态信息。

示例 4-5：查看指定接口在指定 Instance 中的状态信息。

```
SwitchB#show spanning-tree mst 1 interface fa0/1
MST 1 vlans mapped :1
PortState : forwarding
PortPriority : 128
PortDesignatedRoot : 8001.00d0.f821.a542
PortDesignatedCost : 0
PortDesignatedBridge : 8001.00d0.f834.6af0
PortDesignatedPort : 8001
PortForwardTransitions : 4
PortAdminPathCost : 0
PortoperPathCost : 200000
PortRole : rootPort
```

从示例 4-5 显示的结果中可以看到，Switch B 的 Fa0/1 接口在 Instance 1 中的优先级为 128，接口角色为根接口。

在实际的网络环境中，通常将多个 VLAN 映射到一个实例中，如将 VLAN 1～VLAN 10 映射到 Instance 1 中，VLAN 11～VLAN 20 映射到 Instance 2 中。如果将每个 VLAN 都映射到一个单独的实例中，则网络中将会存在大量的生成树，这将消耗大量的交换机系统资源，也不易于管理和维护。

4.7.2 配置 MSTP 负载均衡

在图 4-13 所示的场景中，通过配置交换机在实例中的优先级，使 Switch A 在 Instance 1 中为根交换机，Switch B 在 Instance 2 中为根交换机，进而实现负载均衡。

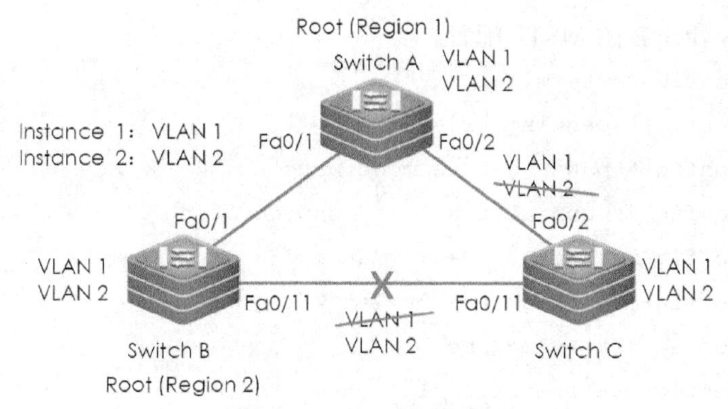

图 4-13 MSTP 负载分担

在 Instance 1 中，生成树计算的结果是阻断 Switch B 和 Switch C 之间的链路。在 Instance 2 中，阻断的是 Switch A 和 Switch C 之间的链路，那么 VLAN 1 的数据流将使用 Switch A-Swithch B 和 Switch A-Switch C 链路；VLAN 2 的数据流将使用 Switch A-Switch B 和 Switch B-Switch C 链路，从而实现负载均衡。如果不使用 MSTP，那么 VLAN 1 和 VLAN 2 将共享一棵生成树，结果是两个 VLAN 中的数据流都使用相同的链路，造成冗余链路带宽的浪费。

1. 选举根交换机

图 4-13 所示的网络要实现负载分担，需要为不同的生成树实例选举不同的根交换机，通过调整某台交换机上特定实例中的优先级来完成。使用如下命令可以为交换机在特定实例中配置优先级。

```
Switch(config)#spanning-tree mst instance-id Priority priority-id
```

以下示例为图 4-13 中 Switch A 的 MSTP 配置，将 Switch A 在 Instance 1 中的优先级配置为 4096，配置结果是 Switch A 在 Instance 1（即 VLAN 1）中担任根交换机角色。

示例 4-6：图 4-13 所示网络场景中 Switch A 的 MSTP 配置。

```
SwitchA#configure terminal
SwitchA(config)#spanning-tree
SwitchA(config)#spanning-tree mode mstp
SwitchA(config)#spanning-tree mst configuration


SwitchA(config-mst)#instance 1 vlan 1
SwitchA(config-mst)#instance 2 vlan 2
SwitchA(config-mst)#name abc
SwitchA(config-mst)#revision 1
SwitchA(config-mst)#exit
SwitchA(config)#spanning-tree mst 1 priority 4096
SwitchA(config)#end
```

以下示例为图 4-13 中 Switch B 的 MSTP 配置，将 Switch B 在 Instance 2 中的优先级配置为 4096，这样配置的结果是 Switch B 在 Instance 2（即 VLAN 2）中担任根交换机的角色。

示例 4-7：Switch B 的 MSTP 配置。

```
SwitchB#configure terminal
SwitchB(config)#spanning-tree
SwitchB(config)#spanning-tree mode mstp
SwitchB(config)#spanning-tree mst configuration
SwitchB(config-mst)#instance 1 vlan 1
SwitchB(config-mst)#instance 2 vlan 2
SwitchB(config-mst)#name abc
SwitchB(config-mst)#revision 1
SwitchB(config-mst)#exit
SwitchB(config)#spanning-tree mst 2 priority 4096
SwitchB(config)#end
```

2. 查看配置结果与运行状态

使用“show spanning-tree”命令，查看配置结果与运行状态。

示例 4-8：查看 Switch A 的配置结果。

```
SwitchA#show spanning-tree
StpVersion : MSTP
SysStpStatus : ENABLED
MaxAge : 20
HelloTime : 2
ForwardDelay : 15
BridgeMaxAge : 20
BridgeHelloTime : 2
BridgeForwardDelay : 15
MaxHops: 20
TxHoldCount : 3
PathCostMethod : Long
BPDUGuard : Disabled
BPDUFilter : Disabled

mst 0 vlans map : 3-4094
BridgeAddr : 00d0.f834.6af0
Priority: 32768
TimeSinceTopologyChange : 0d:0h:5m:40s
TopologyChanges : 4
DesignatedRoot : 8000.00d0.f821.a542
RootCost : 0
RootPort : 2
```

```
CistRegionRoot : 8000.00d0.f821.a542
CistPathCost : 200000

mst 1 vlans map : 1
BridgeAddr : 00d0.f834.6af0
Priority: 4096
TimeSinceTopologyChange : 0d:0h:5m:40s
TopologyChanges : 4
DesignatedRoot : 1001.00d0.f834.6af0
RootCost : 0
RootPort : 0

mst 2 vlans map : 2
BridgeAddr : 00d0.f834.6af0
Priority: 32768
TimeSinceTopologyChange : 0d:0h:0m:44s
TopologyChanges : 5
DesignatedRoot : 1002.00d0.f882.f4a1
RootCost : 200000
RootPort : 1
```

从示例 4-8 的显示结果中可以看到，在 Instance 1 中，Switch A 为根交换机，没有根接口；在 Instance 2 中，Switch A 为非根交换机，根接口为 Fa0/1。

示例 4-9：查看 Switch B 的配置结果。

```
SwitchB#show spanning-tree
StpVersion : MSTP
SysStpStatus : ENABLED
MaxAge : 20
HelloTime : 2
ForwardDelay : 15
BridgeMaxAge : 20
BridgeHelloTime : 2
BridgeForwardDelay : 15
MaxHops: 20

TxHoldCount : 3
PathCostMethod : Long
BPDUGuard : Disabled
BPDUFilter : Disabled
```

```
mst 0 vlans map : 3-4094
BridgeAddr : 00d0.f882.f4a1
Priority: 32768

TimeSinceTopologyChange : 0d:0h:8m:54s
TopologyChanges : 1
DesignatedRoot : 8000.00d0.f821.a542
RootCost : 0
RootPort : 1
CistRegionRoot : 8000.00d0.f821.a542
CistPathCost : 400000

mst 1 vlans map : 1
BridgeAddr : 00d0.f882.f4a1
Priority: 32768

TimeSinceTopologyChange : 0d:0h:8m:54s
TopologyChanges : 1
DesignatedRoot : 1001.00d0.f834.6af0
RootCost : 200000
RootPort : 1

mst 2 vlans map : 2
BridgeAddr : 00d0.f882.f4a1
Priority: 4096
TimeSinceTopologyChange : 0d:0h:8m:54s
TopologyChanges : 1
DesignatedRoot : 1002.00d0.f882.f4a1
RootCost : 0
RootPort : 0
```

从示例 4-9 的显示结果中可以看到，在 Instance 1 中，Switch B 为非根交换机，根接口为 Fa0/1；在 Instance 2 中，Switch B 为根交换机，没有根接口。

4.8 网络实践：配置 MSTP 增强网络弹性

【任务描述】

某企业网络管理员认识到传统的 RSTP 基于整个交换网络产生一个拓扑，所有 VLAN 共享一棵生成树，这种结构不能进行网络流量的负载均衡，这使得有些交换设备比较繁忙，而另一些交换设备又很空闲。本任务将采用基于 VLAN 的 MSTP 技术解决这个问题。

【网络拓扑】

如图 4-14 所示，使用 MSTP 实现网络冗余和负载均衡。其中，PC1 和 PC3 在 VLAN 10 中，IP 地址分别为 172.16.1.10/24 和 172.16.1.30/24；PC2 在 VLAN 20 中；PC4 在 VLAN 40 中。

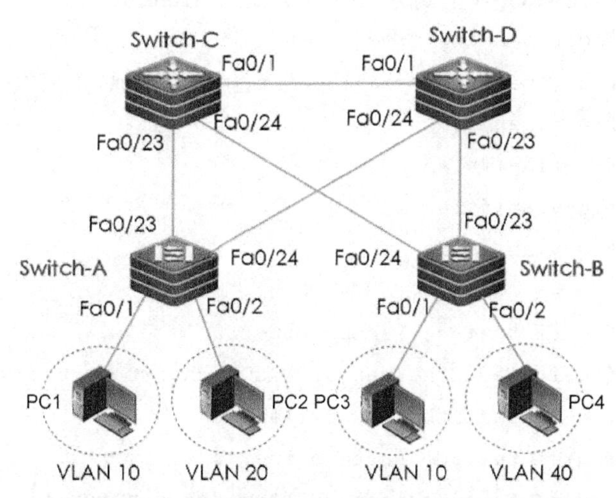

图 4-14 使用 MSTP 实现网络冗余和负载均衡

【设备清单】

二层交换机（两台），三层交换机（两台），测试 PC（若干）。

【实施步骤】

步骤 1：在交换机 Switch-A 上划分 VLAN 并配置 Trunk 接口。

```
Switch-A(config)#spanning-tree
Switch-A(config)#spanning-tree mode mstp    //生成树模式为 MSTP
Switch-A(config)#vlan 10
Switch-A(config-vlan)#vlan 20
Switch-A(config-vlan)#vlan 40
Switch-A(config-vlan)#exit

Switch-A(config)#interface FastEthernet 0/1
Switch-A(config-if-FastEthernet 0/1)#switchport access vlan 10
Switch-A(config-if-FastEthernet 0/1)#exit
Switch-A(config)#interface FastEthernet 0/2
Switch-A(config-if-FastEthernet 0/2)#switchport access vlan 20
Switch-A(config-if-FastEthernet 0/2)#exit

Switch-A(config)#interface FastEthernet 0/23
Switch-A(config-if-FastEthernet 0/23)#switchport mode trunk
```

```
Switch-A(config-if-FastEthernet 0/23)#exit
Switch-A(config)#interface FastEthernet 0/24
Switch-A(config-if-FastEthernet 0/24)#switchport mode trunk
Switch-A(config-if-FastEthernet 0/24)#exit
```

步骤 2：在交换机 Switch-B 上划分 VLAN 并配置 Trunk 接口。

```
Switch-B(config)#spanning-tree
Switch-B(config)#spanning-tree mode mstp    //生成树模式为 MSTP
Switch-B(config)#vlan 10
Switch-B(config-vlan)#vlan 20
Switch-B(config-vlan)#vlan 40
Switch-B(config-vlan)#exit

Switch-B(config)#interface FastEthernet 0/1
Switch-B(config-if-FastEthernet 0/1)#switchport access vlan 10
Switch-B(config-if-FastEthernet 0/1)#exit
Switch-B(config)#interface FastEthernet 0/2
Switch-B(config-if-FastEthernet 0/2)#switchport access vlan 40
Switch-B(config-if-FastEthernet 0/2)#exit
Switch-B(config-)#interface FastEthernet 0/23
Switch-B(config-if-FastEthernet 0/23)#switchport mode trunk
Switch-B(config-if-FastEthernet 0/23)#exit
Switch-B(config)#interface FastEthernet 0/24
Switch-B(config-if-FastEthernet 0/24)#switchport mode trunk
Switch-B(config-if-FastEthernet 0/24)#exit
```

步骤 3：在交换机 Switch-C 上划分 VLAN 并配置 Trunk 接口。

```
Switch-C(config)#spanning-tree
Switch-C(config)#spanning-tree mode mstp
Switch-C(config)#vlan 10
Switch-C(config-vlan)#vlan 20
Switch-C(config-vlan)#vlan 40
Switch-B(config-vlan)#exit

Switch-C(config)#interface FastEthernet 0/1
Switch-C(config-if-FastEthernet 0/1)#switchport mode trunk
Switch-C(config-if-FastEthernet 0/1)#exit
Switch-C(config)#interface FastEthernet 0/23
Switch-C(config-if-FastEthernet 0/23)#switchport mode trunk
Switch-C(config-if-FastEthernet 0/23)#exit
Switch-C(config)#interface FastEthernet 0/24
```

```
Switch-C(config-if-FastEthernet 0/24)#switchport mode trunk
Switch-C(config-if-FastEthernet 0/24)#exit
```

步骤 4：在交换机 Switch-D 上划分 VLAN 并配置 Trunk 接口。

```
Switch-D(config)#spanning-tree
Switch-D(config)#spanning-tree mode mstp
Switch-D(config)#vlan 10
Switch-D(config-vlan)#vlan 20
Switch-D(config-vlan)#vlan 40
Switch-D(config-vlan)#exit

Switch-D(config)#interface FastEthernet 0/1
Switch-D(config-if-FastEthernet 0/1)#switchport mode trunk
Switch-D(config-if-FastEthernet 0/1)#exit
Switch-D(config)#interface FastEthernet 0/23
Switch-D(config-if-FastEthernet 0/23)#switchport mode trunk
Switch-D(config-if-FastEthernet 0/23)#exit
Switch-D(config)#interface FastEthernet 0/24
Switch-D(config-if-FastEthernet 0/24)#switchport mode trunk
Switch-D(config-if-FastEthernet 0/24)#exit
```

步骤 5：在交换机 Switch-A 上配置 MSTP。

```
Switch-A(config)#spanning-tree mst configuration     //进入 MSTP 配置模式
Switch-A(config-mst)#instance 1 vlan 1,10
                                        //配置 Instance 1 并关联 VLAN 1 和 VLAN 10
Switch-A(config-mst)#instance 2 vlan 20,40
                                        //配置 Instance 2 并关联 VLAN 20 和 VLAN 40
Switch-A(config-mst)#name region1                   //配置域名称
Switch-A(config-mst)#revision 1                     //配置修订号
Switch-A(config-mst)#end
Switch-A#show spanning-tree mst configuration       //验证 MSTP 配置
```

步骤 6：在交换机 Switch-B 上配置 MSTP。

```
Switch-B(config)#spanning-tree mst configuration     //进入 MSTP 配置模式
Switch-B(config-mst)#instance 1 vlan 1,10
                                        //配置 Instance 1 并关联 VLAN 1 和 VLAN 10
Switch-B(config-mst)#instance 2 vlan 20,40
                                        //配置 Instance 2 并关联 VLAN 20 和 VLAN 40
Switch-B(config-mst)#name region1                //配置域名称
Switch-B(config-mst)#revision 1                  //配置修订号
Switch-B(config-mst)#end
Switch-B#show spanning-tree mst configuration    //验证 MSTP 配置
```

步骤 7：在交换机 Switch-C 上配置 MSTP。

```
Switch-C(config)#spanning-tree mst 1 priority 4096
//配置 Switch-C 在 Instance 1 中的优先级为 4096，使其成为 Instance 1 中的根交换机
Switch-C(config)#spanning-tree mst configuration        //进入 MSTP 配置模式
Switch-C(config-mst)#instance 1 vlan 1,10
                                        //配置 Instance 1 并关联 VLAN 1 和 VLAN 10
Switch-C(config-mst)#instance 2 vlan 20,40
                                        //配置 Instance 2 并关联 VLAN 20 和 VLAN 40
Switch-C(config-mst)#name region1                  //配置域名称为 region1
Switch-C(config-mst)#revision 1                    //配置修订号
Switch-C(config-mst)#end
Switch-C#show spanning-tree mst configuration    //验证 MSTP 配置
```

步骤 8：在交换机 Switch-D 上配置 MSTP。

```
Switch-D(config)#spanning-tree mst 2 priority 4096
//配置 Switch-D 在 Instance 2 中的优先级为 4096，使其成为 Instance 2 中的根交换机
Switch-D(config)#spanning-tree mst configuration      //进入 MSTP 配置模式
Switch-D(config-mst)#instance 1 vlan 1,10
                                        //配置 Instance 1 并关联 VLAN 1 和 VLAN 10
Switch-D(config-mst)#instance 2 vlan 20,40
                                        //配置 Instance 2 并关联 VLAN 20 和 VLAN 40
Switch-D(config-mst)#name region1                  //配置域名称为 region1
Switch-D(config-mst)#revision 1                    //配置修订号
Switch-D(config-mst)#end
Switch-D#show spanning-tree mst configuration    //验证 MSTP 配置
```

步骤 9：查看交换机 MSTP 选举结果。

```
Switch-C#show spanning-tree mst 1
MST 1 vlans mapped : 1,10
BridgeAddr : 00d0.f8ff.4e3f
Priority : 4096
TimeSinceTopologyChange : 0d:7h:21m:17s
TopologyChanges : 0
DesignatedRoot : 100100D0F8FF4E3F    //Switch-C 是 Instance 1 中的根交换机
RootCost : 0
RootPort : 0
```

从上述输出结果可以看出，交换机 Switch-C 为 Instance 1 中的根交换机。

```
Switch-D#show spanning-tree mst 2
MST 2 vlans mapped : 20,40
BridgeAddr : 00d0.f8ff.4662
Priority : 4096
```

```
TimeSinceTopologyChange : 0d:7h:31m:0s
TopologyChanges : 0
DesignatedRoot : 100200D0F8FF4662    //Switch-D 是 Instance 2 中的根交换机
RootCost : 0
RootPort : 0
```

从上述输出结果可以看出，交换机 Switch-D 为 Instance 2 中的根交换机。

```
Switch-A#show spanning-tree mst 1
MST 1 vlans mapped : 1,10
BridgeAddr : 00d0.f8fe.1e49
Priority : 32768
TimeSinceTopologyChange : 7d:3h:19m:31s
TopologyChanges : 0
DesignatedRoot : 100100D0F8FF4E3F    //Switch-C 是 Instance 1 中的根交换机
RootCost : 200000
RootPort : Fa0/23
```

从上述输出结果可以看出，在 Instance 1 中，交换机 Switch-A 的 Fa0/23 接口为根接口，因此 VLAN 1 和 VLAN 10 的数据流量经接口 Fa0/23 转发。

```
Switch-A#show spanning-tree mst 2
MST 2 vlans mapped : 20,40
BridgeAddr : 00d0.f8fe.1e49
Priority : 32768
TimeSinceTopologyChange : 7d:3h:19m:31s
TopologyChanges : 0
DesignatedRoot : 100200D0F8FF4662    //Switch-D 是 Instance 2 中的根交换机
RootCost : 200000
RootPort : Fa0/24
```

从上述输出结果可以看出，在 Instance 2 中，交换机 Switch-A 的 Fa0/24 接口为根接口，因此 VLAN 20 和 VLAN 40 中的 IP 数据流量经接口 Fa0/24 转发。

4.9 认证测试

1. 在配置 MSTP 时，为了保证生成树拓扑符合需求，需要关注的事项是（ ）【选择三项】。

   A. Instance 必须一致　　B. Version 必须一致
   C. Name 必须一致　　D. Revision 必须一致

2. 下列生成树协议中能支持负载均衡的是（ ）。

   A. STP　　B. RSTP　　C. MSTP　　D. PVST

3. 在交换机上使用“spanning-tree”命令启动的是（ ）。

   A. STP　　B. RSTP　　C. MSTP　　D. PVST

4. 以下关于 STP、RSTP 和 MSTP 的说法正确的是（　　）【选择多项】。

A. MSTP 兼容 STP 和 RSTP

B. STP 不能快速收敛，当网络拓扑结构发生变化时，原来阻塞的接口需要等待一段时间才能变为转发状态

C. RSTP 是 STP 的优化版，其接口进入转发状态的延迟在某些条件下大大缩短，从而缩短了网络最终达到拓扑稳定所需要的时间

D. MSTP 可以弥补 STP 和 RSTP 的缺陷，它既能快速收敛，又能使不同 VLAN 的数据流量沿各自的路径转发，从而为冗余链路提供了更好的负载分担机制

5. 以下关于 MSTP，说法正确的有（　　）【选择两项】。

A. MSTP 在 802.1s 中定义其既可以满足快速收敛，又可以实现负载分担

B. MSTP 的基本思想是为每一个 VLAN 计算一棵生成树，每一棵树对应一个生成树实例

C. MSTP 中一个生成树实例可以包含多个 VLAN

D. MSTP 中一个 VLAN 可以根据需要映射到多个生成树实例

6. MSTP 的特点有（　　）【选择多项】。

A. MSTP 兼容 STP 和 RSTP

B. MSTP 把交换网络划分成多个域，每个域内形成多棵生成树，生成树间彼此独立

C. MSTP 将环路网络修剪成为一个无环树形网络，避免报文在环路网络中增生和无限循环，并提供数据转发冗余路径，在数据转发过程中实现 VLAN 数据负载均衡

D. MSTP 兼容 STP，但不兼容 RSTP

7. 在所有接口均为 100Mbit/s 的根交换机上，使用“show spanning-tree”命令显示的信息中 RootCost 的值为（　　）。

A. 0　　B. 200000　　C. 19　　D. 4

8. 交换机启用生成树后，默认的生成树类型是（　　）。

A. STP　　B. RSTP　　C. MSTP　　D. PPTP

9. 关于“spanning-tree bpdufilter”，下列说法正确的是（　　）。

A. 既不发送也不接收 BPDU 报文

B. 接收但不发送 BPDU 报文

C. 监听 BPDU 报文，一旦收到 BPDU 报文，就恢复参与生成树的计算

D. 配置了“spanning-tree bpdufilter”的接口可以防止环路

10. 以下关于“spanning-tree bpduguard”的说法正确的是（　　）。

A. 发送并接收 BPDU 报文，仅当收到自己发出的 BPDU 报文后，才会将接口 Disable

B. 不发送但监听 BPDU 报文，不论收到谁发出的 BPDU 报文，都会将接口 Disable

C. 发送并接收 BPDU 报文，不论收到谁发出的 BPDU 报文，都会将接口 Disable

D. 以上说法均不正确

单元5 部署 VRRP 实现网关冗余

【技术背景】

随着 Internet 应用逐渐推广，人们对网络的可靠性提出了越来越高的要求。虚拟路由冗余协议（Virtual Router Redundancy Protocol，VRRP）是在网络的出口区域实施的一种网络冗余和备份解决方案。它使用共享多路访问介质（如以太网）的方法，在网络的终端设备上配置默认虚拟网关，实现网络出口的冗余和备份，如图 5-1 所示。

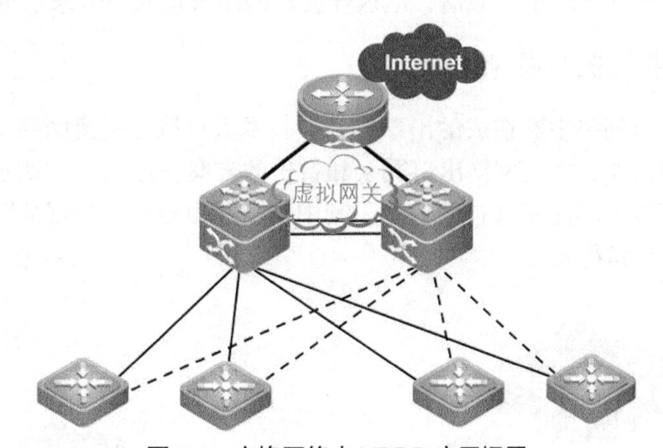

图 5-1　交换网络中 VRRP 应用场景

在出口网络中部署 VRRP 技术，当网络中某一台出口路由设备宕机时，备份路由设备能够及时承担转发工作，为用户提供透明的切换，提高网络服务质量。VRRP 技术适用于需要对局域网中设备的路由出口进行冗余备份的场景。

本单元帮助读者了解交换网络 VRRP 技术，掌握 VRRP 技术标准及原理。

【技术介绍】

5.1 VRRP 应用背景

1. 默认网关实现子网之间的通信

对于终端用户来说，与网络保持实时联系非常重要。为了实现不同子网之间的设备通信，要通过路由技术实现互连。常用指定路由的方法有以下两种。

第一种：通过路由协议方式，即使用 RIP、OSPF 路由协议动态学习路由。这种方式主要使用在网络设备上，通过配置路由协议，使设备自动寻找路由表中的最优路径，未知的路由通过默认路由方式实现（默认网关）。

第二种：通过静态路由方式，在终端设备或 PC 上配置静态路由或默认网关。这种方式主要使用在终端主机或设备上。终端 PC 上设置默认网关，以实现与外部网络的联系。

在终端 PC 上配置默认网关的方法降低了网络管理的复杂度。如图 5-2 所示，主机将发送给外部网络的 IP 数据报文发送给网关，由网关传递给外部网络，实现内网中主机与外部网络的通信。

2. 单一网关易造成网络故障

无论是网络设备还是主机，都需要依赖网关工作。但是如果默认网关掉线，主机与外部的通信就会中断，这也是在终端设备上配置默认网关的缺点。此外，作为默认网关的出口路由设备出现故障时，所有使用下一跳主机的通信必然要中断。

由于大多数主机只允许配置一个默认网关，需要网络管理员重新配置网关地址，使主机使用新的网关和外部网络重新通信，但这样会给网络管理人员带来很多工作量。

3. VRRP 虚拟网关增强网络健壮性

为了解决单出口网络中断造成的出口故障，技术人员按照交换网络中的备份思想，提出增加一台备份路由器，实现网络出口冗余和备份的方案，如图 5-3 所示。但增加的备份出口还需要手工配置，不能实现自动切换，其中一台路由器一旦出现故障，就需要网络管理员手工更改备份出口配置。

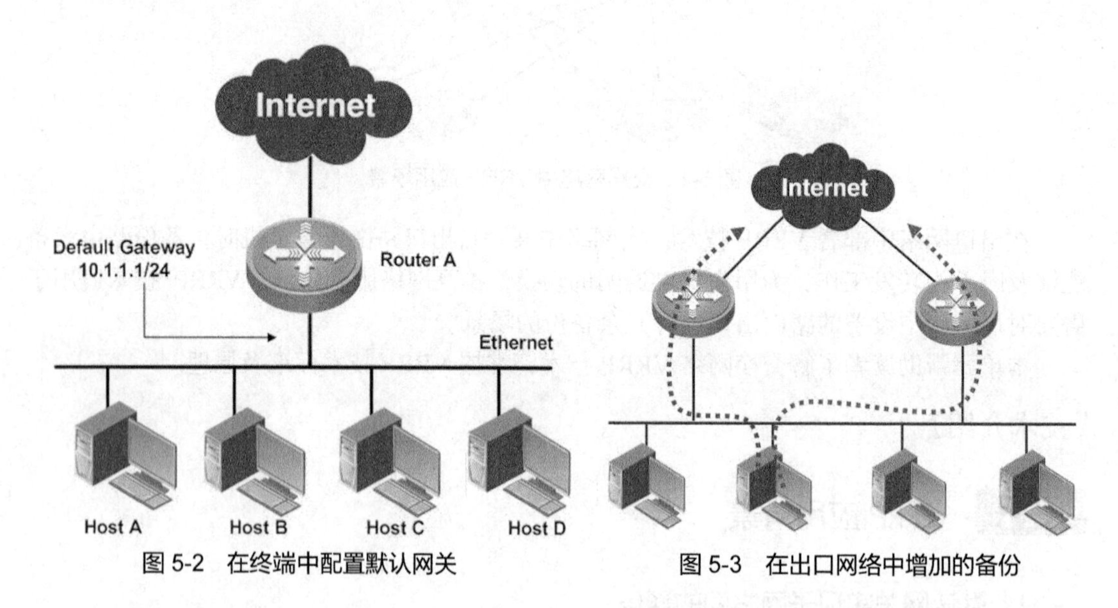

图 5-2 在终端中配置默认网关　　图 5-3 在出口网络中增加的备份

针对以上网络现象，IETF 组织提出备份网关方案，解决单出口网关失效问题，通过 VRRP 来自动解决，并于 1998 年推出正式的 RFC2338 协议标准。

VRRP 广泛应用在边缘网络中，允许内网中主机使用单一虚拟网关的配置，在默认第一跳路由器出现故障的情形下仍能够维持出口网络的正常通信。VRRP 在实施的过程中，既不需要改变组网结构，又不需要在内网中主机上做任何配置，只需要在出口的备份路由器上配置简单的命令，就能实现下一跳网关的备份。

5.2 VRRP 术语

1. 主路由器和备份路由器

主路由器和备份路由器是出口网络中的两种路由器角色。在一个出口网络设备构成的 VRRP 组中，有且只有一台主路由器，可以有一台或者多台备份路由器。

VRRP 使用选举机制，从一组 VRRP 路由器中选出一台作为主路由器，负责 ARP 响应和 IP 数据报文转发，组中的其他路由设备作为备份角色处于待命状态。当主路由器发生故障时，备份路由器在几秒的时延后升级为主路由器，切换迅速且终端设备不用改变默认网关的 IP 地址和 MAC 地址。

在图 5-4 出口所示的多出口网络场景中，Router A、Router B、Router C 都是加入到 VRRP 组中的出口路由器，3 台路由器通过启动 VRRP 协议构造出一台虚拟路由器。这台虚拟路由器的 IP 地址设置为和 Router A 路由器相同的 IP 地址 10.1.1.1，全网络中所有主机的默认网关都配置为虚拟路由器的 IP 地址：10.1.1.1。

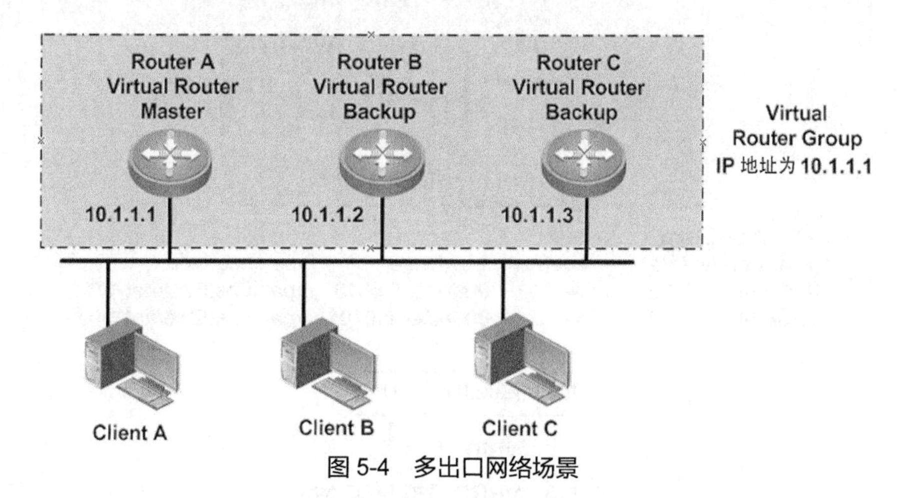

图 5-4 多出口网络场景

由于在构建完成的 VRRP 虚拟路由器中，使用了 Router A 路由器的物理接口的 IP 地址，因此，按照 VRRP 选举规则，Router A 被选举为主路由器，称为 IP 地址拥有者。作为主路由器，Router A 控制虚拟路由器的 IP 地址，负责把发送到虚拟路由器 IP 地址上的数据包转发出去。此时，Router B 和 Router C 被选举为备份路由器。

如果主路由器 Router A 发生故障，选举备份路由器 Router B 和 Router C 中优先级较高的接替成为主路由器，Router A 恢复正常后再抢占重新成为主路由器。

2. 路由器和虚拟路由器

VRRP 路由器指运行 VRRP 协议的路由器，是物理实体。虚拟路由器指 VRRP 协议虚拟出的逻辑路由器。一组 VRRP 路由器协同工作，共同构成一台虚拟路由器。该虚拟路由器对外表现为一个具有唯一固定 IP 地址和 MAC 地址的逻辑路由器。

一个 VRRP 组中的路由器都有唯一的标识，即 VRID，取值为 0～255，它决定运行了 VRRP 的路由器属于哪一个 VRRP 组。VRRP 组中的虚拟路由器对外也具有唯一的虚拟 MAC 地址，地址格式为 00-00-5E-00-01-[VRID]。其中，VRID 使用十进制数字，当 VRRP 将 VRID 嵌入虚拟 MAC 地址中时，将转化为十六进制。

选举成为主路由的出口设备负责对发送到虚拟路由器 IP 地址上的 ARP 请求做出响应，并生成该 IP 地址对应的虚拟 MAC 地址，做出应答。这样，无论如何切换，都能保证给内部网络中的终端设备唯一的 IP 地址和 MAC 地址，避免了出口路由切换时对终端设备的影响。

在图 5-5 所示的场景中，网络中的 R1 与 R2 路由设备同属于 VRRP 组 1，即 VRID 为 1。由于虚拟 IP 地址为 R1 设备的物理接口 IP 地址 10.1.1.1，所以 R1 为该组中的主路由器，R2 为备份路由器。此时，在 R2 上使用“show ip arp”命令查看 R2 的 ARP 缓存表，可以看到 ARP 表中存在一条虚拟地址 10.1.1.1 与虚拟 MAC 地址 0000.5e00.0101 绑定的条目。

由于 VRID 为 1，所以虚拟 MAC 地址的最后两个十六进制位为 01，构建完成的虚拟 MAC 地址为 0000.5e00.0101。

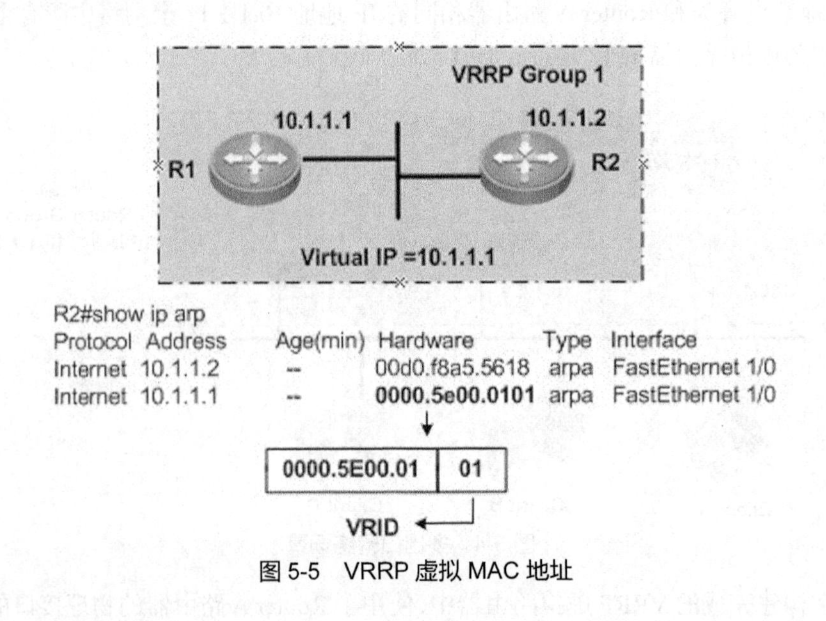

图 5-5 VRRP 虚拟 MAC 地址

5.3 VRRP 技术

在网络出口中区域采用 VRRP 技术，可以避免手工方式指定默认网关的缺陷，在网络出口设备上通过配置 VRRP 协议，可以实现内网中的终端设备上配置的默认网关的自动切换。

1. 使用 VRRP 实现虚拟冗余路由

VRRP 是一种出口路由选择协议，它可以把一台虚拟路由器的转发需求动态地分配到局域网出口区域的多台备份 VRRP 路由器中的一台上，通过主路由器实现转发。其中，主路由器是控制虚拟路由器 IP 地址的 VRRP 路由器，它负责转发数据到虚拟路由器上。

一旦主路由器不可用，VRRP 提供动态的故障转移机制，允许加入 VRRP 组中的其他路由器接替转发。

在 VRRP 备份组中，配置生成的虚拟路由器的 IP 地址可作为局域网中终端主机的默认网关，局域网中所有主机发到外部网络中的数据报文将通过默认网关转发，实现内网中主机和外部网络的通信。

2. 使用 VRRP 实现路由冗余

VRRP 是一种路由容错协议，也称为备份路由协议，它采用主备模式，以保证当主路由设备发生故障时，备份路由设备自动进行功能切换，且不需要再修改内部网络的各项参数。

例如，图 5-6 所示的企业内部网络所有主机（假设从左到右依序名称为：Host A、Host B、Host C、Host D）都配置一个统一的默认网关 192.168.1.1/24，下一跳指向所在网段内一台虚拟路由器 Router C。该虚拟路由器既可以代表 Router A，也可以代表 Router B，通过它们之间的自动切换将报文转发出去。连接在内部网络中的所有主机发送到外网中的 IP 报文，都将通过默认路由发往虚拟路由器 Router C，从而实现主机与外部网络的通信。

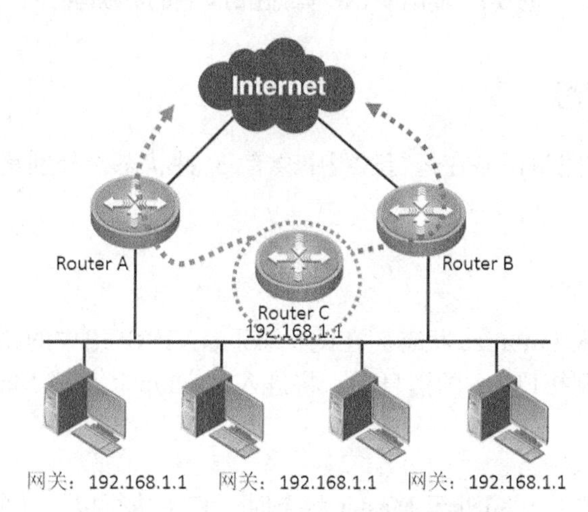

图 5-6　VRRP 部署虚拟网关的网络场景

在图 5-6 所示的网络场景中，如果 Router A 正常工作，那么内部网络中的主机会把发往外网中的数据都发送给虚拟 Router C 映射的主网关 Router A（优先级最高，为主路由），由 Router A 负责转发到外部网络中。如果 Router A 因某种原因链路下线，网络中的主机无需感知这个故障，通过 VRRP 备份机制使原来由 Router A 转发的数据自动切换到另一台出口网关 Router B 转发到外网中即可。

VRRP 允许配置多台路由器作为默认网关，减少内部网络中单点出口设备故障。

3. 使用 VRRP 实现负载均衡

通过配置多个虚拟路由组，可以实现出口网络均衡负载的效果。VRRP 通过使用虚拟路由器机制不仅实现了内网中主机默认网关的备份，还实现了出口的负载均衡。如图 5-7 所示，Router C 作为虚拟路由器，映射到物理路由器 Router A 和 Router B。可以配置出口网络中的物理路由器 Router A 和 Router B，分别承担来自内网的数据流量，实现负载均衡效果。

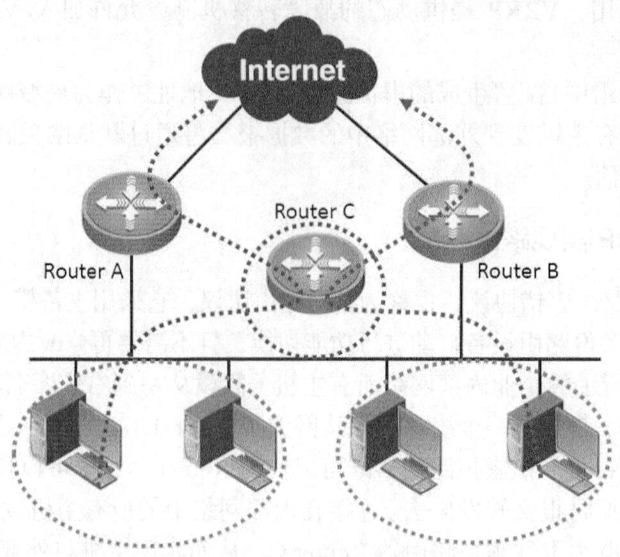

图 5-7 使用 VRRP 实现出口网络的负载均衡

5.4 VRRP 状态

加入 VRRP 组的路由设备在运行过程中会有 3 种状态，分别是 Initialize、Master 和 Backup。

1. Initialize 状态

系统启动后即进入 Initialize 状态。在此状态下，VRRP 组中的路由器不会对 VRRP 报文做任何处理，当收到接口 Up 的消息后，将进入 Backup 状态或 Master 状态。

2. Master 状态

当 VRRP 组中的路由设备处于 Master 状态时，它将执行以下任务。

（1）定期发送 VRRP 通告。

（2）发送免费 ARP 报文，使网络内的主机获取虚拟 IP 地址映射的虚拟 MAC 地址。

（3）响应虚拟 IP 地址的 ARP 请求，使用虚拟 MAC 地址响应，而不是使用物理接口 MAC 地址。

（4）转发目的 MAC 地址为虚拟 MAC 地址的 IP 报文。

（5）只接收目的 IP 地址为虚拟 IP 地址封装的 IP 报文，否则丢弃。

其中，免费 ARP 报文是一种特殊的 ARP 报文，该报文发送的 IP 地址和目的 IP 地址都是本地的 IP 地址。免费 ARP 通常用于 IP 地址冲突检测，通知其他设备更新 ARP 表项。

只有当接收到接口的 Shutdown 事件时，Master 状态才会转为 Initialize 状态。

3. Backup 状态

当 VRRP 组中的路由设备处于 Backup 状态时，将执行以下任务。

（1）接收主路由器发送的 VRRP 报文，了解主路由器的状态。

（2）对虚拟 IP 地址的 ARP 请求不做响应。

（3）丢弃目的 MAC 地址为虚拟 MAC 地址的 IP 报文。

（4）丢弃目的 IP 地址为虚拟 IP 地址的 IP 报文。

同样，只有接收接口 Shutdown 时，Backup 状态才会转为 Initialize 状态。

5.5 VRRP 选举机制

加入 VRRP 组中的路由器对外需要构建一台虚拟路由器，其中，只能保障一台路由设备处于 Master 状态，其他路由设备都处于 Backup 状态。加入 VRRP 组中的路由设备，使用选举机制来确定所有路由设备的工作状态（Master 或 Backup）。

1. VRRP 组中主、备路由选举原则

首先，运行 VRRP 的路由设备都会发送和接收来自网络中的 VRRP 通告报文，通告报文中包含路由器自身的 VRRP 优先级信息。加入到 VRRP 组中的路由设备，通过比较其他路由器的优先级进行选举，优先级高的路由设备将成为主路由器，其他路由设备都为备份路由器。

如果 VRRP 组中存在虚拟 IP 地址的拥有者，即虚拟 IP 地址与 VRRP 组中的某台路由设备的物理接口 IP 地址相同，则该 IP 地址的拥有者将成为主路由器；此外，该 IP 地址拥有设备还将具有 VRRP 组中最高的优先级（255）。

如果 VRRP 组中不存在 IP 地址拥有者，则 VRRP 组中的路由器将通过比较优先级来确定主、备路由器角色。默认情况下，加入 VRRP 组中的路由设备的优先级默认为 100。这样在优先级相同的情况下，VRRP 将通过比较设备物理接口 IP 地址来打破选举僵局，当前处于 Up 状态且物理接口 IP 地址最大的路由设备，将在选举中胜出。

2. VRRP 组中主、备路由选举过程

如图 5-8 所示，调整 Router A 和 Router B 设备的 VRRP 优先级为 150，而 Router C 设备的 VRRP 优先级为默认值 100。那么，主路由器将在 Router A 和 Router B 之间产生。由于 Router A 和 Router B 的优先级相同，所以需要通过比较物理接口 IP 地址大小进行选举。

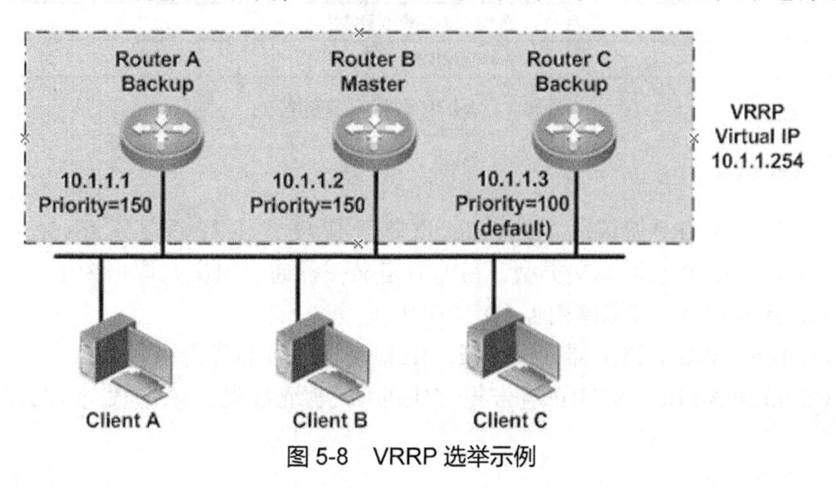

图 5-8 VRRP 选举示例

最终，由于 Router B 设备具有更大的物理接口 IP 地址，所以 Router B 将成为该 VRRP 组中的主路由器，Router A 和 Router C 成为备份路由器。只有当 Router B 出现故障时，拥有次高优先级的 Router A 才能接替主路由器的角色。

3．VRRP 定时器

VRRP 技术在运行过程中，使用两个定时器来进行 VRRP 组的状态检测。

（1）通告定时器

该定时器在主路由器中使用，用来定义通告间隔。主路由器使用该定时器配置的间隔定期发送 VRRP 通告报文，告知其他备份路由器自己仍在线。VRRP 通告的间隔时间默认为 1s，通过配置可以进行修改。

（2）路由器失效定时器

该定时器在备份路由器中使用，定义主路由器失效间隔。该定时器定义了备份路由器多长时间没有收到主路由器的通告报文后认为主路由器已失效，需要开始选举新的主路由器。主路由器失效间隔是通告间隔的 3 倍，默认为 3s。

5.6 VRRP 通告报文

VRRP 只使用一种报文类型沟通消息，即 VRRP 通告报文。

VRRP 通告报文使用 IP 组播数据包进行封装，组播地址为 224.0.0.18，协议号为 112，VRRP 通告报文的 TTL 值必须为 255。RFC3768 文档组中规定，如果 VRRP 路由器接收到 TTL 值不为 255 的 VRRP 通告报文，则必须将其丢弃。

图 5-9 所示为 VRRP 通告报文的格式。

<table>
<tr><td>0</td><td></td><td>8</td><td>16</td><td>24　　31</td></tr>
<tr><td>Version</td><td>Type</td><td>Virtual Rtr ID</td><td>Priority</td><td>Count IP Addrs</td></tr>
<tr><td colspan="2">Auth Type</td><td>Adver Int</td><td colspan="2">Checksum</td></tr>
<tr><td colspan="5">IP Address(1)</td></tr>
<tr><td colspan="5">…</td></tr>
<tr><td colspan="5">IP Address(N)</td></tr>
<tr><td colspan="5">Authentication Data(1)</td></tr>
<tr><td colspan="5">Authentication Data(2)</td></tr>
</table>

图 5-9　VRRP 通告报文的格式

1．报文格式

（1）Version：VRRP 协议版本，VRRPv2 基于 IPv4，VRRPv3 基于 IPv6。

（2）Type：VRRP 通告报文类型，目前只定义一种通告报文，取值为 1。

（3）Virtual Rtr ID：虚拟路由器 ID（VRID）。

（4）Priority：VRRP 路由器的优先级，IP 地址拥有者的优先级为 255。

（5）Count IP Addrs：VRRP 通告报文中的 IP 地址数量，该字段与 IP Address 字段相关。

（6）Auth Type：认证类型，RFC3768 中认证功能已经取消，此字段值为 0，值为 1、2 只作为对旧版本（RFC2338）的兼容。

（7）Adver Int：通告报文的发送间隔时间，单位为 s，默认为 1s。

（8）Checksum：校验和，校验范围只是 VRRP 数据，即从 VRRP 的版本字段开始的数据，不包括 IP 报头。

（9）IP Address(es)：和虚拟路由器相关的 IP 地址，数量由 Count IP Addrs 决定。

（10）Authentication Data：RFC3768 中定义该字段只是为了和旧版本（RFC2338）兼容。

2. 报文示例

图 5-10 所示为使用 Sniffer 工具在网络中捕获到的 VRRP 通告报文。

各项参数的说明如下。

（1）版本（Version）字段的值为 2。

（2）类型（Type）字段的值为 1，代表 VRRP 通告报文。

（3）虚拟路由器 ID（VRID）字段的值为 30。

（4）优先级（Priority）字段的值为 120。

（5）IP 地址数量（IP Address Count）字段的值为 1。

（6）认证类型（Authentication Type）字段的值为 0，表示不进行验证。

（7）通告间隔（Advertisement Interval）字段的值为默认的 1s，表示该路由器以 1s 间隔发送 VRRP 通告报文。

（8）IP 地址（IP address）字段的值为 192.168.1.254，表示虚拟路由器的 IP 地址。

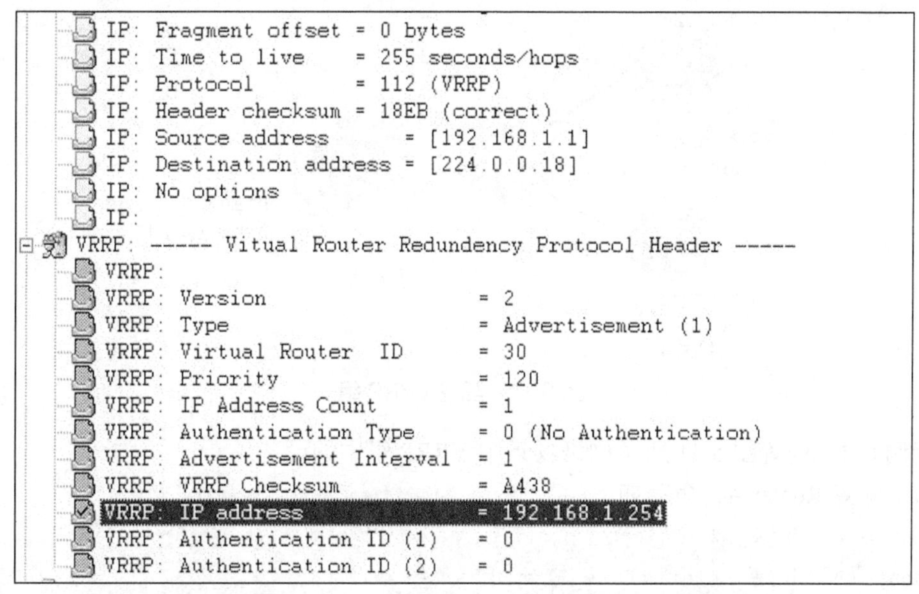

图 5-10 使用 Sniffer 工具在网络中捕获到的 VRRP 通告报文

5.7 VRRP 基本配置

5.7.1 配置 VRRP 组

1. 配置命令

在接口模式下，可使用如下命令创建一个 VRRP 组，并配置虚拟 IP 地址。同一个 VRRP 组中的所有路由器配置的 VRRP 组地址必须一致。

```
vrrp group-number ip ip-address [ secondary ]
```

（1）group-number：VRRP 组的编号，即 VRID，取值为 1～255。属于同一个 VRRP 组的路由器必须配置相同的 VRID。一台路由器可加入多个 VRRP 组。

（2）ip-address：VRRP 组的虚拟 IP 地址。虚拟 IP 地址可以是该子网中未使用的地址，也可以是某台 VRRP 路由器的物理接口 IP 地址，即 IP 地址拥有者。虚拟 IP 地址必须与物理接口地址位于同一个子网中。

（3）secondary：为该 VRRP 组配置的辅助 IP 地址。

2. 配置实例

如图 5-11 所示，出口路由器 Router A 与 Router B 属于 VRRP 组 23，虚拟 IP 地址为 Router A 物理接口的地址，所以 Router A 成为该组的 IP 地址拥有者和主路由器。内网中主机 Host A 将其默认网关设置为虚拟 IP 地址。

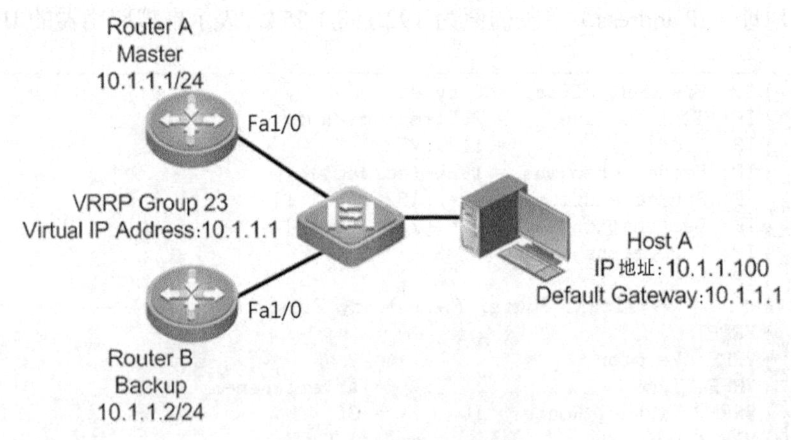

图 5-11 配置 VRRP 组

示例 5-1：配置图 5-11 所示网络场景中 VRRP 组中的设备。

（1）配置 Router A，命令如下。

```
RouterA(config)#
RouterA(config)#interface FastEthernet 1/0
RouterA(config-if-FastEthernet 1/0)#ip address 10.1.1.1 255.255.255.0
RouterA(config-if-FastEthernet 1/0)#vrrp 23 ip 10.1.1.1
RouterA(config-if-FastEthernet 1/0)#end
```

（2）查看 Router A 的配置信息，命令如下。

```
RouterA#show vrrp brief    //查看 Router A 的 VRRP 状态
Interface          Grp Pri Time  Own Pre State   Master addr    Group addr
FastEthernet 1/0    23 255   3    O   P  Master  10.1.1.1       10.1.1.1
```

从 Router A 的配置信息中可以看出，Router A 的优先级为 255，为 VRRP 组 23 的 IP 地址拥有者，并且状态为 Master（主路由器）。

（3）配置 Router B，命令如下。

```
RouterB(config)#interface FastEthernet 1/0
RouterB(config-if-FastEthernet 1/0)#ip address 10.1.1.2 255.255.255.0
RouterB(config-if-FastEthernet 1/0)#vrrp 23 ip 10.1.1.1
RouterB(config-if)#end
```

（4）查看 Router B 的配置信息，命令如下。

```
RouterB#show vrrp brief    //查看 Router B 的 VRRP 状态
Interface          Grp Pri Time  Own Pre State   Master addr    Group addr
FastEthernet 1/0    23 100   3    -   P  Backup  10.1.1.1       10.1.1.1
```

从 Router B 的配置信息中可以看出，Router B 的优先级为默认值 100，状态为 Backup（备份路由器）。

5.7.2 配置 VRRP 优先级

优先级决定了每台 VRRP 路由器在主路由器失效时扮演的角色。如果一个 VRRP 路由器的物理接口 IP 地址与虚拟路由器的 IP 地址相同，则认为它是虚拟路由器 IP 地址拥有者，会自动成为主路由器。

VRRP 通过比较优先级来选举主路由器和备份路由器。如果希望某台出口路由器成为主路由器，则可以手工调整其优先级来影响选举结果。例如，使用两台路由器作为双出口，连接内网到外部网络中，并希望高带宽的接入链路作为主要出口链路，低带宽的接入链路作为备份出口链路。在这种情况下，可以手工调整出口路由器的 VRRP 优先级，为连接主链路的出口路由器配置更高的优先级，使其成为主出口路由器。

优先级的配置基于接口和 VRRP 组，也就是说，对于不同的接口和不同的 VRRP 组，可以分配不同的优先级值。在接口模式下，使用如下命令修改默认的优先级。

```
vrrp group-number priority number
```

其中，参数 group-number 表示 VRRP 组号；number 表示优先级，取值为 1～254，默认为 100。实际上，VRRP 的优先级的取值为 0～254，0 被保留在特殊用途下使用，255 表示 IP 地址拥有者。

在图 5-12 所示的网络场景中，出口路由器 Router A 与 Router B 都加入到 VRRP 组 50 中，配置虚拟出口路由器 IP 地址为 10.1.1.50/24。

由于不存在 IP 地址拥有者，因此通过比较优先级来进行主备选举。如果希望拥有高带宽、性能更好的 Router A 作为主出口路由器，则可通过调高 Router A 的优先级来实现。如果使用默认的优先级，则具有较大 IP 地址的 Router B 将成为主出口路由器。

示例 5-2：配置图 5-12 所示网络场景中 Router A 和 Router B 的 VRRP 优先级。

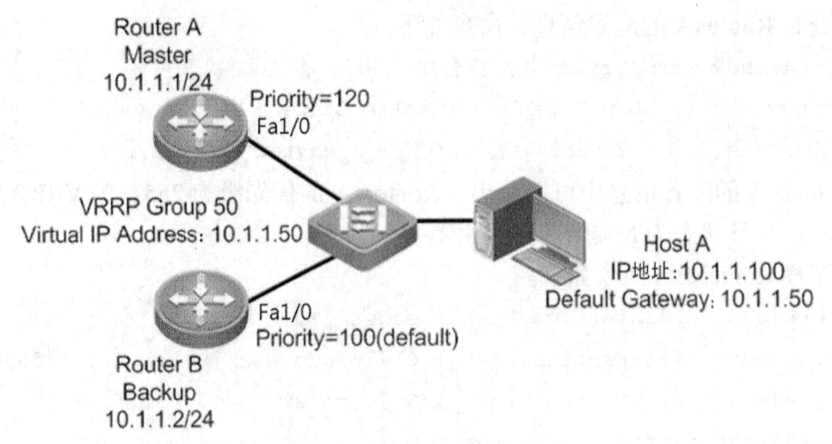

图 5-12　配置 VRRP 优先级

（1）配置 Router A 的优先级，命令如下。

```
RouterA(config)#interface FastEthernet 1/0
RouterA(config-if-FastEthernet 1/0)#ip address 10.1.1.1 255.255.255.0
RouterA(config-if-FastEthernet 1/0)#vrrp 50 ip 10.1.1.50
RouterA(config-if-FastEthernet 1/0)#vrrp 50 priority 120
                                                   //配置优先级为 120
RouterA(config-if-FastEthernet 1/0)#end
```

（2）查看 Router A 的配置信息，命令如下。

```
RouterA#show vrrp brief     //查看 Router A 的 VRRP 状态
-----------------------------------------------------------------------
Interface          Grp Pri Time  Own Pre State   Master addr     Group addr
FastEthernet 1/0    50 120   3    -   P  Master  10.1.1.1        10.1.1.50
```

从 Router A 的状态信息中可以看出，Router A 的优先级为 120，状态为 Master（主路由器）。

（3）配置 Router B 的优先级，命令如下。

```
RouterB(config)#interface FastEthernet 1/0
RouterB(config-if-FastEthernet 1/0)#ip address 10.1.1.2 255.255.255.0
RouterB(config-if-FastEthernet 1/0)#vrrp 50 ip 10.1.1.50
RouterB(config-if-FastEthernet 1/0)#end
```

（4）查看 Router B 的配置信息，命令如下。

```
RouterB#show vrrp brief    //查看 Router B 的 VRRP 状态
-----------------------------------------------------------------------
Interface          Grp Pri Time  Own Pre State   Master addr     Group addr
FastEthernet 1/0    50 100   3    -   P  Backup  10.1.1.1        10.1.1.50
```

从 Router B 的状态信息中可以看出，Router B 使用默认的优先级 100，状态为 Backup（备份路由器）。

5.8 调整和优化 VRRP

5.8.1 配置 VRRP 接口跟踪

接口对象跟踪是一个独立管理创建、监控和删除被跟踪对象（如接口状态）的进程，利用跟踪技术实现出口链路的安全备份，实现用户稳健上网的需求。

VRRP 接口跟踪就是在 VRRP 路由器接口上配置影响 VRRP 路由器优先级自动调整的跟踪对象（如某些接口的状态或者 IP 路由状态等）。当被跟踪的对象的工作状态发生改变时，配置了跟踪对象的 VRRP 路由器的优先级也将相应改变。

1. 需求描述

在图 5-13 所示拓扑中，Router A 和 Router B 是某企业分公司内网中的出口路由器，两台出口路由器分别通过一条 T1 链路连接到总部的核心网络。由于 Router A 拥有更高的优先级，所以成为主路由器，Router B 为备份路由器。

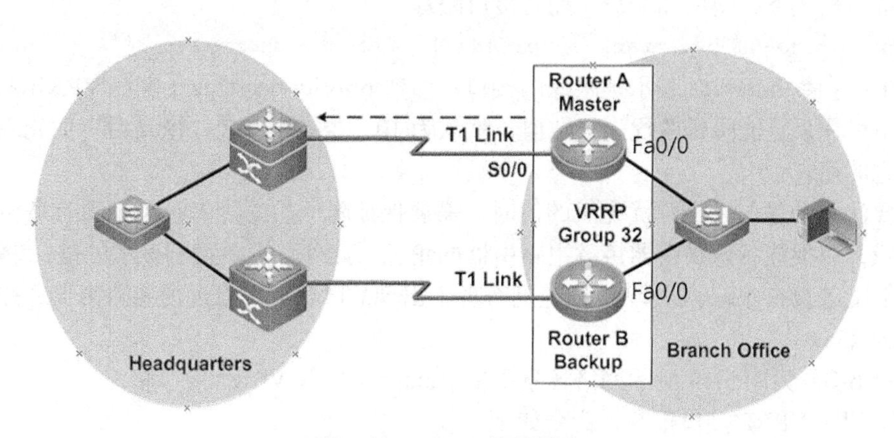

图 5-13 VRRP 接口跟踪

如果主出口路由 Router A 和总部之间的 T1 链路出现了故障，但 Router A 仍将从接口 Fa0/0 发送通告报文，仍声明自己是主路由器，这时，内部网络中发送给总部的 IP 报文会被发送给 Router A，造成网络故障。

2. 了解 VRRP 接口跟踪

为了解决这种问题，可以使用 VRRP 的接口跟踪机制。VRRP 接口跟踪能够根据路由器其他接口的状态自动调整该路由器 VRRP 拥有的优先级。当被跟踪接口不可用时，主路由器的 VRRP 优先级也将自动降低。接口跟踪能确保当主路由器的重要接口不可用时，该路由器不再是主路由器，从而使备份路由器有机会成为新的主路由器。

在图 5-14 中，在 Router A 路由器的 S0/0 接口上配置 VRRP 接口跟踪。如果接口 S0/0 和总部之间的链路出现故障，该路由器将自动降低 Router A 的优先级，直到 Router B 优先级升高，具有更高的优先级，Router B 将承担主路由器的角色。

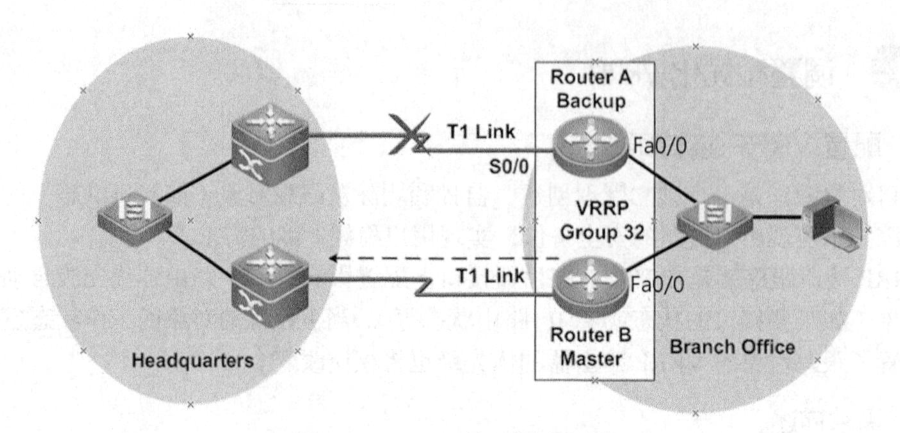

图 5-14　VRRP 接口跟踪示例

3. 配置 VRRP 接口跟踪

在接口模式下，使用如下命令配置接口跟踪。

```
vrrp group-number track interface [ priority-decrement ]
```

其中，参数 interface 表示被跟踪的接口；参数 priority-decrement 表示 VRRP 发现被跟踪接口不可用后，能降低的优先级数值，默认为 10。当被跟踪接口恢复后，优先级也将恢复到原先的值。

需要注意的是，在配置优先级的值时，需要保证降低后的优先级小于现有备份路由器的优先级，以便让备份路由器接替主路由器的角色。此外，需要特别提示的是，IP 地址拥有者不能配置接口跟踪，只要 IP 地址拥有者不出现故障，它将永远为主路由器，并且优先级永远为 255。

示例 5-3：为图 5-14 所示网络场景中的 Router A 配置 VRRP 接口跟踪。

（1）配置 VRRP 接口跟踪，命令如下。

```
RouterA(config)#interface Serial 0/0
RouterA(config-if-Serial 0/0)#ip address 200.1.1.2 255.255.255.0
RouterA(config-if-Serial 0/0)#exit

RouterA(config)#interface FastEthernet 0/0
RouterA(config-if-FastEthernet 0/0)#ip address 10.1.1.1 255.255.255.0
RouterA(config-if-FastEthernet 0/0)#vrrp 32 ip 10.1.1.254
RouterA(config-if-FastEthernet 0/0)#vrrp 32 priority 120
RouterA(config-if-FastEthernet 0/0)#vrrp 32 track Serial 0/0 30
//配置被跟踪接口和降低的优先级
RouterA(config-if)#end
```

（2）查看配置信息，命令如下。

```
RouterA#show vrrp brief    //被跟踪接口失效后 Router A 的状态
Interface          Grp Pri Time  Own Pre State   Master addr     Group addr
Ethernet 0         32  90   3     -   P  Backup  10.1.1.2        10.1.1.254
```

在 Router A 上配置了比默认优先级（100）高的优先级 120，并且被跟踪接口为 S0/0。当 S0/0 接口不可用时，减少的优先级为 30，即优先级降低到 90。这样保证了具有更高优先级（100）的 Router B 接替主路由器的角色。

（3）查看 Router A 路由器的 S0/0 链路不可用后路由器 Router A 的状态。这里使用“show vrrp”命令查看 VRRP 接口跟踪信息，可以看到 Router A 的优先级已经降低为 90，并且状态为 Backup。

```
RouterA#show vrrp    //使用“show vrrp”命令查看接口跟踪信息
FastEthernet 1/0 - Group 32
  State is Master
  Virtual IP address is 10.1.1.254 configured
Virtual MAC address is 0000.5e00.0120
  Advertisement interval is 1 sec
  Preemption is enabled
    min delay is 0 sec
  Priority is 120
  Master Router is 10.1.1.1 (local), priority is 120
  Master Advertisement interval is 1 sec
  Master Down interval is 3 sec
  Tracking interface states for 1 interface, 1 up:
   up   Serial 0/0 priority decrement=30
```

5.8.2 配置 VRRP 抢占模式

在 VRRP 运行过程中，主路由器定期发送 VRRP 通告报文，备份路由器将侦听主路由器的通告报文。当备份路由器在主路由器失效间隔内没有接收到主路由器的通告报文时，它将认为主路由器失效，并接替其角色。

默认情况下，具有更高优先级的备份路由器才可以接管当前的主路由器，而成为新的主路由器。使用“no vrrp preempt”命令，可以禁止 VRRP 路由器的抢占功能。如果禁止了抢占功能，则选举成为新的主路由器的备份路由器，后续将一直保持主路由器角色，直到原来的主路由器恢复正常后重新成为主路由器为止。

1. VRRP 抢占模式

所谓的 VRRP 抢占模式，是指当原先的主路由器从故障中恢复并接入网络后，它将夺回原先属于自己的角色（主路由器）。如果不使用抢占模式，则主路由器从故障恢复后仍将成为备份路由器的状态。

在 VRRP 运行过程中，推荐启用抢占模式。这样主链路故障恢复后，数据仍然通过原先高带宽的主链路传输。例如，在使用一条高带宽链路和低带宽备份链路的场景中，结合 VRRP 接口跟踪功能，可以使高带宽链路故障恢复后，仍然作为转发数据的主要链路，而不是继续使用低带宽的备份链路。

2. 配置 VRRP 抢占模式

在接口模式下，使用如下命令配置 VRRP 抢占模式。

```
vrrp group-number preempt [ delay delay-time ]
```

其中，参数 group-number 表示 VRRP 组号；参数 delay-time 表示抢占的延迟时间，即发送通告报文前等待的时间，单位为 s，取值为 1～255。

默认情况下，抢占模式是启用的；如果不配置延迟时间，则默认值为 0，即当路由器从故障中恢复后，立即进行抢占操作。属于同一个 VRRP 组中的路由器，需要配置相同的通告间隔。

3. VRRP 抢占模式应用示例

以下示例为给图 5-14 所示拓扑中的出口路由 Router A 配置抢占模式。

当 Router A 的出口 T1 链路失效后，Router A 的优先级将降低到 90，并成为备份路由器，Router B 成为主路由器。当 Router A 的 T1 链路恢复后，Router A 的优先级仍将恢复到原先的 120，由于启用了抢占模式，它将重新接替主路由器的角色。

示例 5-4：为图 5-14 所示网络场景中的 Router A 配置 VRRP 抢占模式。

```
RouterA(config)#interface Serial 0/0
RouterA(config-if-Serial 0/0)#ip address 200.1.1.2 255.255.255.0
RouterA(config-if-Serial 0/0)#exit

RouterA(config)#interface FastEthernet 0/0
RouterA(config-if-FastEthernet 0/0)#ip address 10.1.1.1 255.255.255.0
RouterA(config-if-FastEthernet 0/0)#vrrp 32 ip 10.1.1.254
RouterA(config-if-FastEthernet 0/0)#vrrp 32 priority 120
RouterA(config-if-FastEthernet 0/0)#vrrp 32 track Serial 0/0 30
RouterA(config-if-FastEthernet 0/0)#vrrp 32 preempt
                                                  //默认情况下启用抢占模式
RouterA(config-if-FastEthernet 0/0)#end
```

5.8.3 配置 VRRP 定时器

VRRP 路由器使用通告报文来进行网络选举与状态监测。当选举结束后，主路由器将定期发送通报报文，备份路由器将进行监听。

在接口模式下，可以使用如下命令修改 VRRP 通告报文的发送间隔。

```
vrrp group-number timers advertise advertise-interval
```

其中，参数 group-number 表示 VRRP 组号；参数 advertise-interval 表示通告报文发送间隔，单位为 s，取值为 1～255，默认值为 1s。

在配置通告间隔时，需要注意以下内容。

（1）较小的通告间隔将会造成一定的带宽和系统资源的消耗，尤其是当某些路由器加入了多个 VRRP 组时。但是，较小的通告间隔将提供更快的故障检测和切换。较大的通告间隔可以节省带宽和系统资源，但是不能提供最快的故障检测和切换。

（2）在出口网络链路质量较差的环境中，为了使路由器在收到正常的通告报文前就进行状态切换，可以调高定时器的值，这将有助于提高网络的稳定性。

（3）在正常的网络环境中，推荐使用默认的定时器值。主路由器失效间隔不能通过命令进行配置，因为它是通过通告报文的时间间隔进行计算的，它的值为通告间隔的 3 倍。

示例 5-5：配置 VRRP 定时器。

```
Router(config)#interface FastEthernet 0/0
Router(config-if-FastEthernet 0/0)#ip address 10.1.1.1 255.255.255.0
Router(config-if-FastEthernet 0/0)#vrrp 1 ip 10.1.1.1
Router(config-if-FastEthernet 0/0)#vrrp 1 timers advertise 2
                                                //将报文通告间隔修改为 2s
```

5.8.4 配置 VRRP 定时器学习功能

配置定时器学习功能，可以使备份路由器从主路由器发送的通告报文中学习到通告定时器的值后，计算本地的路由器失效间隔。

在接口模式下，可以使用如下命令配置 VRRP 定时器学习功能。

```
vrrp group-number timers learn
```

默认情况下，主路由器失效间隔通过本地接口配置通告间隔进行计算，默认为 3s。

示例 5-6：配置 VRRP 定时器学习功能。

```
Router(config)#interface FastEthernet 0/0
Router(config-if-FastEthernet 0/0)#ip address 192.168.1.1 255.255.255.0
Router(config-if-FastEthernet 0/0)#vrrp 1 ip 192.168.1.254
Router(config-if-FastEthernet 0/0)#vrrp 1 timers learn
                                                    //配置定时器学习功能
Router(config-if-FastEthernet 0/0)#end
```

5.8.5 配置 VRRP 认证

VRRP 支持对 VRRP 报文的安全认证，会忽略没有认证的 VRRP 报文，默认的认证类型为文本认证，也可以配置使用密钥字符串的简单 MD5 认证，或者 MD5 认证密钥链。

在一个安全性要求不高的网络环境中，可以考虑不使用认证。这样发送和接收 VRRP 报文的路由器不会对报文进行安全认证处理。但是在一个有安全性要求的网络环境中，可以为 VRRP 报文增加认证机制。

使用了认证后，路由器对发送 VRRP 报文增加认证字，而接收 VRRP 报文的路由器会将收到的 VRRP 报文的认证字与本地配置的认证字进行比较。若相同，则认为是一个合法的 VRRP 报文；若不相同，则认为是一个不合法 VRRP 报文，并将其丢弃。

交换机默认实现的 VRRP 支持明文认证，同一个 VRRP 组中的路由器必须设置相同的认证口令。

在接口模式下，可以使用如下命令配置 VRRP 明文认证。

```
vrrp group-number authentication string
```

其中，参数 string 表示明文密码，它将被插入 VRRP 报文。默认情况下不启用 VRRP 认证。

示例 5-7：配置 VRRP 认证。

```
Router(config)#interface FastEthernet 0/0
Router(config-if-FastEthernet 0/0)#ip address 10.1.1.1 255.255.255.0
Router(config-if-FastEthernet 0/0)#vrrp 1 ip 10.1.1.1
Router(config-if-FastEthernet 0/0)#vrrp 1 authentication ruijie
                                                        //配置明文验证密码
Router(config-if-FastEthernet 0/0)#end
```

5.9 VRRP 负载均衡

1. 什么是 VRRP 负载均衡

在标准的 VRRP 运行环境中，主路由器负责转发内网发往虚拟 IP 地址路由器上的数据，备份路由器不负责数据的转发，它只是侦听主路由器的状态，在必要的时刻进行故障切换。在主路由器承担数据转发任务的同时，备份路由器的链路将处于空闲状态，造成了出口带宽资源的浪费。在图 5-14 所示的拓扑中，出口路由 Router B 上的 T1 接入链路的带宽将被浪费。

为了提高网络出口的冗余性，并且避免出口带宽资源的浪费，可以配置路由器的 VRRP 负载均衡。VRRP 负载均衡通过将路由器加入多个 VRRP 组，使 VRRP 路由器在不同的组中担任不同的角色。

在图 5-15 所示场景中，出口路由 Router A 和 Router B 的内网 Fa1/0 接口分别加入了 VRRP 组 35 和 VRRP 组 36。其中，Router A 路由器在 VRRP 组 35 中作为虚拟 IP 地址拥有者，担任主路由器角色，在 VRRP 组 36 中担任备份路由器角色；Router B 路由器在 VRRP 组 36 中作为虚拟 IP 地址拥有者，担任主路由器角色，在 VRRP 组 35 中担任备份路由器角色。其中，VRRP 组 35 的虚拟地址为 10.1.1.1，VRRP 组 36 的虚拟地址为 10.1.1.254。在内网客户端的配置中，Client 1 和 Client 2 的默认网关为 VRRP 组 35 的虚拟地址 10.1.1.1；Client 3 和 Client 4 的默认网关为 VRRP 组 36 的虚拟地址 10.1.1.254。

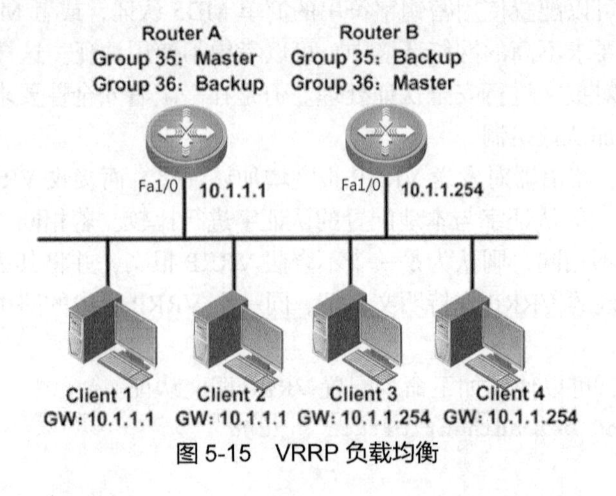

图 5-15　VRRP 负载均衡

通过这样的部署，可以看到用户端设备 Client 1 和 Client 2 上，发送到外网中的数据流由 Router A 转发；用户端设备 Client 3 和 Client 4 发送到外网中的数据流由 Router B 转发。这样，路由器 Router A 和 Router B 带宽都被合理地利用，避免了某条链路由于作为备份而产生的空闲状态。

在图 5-14 所示的网络场景中，如果配置了 VRRP 负载均衡，使出口路由器 Router A 和 Router B 的两条出口 T1 链路带宽都能够被有效地利用，不仅可以提高冗余性，还可以提供网络出口流量的负载均衡。

2. 配置 VRRP 负载均衡

以下示例为在图 5-15 所示的拓扑中配置 VRRP 负载均衡。

示例 5-8：配置出口路由器 Router A 和 Router B 的 VRRP 负载均衡。

（1）配置 Router A 的 VRRP 负载均衡，命令如下。

```
RouterA(config)#interface FastEthernet 1/0
RouterA(config-if-FastEthernet 1/0)#ip address 10.1.1.1 255.255.255.0
RouterA(config-if-FastEthernet 1/0)#vrrp 35 ip 10.1.1.1
RouterA(config-if-FastEthernet 1/0)#vrrp 36 ip 10.1.1.254
RouterA(config-if-FastEthernet 1/0)#exit
```

（2）配置 Router B 的 VRRP 负载均衡，命令如下。

```
RouterB(config)#interface FastEthernet 1/0
RouterB(config-if-FastEthernet 1/0)#ip address 10.1.1.254 255.255.255.0
RouterB(config-if-FastEthernet 1/0)#vrrp 35 ip 10.1.1.1
RouterB(config-if-FastEthernet 1/0)#vrrp 36 ip 10.1.1.254
RouterB(config-if-FastEthernet 1/0)#end
```

（3）使用“show vrrp brief”命令，查看为 Router A 配置的 VRRP 负载均衡的状态。

```
RouterA #show vrrp brief    //查看 Router A 的 VRRP 负载均衡状态
---------------------------------------------------------------------------
Interface          Grp Pri Time  Own Pre State    Master addr     Group addr
FastEthernet 1/0    35 255   3    O    P  Master  10.1.1.1        10.1.1.1
FastEthernet 1/0    36 100   3    -    P  Backup  10.1.1.254      10.1.1.254
```

从 Router A 的结果可以看到，Router A 在 Group 35 中为主路由器，在 Group 36 中为备份路由器。

（4）查看为 Router B 配置的 VRRP 负载均衡的状态。

```
RouterB#show vrrp brief   //查看 Router B 的 VRRP 负载均衡状态
---------------------------------------------------------------------------
Interface          Grp Pri Time  Own  Pre State    Master addr     Group addr
FastEthernet 1/0    35 100   3    -    P  Backup  10.1.1.1        10.1.1.1
FastEthernet 1/0    36 255   3    O    P  Master   10.1.1.254     10.1.1.254
```

从 Router B 的结果可以看到，Router B 在 Group 36 中为主路由器，在 Group 35 中为备份路由器。

5.10 查看 VRRP 运行状态

1. 查看 VRRP 组的状态信息

使用如下命令可以查看 VRRP 组的状态信息。

```
show vrrp [ group-number | brief ]
```

其中，参数 group-number 表示查看特定 VRRP 组的状态信息；参数 brief 表示查看 VRRP 的概要信息。如果不指定参数，则显示所有 VRRP 组的状态信息。

示例 5-9：查看 VRRP 组的状态信息。

```
Router#show vrrp 1
FastEthernet 0/0 - Group 1
State is Master     //本地路由器的状态为主路由器（Master）
Virtual IP address is 10.1.1.254 configured  //虚拟 IP 地址为 10.1.1.254
Virtual MAC address is 0000.5e00.0101        //虚拟 MAC 地址为 0000.5e00.0101
  Advertisement interval is 1 sec            //VRRP 通告间隔为 1s
  Preemption is enabled        //抢占模式已启用
  min delay is 0 sec           //抢占延迟为 0s
  Priority is 120              //优先级为 120
  Authentication is enabled    //认证已启用
  Master Router is 10.1.1.1 (local), priority is 120
        //主路由器的 IP 地址是 10.1.1.1，即本地路由器，优先级为 120。
  Master Advertisement interval is 1 sec   //主路由器通告间隔为 1s
  Master Down interval is 3 sec            //主路由器失效间隔为 3s
  Tracking state of 1 interface, 1 up:     //1 个接口被跟踪，状态为 Up
  up FastEthernet 0/1 priority decrement=30
                                 //被跟踪接口的状态为 Up，优先级降低值为 30
```

2. 查看接口的 VRRP 状态信息

使用如下命令可以查看接口的 VRRP 状态信息。

```
Router#show vrrp brief    //查看 VRRP 的状态信息
Interface         Grp  Pri  Time Own Pre State   Master addr  Group addr
FastEthernet 0/0  1    120  3     -   P   Master  10.1.1.1     10.1.1.254
```

5.11 网络实践 1：配置多子网 VRRP

【任务描述】

某校园网的网络出口拓扑如图 5-16 所示，路由器 Router A 和 Router B 的外网出口分别连接到中国电信和中国联通；路由器的内网端分别连接到 VLAN 10（10.1.1.0/24）和 VLAN

20（20.1.1.0/24）两个办公子网区域。

其中，出口路由器 Router A 在 VLAN 10 中担任 Master，在 VLAN 20 中担任 Backup；出口路由器 Router B 在 VLAN 10 中担任 Backup，在 VLAN 20 中担任 Master。

通过以上规划，可以保证来自 VLAN 10 中的终端设备发往 ISP 的流量通过出口路由器 Router A 转发中国电信 ISP；来自 VLAN 20 去往 ISP 的流量通过出口路由器 Router B 转发中国联通 ISP。

【网络拓扑】

在图 5-16 所示的网络场景中，配置多个子网中的 VRRP，实现校园网出口网关的冗余、负载、均衡。备注：注意设备的连接接口，现场以实际接口连接为准，以下仅供参考。

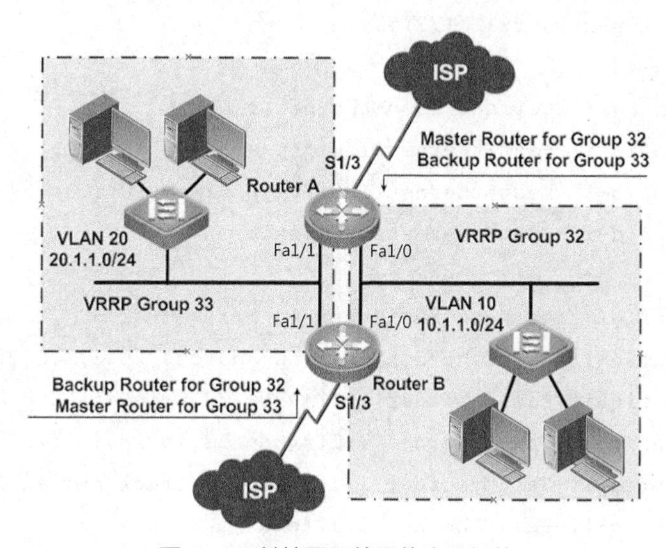

图 5-16 某校园网的网络出口拓扑

【设备清单】

路由器（两台），二层交换机（两台），测试 PC（若干），网线（若干）。

【实施步骤】

步骤 1：配置出口路由器 Router A 的 VRRP。

```
RouterA(config)#
RouterA(config)#interface serial 1/3
RouterA(config-if-serial 1/3)#ip address 200.1.1.1 255.255.255.252
RouterA(config-if-serial 1/3)#exit

RouterA(config)#interface FastEthernet 1/0
RouterA(config-if-FastEthernet 1/0)#ip address 10.1.1.1 255.255.255.0
RouterA(config-if-FastEthernet 1/0)#vrrp 32 priority 120
RouterA(config-if-FastEthernet 1/0)#vrrp 32 ip 10.1.1.254
RouterA(config-if-FastEthernet 1/0)#vrrp 32 track serial 1/3 30
```

```
RouterA(config-if-FastEthernet 1/0)#exit

RouterA(config)#interface FastEthernet 1/1
RouterA(config-if-FastEthernet 1/1)#ip address 20.1.1.1 255.255.255.0
RouterA(config-if-FastEthernet 1/1)#vrrp 33 ip 20.1.1.254
RouterA(config-if-FastEthernet 1/1)#end
RouterA#
```

步骤 2：配置出口路由器 Router B 的 VRRP。

```
RouterB(config)#interface serial 1/3
RouterB(config-if-serial 1/3)#ip address 201.1.1.1 255.255.255.252
RouterB(config-if-serial 1/3)#exit

RouterB(config)#interface FastEthernet 1/0
RouterB(config-if-FastEthernet 1/0)#ip address 10.1.1.2 255.255.255.0
RouterB(config-if-FastEthernet 1/0)#vrrp 32 ip 10.1.1.254
RouterB(config-if-FastEthernet 1/0)#exit

RouterB(config)#interface FastEthernet 1/1
RouterB(config-if-FastEthernet 1/1)#ip address 20.1.1.2 255.255.255.0
RouterB(config-if-FastEthernet 1/1)#vrrp 33 priority 120
RouterB(config-if-FastEthernet 1/1)#vrrp 33 ip 20.1.1.254
RouterB(config-if-FastEthernet 1/1)#vrrp 33 track serial 1/3 30
RouterB(config-if-FastEthernet 1/1)#end
RouterB#
```

步骤 3：查看 Router A 的 VRRP 的运行状态信息。

```
RouterA#show vrrp brief
Interface          Grp  Pri  Time  Own  Pre  State   Master addr   Group addr
FastEthernet 1/0   32   120   3     -    P   Master  10.1.1.1      10.1.1.254
FastEthernet 1/1   33   100   3     -    P   Backup  20.1.1.2      20.1.1.254
```

步骤 4：查看 Router B 的 VRRP 的运行状态信息。

```
RouterB#show vrrp brief
Interface          Grp  Pri  Time  Own  Pre  State   Master addr   Group addr
FastEthernet 1/0   32   100   3     -    P   Backup  10.1.1.1      10.1.1.254
FastEthernet 1/1   33   120   3     -    P   Master  20.1.1.2      20.1.1.254
```

从 Router A 和 Router B 的 VRRP 运行状态信息中可以看出，Router A 为 Group 32 的 Master，负责转发 VLAN 10 的数据；Router B 为 Group 33 的 Master，负责转发 VLAN 20 的数据。

5.12 网络实践 2：实现 VRRP 均衡负载

【任务描述】

某校园网的出口拓扑如图 5-17 所示，比图 5-16 所示的拓扑更加复杂，不同之处是在一个 VLAN 中配置了两个 VRRP 组，实施 VRRP 的负载分担。

在 VLAN 10 中配置了两个 VRRP 组（Group 31 和 Group 32）。Router A 在 Group 31 中为 Backup，在 Group 32 中为 Master；Router B 在 Group 31 中为 Master，在 Group 32 中为 Backup。

在 VLAN 20 中配置了两个 VRRP 组（Group 33 和 Group 34）。Router A 在 Group 33 中为 Backup，在 Group 34 中为 Master；Router B 在 Group 33 中为 Master，在 Group 34 中为 Backup。

【网络拓扑】

某校园网的出口拓扑如图 5-17 所示。

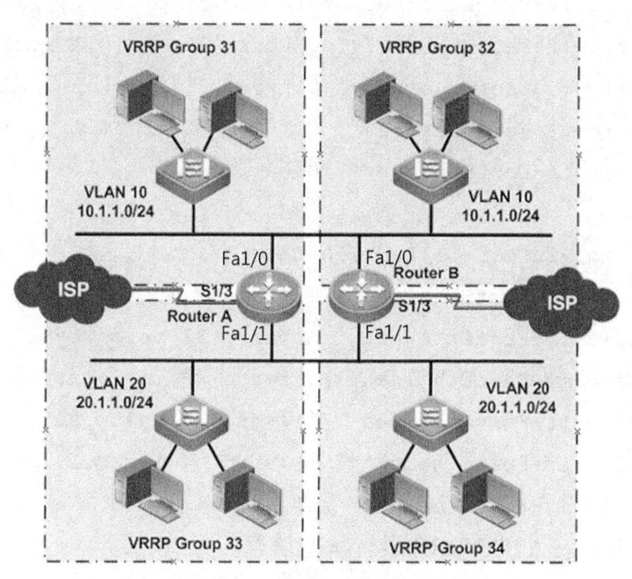

图 5-17　某校园网的出口拓扑

【设备清单】

路由器（两台），二层交换机（4 台），测试 PC（若干），网线（若干）。

【实施步骤】

步骤 1：在 Router A 上配置多个 VLAN 中的多个 VRRP 组。

```
RouterA(config)#interface FastEthernet 1/0
RouterA(config-if-FastEthernet 1/0)#ip address 10.1.1.1 255.255.255.0
RouterA(config-if-FastEthernet 1/0)#vrrp 31 ip 10.1.1.253
```

```
RouterA(config-if-FastEthernet 1/0)#vrrp 32 priority 120
RouterA(config-if-FastEthernet 1/0)#vrrp 32 ip 10.1.1.254
RouterA(config-if-FastEthernet 1/0)#vrrp 32 track serial 1/3 30
RouterA(config-if-FastEthernet 1/0)#exit

RouterA(config)#interface FastEthernet 1/1
RouterA(config-if-FastEthernet 1/1)#ip address 20.1.1.1 255.255.255.0
RouterA(config-if-FastEthernet 1/1)#vrrp 33 ip 20.1.1.254
RouterA(config-if-FastEthernet 1/1)#vrrp 34 priority 120
RouterA(config-if-FastEthernet 1/1)#vrrp 34 ip 20.1.1.253
RouterA(config-if-FastEthernet 1/1)#vrrp 34 track serial 1/3 30
RouterA(config-if-FastEthernet 1/1)#end
```

步骤 2：在 Router B 上配置多个 VLAN 中的多个 VRRP 组。

```
RouterB(config)#interface FastEthernet 1/0
RouterB(config-if-FastEthernet 1/0)#ip address 10.1.1.2 255.255.255.0
RouterB(config-if-FastEthernet 1/0)#vrrp 31 priority 120
RouterB(config-if-FastEthernet 1/0)#vrrp 31 ip 10.1.1.253
RouterB(config-if-FastEthernet 1/0)#vrrp 31 track serial 1/3 30
RouterB(config-if-FastEthernet 1/0)#vrrp 32 ip 10.1.1.254
RouterB(config-if-FastEthernet 1/0)#exit

RouterB(config)#interface FastEthernet 1/1
RouterB(config-if-FastEthernet 1/1)#ip address 20.1.1.2 255.255.255.0
RouterB(config-if-FastEthernet 1/1)#vrrp 33 priority 120
RouterB(config-if-FastEthernet 1/1)#vrrp 33 ip 20.1.1.254
RouterB(config-if-FastEthernet 1/1)#vrrp 33 track serial 1/3 30
RouterB(config-if-FastEthernet 1/1)#vrrp 34 ip 20.1.1.253
RouterB(config-if-FastEthernet 1/1)#exit
```

步骤 3：查看 Router A 的 VRRP 运行状态信息。

```
RouterA#show vrrp brief
Interface          Grp Pri Time  Own Pre State  Master addr   Group addr
FastEthernet 1/0    31 100  -     -   P  Backup  10.1.1.2      10.1.1.253
FastEthernet 1/0    32 120  -     -   P  Master  10.1.1.1      10.1.1.254
FastEthernet 1/1    33 100  -     -   P  Backup  20.1.1.2      20.1.1.254
FastEthernet 1/1    34 120  -     -   P  Master  20.1.1.1      20.1.1.253
```

步骤 4：查看 Router B 的 VRRP 运行状态信息。

```
RouterB#show vrrp brief
Interface         Grp Pri Time  Own Pre State   Master addr   Group addr
FastEthernet 1/0  31 120   -     -   P  Master  10.1.1.2      10.1.1.253
```

```
FastEthernet 1/0  32 100   -    -   P  Backup  10.1.1.1        10.1.1.254
FastEthernet 1/1  33 120   -    -   P  Master  20.1.1.2        20.1.1.254
FastEthernet 1/1  34 100   -    -   P  Backup  20.1.1.1        20.1.1.253
```

从命令显示的结果可以看到，Router A 在 Group 32 和 Group 34 中为 Master，在 Group 31 和 Group 33 中为 Backup；Router B 在 Group 31 和 Group 33 中为 Master，在 Group 32 和 Group 34 中为 Backup。

需要注意的是，如果要在该拓扑中实现负载分担，还需要为子网中的不同客户端配置不同的网关地址。

5.13 认证测试

1. 在同一个 VRRP 组中，最多可以有（　　）台主路由器。

   A. 1　　B. 2　　C. 3　　D. 依照情况而定

2. 有关 vrrp 10 track FastEthernet 0/24 150，以下说法正确的是（　　）【选择三项】。

   A. 10 代表 VRRP 组

   B. track 代表开启 VRRP 接口跟踪功能

   C. 150 表示在 Fa/24 接口失效后，VRRP 的优先级将降到 150

   D. 150 表示在 Fa/24 接口失效后，VRRP 的优先级将下降 150

3. 当 VRRP 组配置的虚拟 IP 地址为某接口的物理 IP 地址时，该接口的优先级为（　　）。

   A. 255　　B. 0　　C. 100　　D. 254

4. VRRP 的优先级默认值是（　　）。

   A. 255　　B. 100　　C. 1　　D. 254

5. VRRP 使用（　　）来发送协议报。

   A. 广播　　B. 单播　　C. 组播　　D. 任意播

6. 下面关于 VRRP 的说法正确的是（　　）。

   A. 一个三层接口可以配置多个 VRRP Group

   B. 一个三层接口只能配置一个 VRRP Group

   C. 一个 VRRP 竞选者的优先级为 150，另一个竞选者的优先级为 120，则优先级为 120 的路由器将成为 Master

   D. 一个 VRRP 竞选者的优先级为 120，另一个竞选者的优先级为 150，则优先级为 150 的路由器将成为 Master

7. 以下关于 VRRP 作用的说法正确的是（　　）。

   A. VRRP 提高了网络中默认网关的可靠性

   B. VRRP 加快了网络中路由协议的收敛速度

   C. VRRP 主要用于网络中的流量分担

   D. VRRP 为不同的网段提供了同一个默认网关，简化了网络中 PC 上的网关配置

8. 启用 VRRP 后，关于网络中 PC 上配置的默认网关的说法正确的是（　　）。

   A. 只配置一个默认网关，默认网关的地址为 Master 的 IP 地址

   B. 只配置一个默认网关，默认网关的地址为虚拟路由器的 IP 地址

C. 配置两个默认网关，分别是 Master 的 IP 地址和 Slave 的 IP 地址
D. 配置三个默认网关，分别是 Master 的 IP 地址、Slave 的 IP 地址和虚拟路由器的 IP 地址

9. VRRP 的全称是（　　）。
A. Virtual Routing Redundancy Protocol
B. Virtual Router Redundancy Protocol
C. Virtual Redundancy Router Protocol
D. Virtual Redundancy Routing Protocol

10. 以下关于 VRRP 的说法正确的是（　　）。
A. VRRP 支持的认证方式有不认证、简单字符认证和 MD5 认证
B. VRRP 不支持抢占方式
C. VRRP 支持给用户配置的 VRRP 组号为 1～255
D. VRRP 的虚拟 IP 地址不能作为 PC 的网关

单元6 使用链路聚合增加链路带宽

【技术背景】

在交换网络的核心，聚合层和核心层设备之间的骨干链路上通常存在大量数据流，需要更大的带宽来支撑，在冗余的网络中，可以把设备上多条物理链路聚合成一条逻辑链路，并配置适当的流量平衡算法，使聚合口上的报文获得高带宽传输的同时，还尽可能把流量平衡到每一条物理链路上，以提高带宽利用率。

以太网链路聚合端口（Aggregate Port，AP）技术通过将多条以太网物理链路捆绑在一起形成一条逻辑链路，如图 6-1 所示，聚合在一起的逻辑链路具有和物理链路一样的功能。此外，聚合口不仅仅能实现扩展链路带宽的目的，还能实现骨干链路上传输的均衡负载。同时，这些捆绑在一起的链路通过相互动态备份，提高了链路的可靠性。

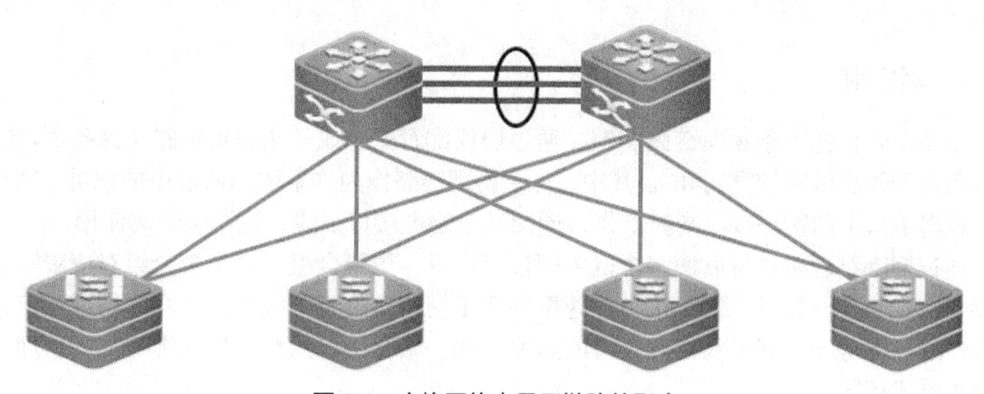

图 6-1 交换网络中骨干链路的聚合

本单元帮助读者认识交换网络中的链路聚合技术，掌握链路聚合技术的工作原理。

【技术介绍】

6.1 了解以太网链路聚合技术

6.1.1 以太网链路聚合技术简介

在传统交换网络中，常用更换高速率的接口板或更换支持高速率接口板设备的方式来增加传输带宽，但这种方案需要付出高额的费用，也不够灵活。

采用链路聚合技术，可以在不进行硬件升级的条件下，通过将多个物理接口捆绑为一个逻辑接口，实现增加链路带宽的目的。

1. 以太网链路聚合

以太网链路聚合技术通过将多条以太网中的物理链路捆绑在一起，形成一条以太网逻辑链路，在两台骨干设备之间建立链路聚合组（Link Aggregation Group），实现增加链路带宽的目的。同时，这些捆绑在一起的链路通过相互动态备份，为两台设备的通信提供了冗余保障，可以有效地提高链路的可靠性。

如图 6-2 所示，Switch A 与 Switch B 之间通过 3 条以太网物理链路相连，将这 3 条链路捆绑在一起，就成了一条逻辑链路组 Link Aggregation 1。这条逻辑链路组的带宽等于 3 条物理链路带宽的总和，增加了骨干链路的带宽；同时，这 3 条以太网物理链路相互备份。

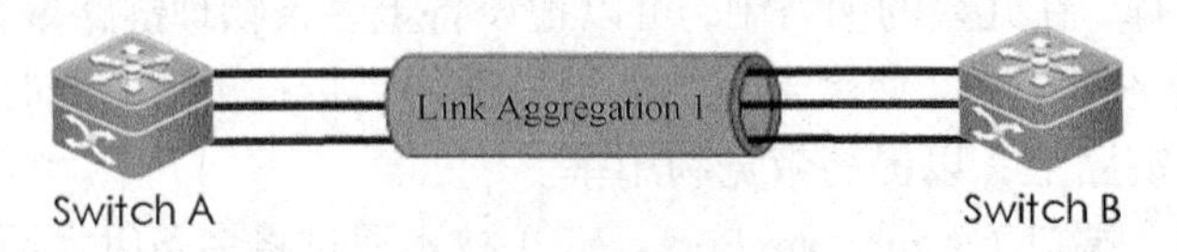

图 6-2　骨干链路聚合

以太网链路聚合支持流量平衡，可以把流量均匀地分配给各成员链路，并且实现链路备份。当其中一条成员链路断开时，系统会将该成员链路的流量自动分配到其他有效的成员链路上。

2. 聚合组

链路聚合依托多条物理链路实施，通过协议配置聚合成一条逻辑链路（这条逻辑链路带宽相当于物理链路带宽之和）。其中，每条物理链路作为这条逻辑通道中的成员。这些聚合在逻辑端口下的物理接口同时工作，即便某个物理接口下线，也不会影响使用。

通过捆绑物理接口可以使多个以太网接口形成一个聚合组，每个聚合组对应着一个逻辑接口，称为聚合接口。聚合接口的速率和双工模式取决于对应聚合组内的物理接口，聚合接口的速率等于所有加入物理接口的速率之和，聚合接口的双工模式则与加入物理接口的双工模式相同。

3. 流量平衡

聚合组可以根据报文中的源 MAC 地址、目的 MAC 地址、源 IP 地址、目的 IP 地址、源接口号及目的接口号等特征信息，进行一种或几种组合模式算法，对报文流进行区分。属于同一特征的报文流从成员链路通过，不同的报文流平均分配到各条成员链路上。如采用源 MAC 地址流量平衡模式，不同源 MAC 地址的报文根据源 MAC 地址在各成员链路间平衡分配；相同源 MAC 地址的报文固定从同一条成员链路进行转发。

6.1.2　链路聚合模式

链路聚合的模式分为静态聚合和动态聚合两种。

静态聚合使用手工配置，通过 LACP（Link Aggregation Control Protocol，链路汇聚控制协议）标准方式实现链路的动态聚合。

1. 静态聚合模式

静态聚合实现简单，用户只需要将指定的物理接口通过链路聚合的配置命令加入同一个聚合组，就可以实现多条物理链路的聚合。骨干链路上的成员接口一旦加入聚合组，即可参与聚合组的数据收发，并实现聚合组中的流量均衡。

通过静态聚合模式配置的聚合组称为静态聚合组。处于静态聚合模式的聚合接口称为静态接口，其对应的成员接口称为静态成员接口。静态聚合组一旦配置好，接口的选中/非选中状态都不会受网络环境的影响，比较稳定。

其中，处于静态聚合组中的成员接口状态主要有以下两种。

（1）成员接口处于 Down 状态，该接口不转发数据，显示为 Down 状态。

（2）成员接口处于 Up 状态，且链路协议激活，该接口转发数据，显示为 Up 状态。

2. 动态聚合模式

动态聚合模式根据网络中收到的数据包的发送端和接收端的信息，使用链路汇聚控制协议调整接口的选中/非选中状态，灵活地实现接口的动态聚合。处于动态聚合模式的聚合组称为动态聚合组。

如果在骨干链路的接口上启用 LACP，该接口就会发送链路聚合控制协议数据单元（Link Aggregation Control Protocol Data Unit，LACPDU）来通告接口上的链路通告消息，包括系统优先级、系统 MAC 地址、接口优先级、接口号和操作 Key 等。

骨干链路上对端设备在收到对端接口发来的 LACP 报文后，会根据 LACP 报文中的系统 ID 信息比较两端系统的优先级。在系统 ID 优先级较高的一端，按照接口 ID 优先级从高到低的顺序设置聚合组内接口的聚合状态，并发出更新后的 LACP 报文。对端设备收到 LACP 报文后，也把相应接口设置成聚合状态。相连接口都完成动态聚合绑定后，该物理链路即可进行数据转发。

实现动态成员链路绑定之后，还需要周期性地进行 LACP 报文交互。如果一个聚合口在很长时间内都没有收到对端发来的 LACP 报文，就认为产生了超时。超时会让聚合的成员链路解除绑定，聚合口重新处于不可转发状态。

发送超时有长超时模式和短超时模式两种。在长超时模式下，接口每隔 30s 发送一次报文，若 90s 没有收到对端报文就算超时；在短超时模式下，接口每隔 1s 发送一个报文，若 3s 没有收到对端报文就算超时。

实施动态聚合需要注意以下几个事项。

（1）只有全双工接口才能进行动态聚合。

（2）接口速率、流控、介质类型等属性必须一致才能进行动态聚合绑定。

（3）修改动态聚合组中的某个成员接口的属性，将导致同聚合组内的其他接口无法进行动态聚合绑定。

（4）已经禁用的成员接口不能加入或退出聚合组；不能将接口加入静态聚合组或者动态聚合组；不能从静态聚合组或者动态聚合组中退出。

6.2 LACP 技术

6.2.1 LACP 技术产生的背景

链路聚合可以通过手工方式配置，由用户创建聚合组号，配置接口成员，如图 6-3 所示。

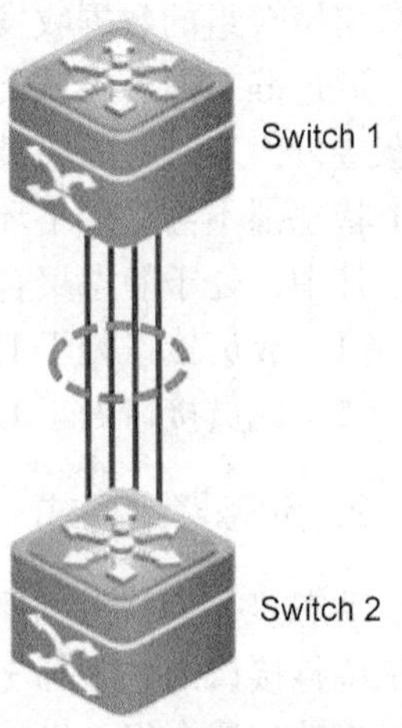

图 6-3 链路聚合示意图

使用手工方式实施链路聚合配置聚合链路实现链路负载分担，是一种最基本的链路聚合方式。在该模式下，成员接口的加入以及配置哪些接口作为活动接口完全通过手工完成。由于没有 LACP 的参与，因此，在使用手工方式配置聚合组时，不会考虑对端设备的汇聚信息，而只对本端设备接口进行汇聚，可能会出现一端汇聚接口和另一端汇聚接口不一致的错误配置，从而容易形成环路。

基于 IEEE 802.3ad 标准的 LACP 是一种实现链路动态汇聚的协议，为交换机提供了一种标准的链路聚合协商方式。LACP 根据接口上的配置（即速率、双工、基本配置、管理 Key）形成聚合链路。聚合链路形成后，LACP 负责维护链路状态。在聚合条件发生变化时，自动调整或解散聚合链路，使两端设备接口在加入或退出时，在动态汇聚组中保持一致。

如图 6-4 所示，核心交换机 Switch A 和 Switch B 通过 3 个吉比特接口连接在一起，设置 Switch A 的系统优先级为 61440，配置 Switch B 的系统优先级为 4096。在 Switch A 和 Switch B 互相连接的 3 个接口上开启 LACP 链路聚合功能，设置 3 个接口的聚合模式为主动模式，设置 3 个接口的优先级为 32768。Switch B 在收到对端的 LACP 报文后，发现系统 ID 优先级更高（Switch B 系统优先级比 Switch A 高），于是按照接口 ID 优先级顺序（在接口优先级相同的情况下，按照接口号从小到大的顺序）设置接口 4、5、6 为聚合状态。

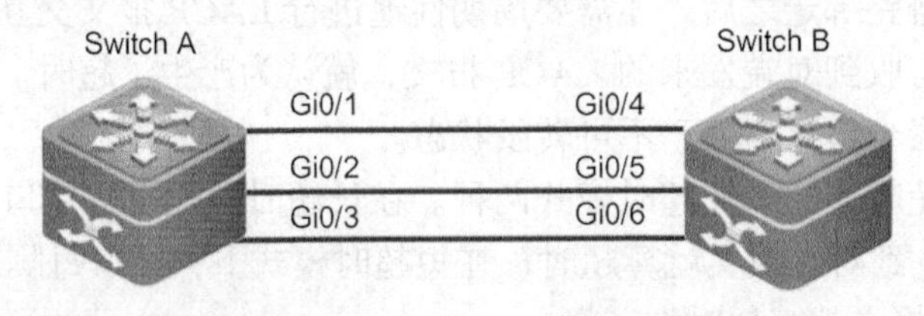

图 6-4 LACP 链路聚合协商

Switch A 收到 Switch B 更新的 LACP 报文后，发现对端系统 ID 优先级比较高，就把接口设置成聚合状态，即把接口 1、2、3 设置成聚合状态，进而完成动态链路的聚合设置。

6.2.2 手工静态聚合

手工聚合模式也称为静态聚合，是一种最基本的骨干链路聚合方式。在该模式下，聚合组的创建、成员接口的加入完全由网络管理员手工配置完成，不需要 LACP 的参与。在该模式下，所有成员接口都参与数据的转发，分担链路上的流量，称为手工负载分担模式。在手工聚合口的情况下，接口上的 LACP 处于关闭状态，并且禁止用户在汇聚接口上打开 LACP。

1. 手工聚合组中的接口状态

在手工聚合链路构成的聚合组中，接口可能处于 Selected 或 Standby 两种状态。其中，处于 Selected（选中）状态的成员接口参与数据转发，因此，该状态的成员接口也称为“选中接口”。处于 Unselected（非选中）状态的成员接口不能参与数据转发，处于此状态中的成员接口也称为“非选中接口”，处于 Standby 状态。

处于 Selected 状态且接口号最小的接口为聚合组的主接口，其他处于 Selected 状态的接口为聚合组的成员接口。由于设备所能支持的聚合组中最多接口数量有限制，如果处于 Selected 状态的接口数超过设备所能支持的聚合组中的最大接口数，系统将按照接口号从小到大的顺序选择一些接口为 Selected 接口，其他则为 Standby 接口。

2. 手工聚合对接口配置的要求

一般情况下，手工聚合要求聚合前接口速率和双工模式等必须保持一致。但对于以下情况，系统会做特殊处理。

（1）对于初始就处于 Down 状态的接口，在聚合时对接口速率和双工模式没有限制。

（2）对于曾经处于 Up 状态的接口，需要自动协商或者配置指定接口的速率和双工模式。而当前处于 Down 状态的接口，在聚合时要求速率和双工模式一致。

在一个聚合组中，当某个接口速率和双工模式发生改变时，系统不进行聚合解散，聚合组中的接口也都处于正常工作状态。但如果主接口出现速率降低和双工模式变化，则该接口的转发可能出现丢包现象。

3. 手工聚合配置

在全局配置模式下，使用如下命令可直接创建一个聚合组（假设聚合口不存在）。

```
Switch(config)#interface aggregateport n                //n为聚合口序号
```

也可以在接口配置模式下，使用“port-group”命令将接口配置成聚合组成员接口，如果这个聚合组不存在，则创建这个聚合组。

```
Switch(config)#interface range  {port-range}  //指定要加入AP的物理接口范围
Switch(config-if-range)# port-group port-group-number
                                  //将该接口加入一个AP(若AP不存在，则创建这个AP)
```

在接口配置模式下，使用“no port-group”命令，可以删除一个聚合组的成员接口。

```
Switch(config-if-range)# no port-group port-group-number
```

6.2.3 LACP 聚合模式

1. 什么是 LACP

LACP 聚合是一种利用 LACP 进行聚合参数协商、确定活动接口和非活动接口的链路聚合方式。该模式下需手工创建聚合口，手工加入成员接口到聚合口中，由 LACP 协商确定活动接口和非活动接口。

LACP 聚合模式也称为 $M:N$ 模式，这种方式可以同时实现链路负载分担和链路冗余备份的双重功能。在动态链路聚合组中，M 条链路处于活动状态，这些链路负责转发数据并进行负载分担；另外 N 条链路处于非活动状态，作为备份链路，不转发数据。M 和 N 的值可以通过配置活动接口数上限阈值来确定。

当 M 条链路中有链路出现故障时，系统会从 N 条备份链路中选择优先级最高的替换出现故障的链路，并开始转发数据。

2. LACP 链路聚合模式

LACP 动态链路聚合也有两种工作模式，分别为动态 LACP 聚合和静态 LACP 聚合。

LACP 通过 LACPDU 报文与对端接口交互链路上的信息，实现链路的聚合。接口在加入聚合组时，需要比较接口的基本配置，只有基本配置相同的接口才能加入同一个聚合组。此外，两端设备所选择的活动接口的相关参数必须保持一致，否则链路聚合组无法建立。

要使两端活动接口保持一致，可以配置其中一端接口具有更高的优先级，另一端接口根据高优先级的一端来选择活动接口。通过设置系统 LACP 优先级和接口 LACP 优先级即可实现优先级区分。其中，LACP 系统优先级是用于区分链路两端优先级高低而配置的参数，值越小，优先级越高。

3. LACP 链路聚合原理

在某接口上配置 LACP 后，该接口将通过发送 LACPDU 报文向对端接口通告自己的系统优先级、系统 MAC 地址、接口优先级、接口号和操作 Key 等链路聚合信息。对端设备的接口接收到这些信息后，将这些信息与所保存的信息进行比较，选择能够聚合的接口，将接口动态地加入某个汇聚组。

其中，操作 Key 是系统进行链路聚合时，用来表现成员接口聚合能力的一个数值。在实施动态接口聚合时，LACP 根据接口上的配置参数（即速率、双工、基本配置、管理 Key）组合自动计算生成，这个信息组合中任何一项的变化都会引起操作 Key 的重新计算。在同一聚合组中，所有选中接口都必须具有相同的操作 Key。

默认情况下，参与动态聚合的接口在启用 LACP 后，其管理 Key 值默认为 0。静态聚合口在启用 LACP 后，接口上的管理 Key 与聚合组 ID 相同。在动态汇聚组中，同组成员一定有相同的操作 Key；而在静态汇聚组中，处于 Selected 状态的接口拥有相同的操作 Key。

6.2.4 LACP 聚合模式之一：静态 LACP 聚合

1. 相关概念

静态 LACP 聚合由用户手工配置，不允许系统自动添加或删除加入到聚合组中的接口。

静态聚合组中必须至少包含一个成员接口。当聚合组只有一个成员接口时，只能通过删除聚合组的方式将该接口从聚合组中删除。静态聚合接口上的 LACP 为激活状态，当一个静态聚合组被删除时，其成员接口将形成一个或多个动态 LACP 聚合组，LACP 都处于激活状态，禁止用户关闭静态聚合口上的 LACP。

静态 LACP 聚合是利用 LACP 进行参数协商，选取活动链路形成的链路聚合模式。

在静态LACP聚合模式下，聚合组的创建、成员接口的加入都通过手工方式配置完成。但与手工方式配置静态链路聚合不同的是，在该模式下，LACP链路通告报文参与活动接口的选择。也就是说，把一组接口加入聚合组后，这些成员接口中哪些接口作为活动接口，哪些接口作为非活动接口，还需要经过LACP报文协商确定，如图6-5所示。

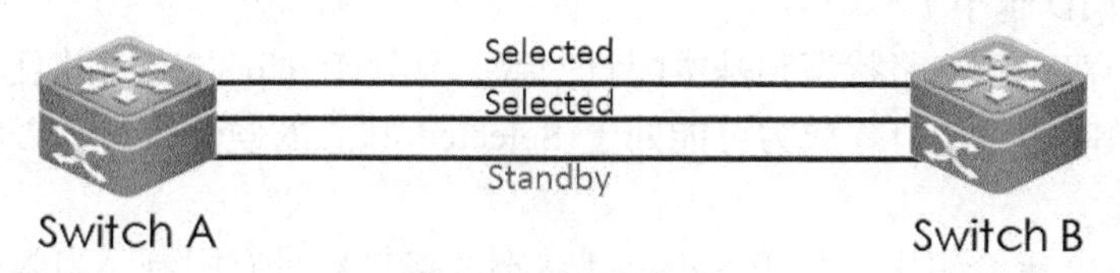

图6-5　静态LACP聚合

在配置完成静态聚合口上的LACP时，如果一个静态LACP聚合组被删除了，则其成员接口将形成一个或多个动态LACP聚合组，并保持为LACP激活工作状态，禁止用户关闭静态聚合接口上的LACP。

2. 静态LACP聚合建立过程

如图6-6所示，首先，在核心设备Switch A和Switch B上创建聚合组，并配置互连接口为静态LACP聚合模式；其次，向聚合组中用手工方式加入成员接口。此时，成员接口上便自动启用了LACP，两端互相发送LACPDU报文。

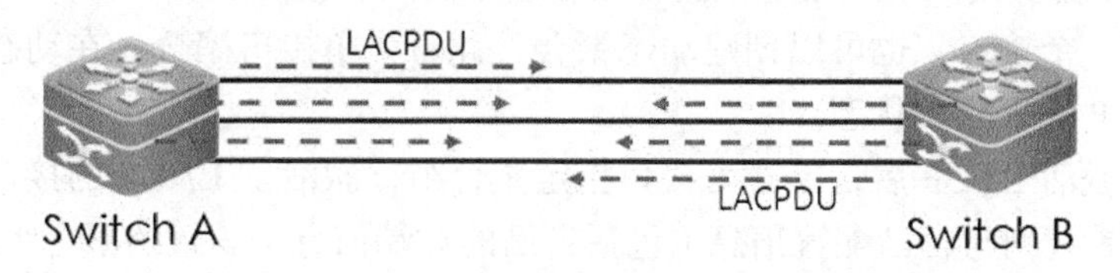

图6-6　静态LACP聚合互发LACPDU报文

本端系统和对端系统会进行LACP报文协商，聚合组的建立过程如下。

步骤1：两端设备互相发送LACPDU报文。

步骤2：两端设备根据系统LACP报文优先级确定主从关系，根据接口上LACP优先级确定活动接口，通过主动端设备上的活动接口确定两端的活动接口。

步骤3：聚合组中的两端设备均会收到对端发送来的LACP报文，本端系统和对端系统会根据两端系统中的设备ID和接口ID等信息，来决定两端接口的状态。

3. 静态LACP聚合中接口协商

在静态LACP聚合组中，接口可能处于Selected、Unselected或Standby 3种状态。

聚合组中的接口状态通过本端系统和对端系统进行协商，根据两端系统中的设备ID、接口ID等信息来确定。

静态LACP聚合中接口状态具体协商原则如下所述。

首先，比较两端系统的设备ID（设备ID = 系统LACP优先级+系统MAC地址）。先比较系统LACP优先级，如果相同，再比较系统MAC地址。设备ID小的一端被认为较优（系统LACP优先级越小、系统MAC地址越小，则设备ID越小），认为其是主设备，优先级较低的设备是从设备。

其次，在 LACP 静态聚合组协商成功之后，对组内的接口进行比较，通过比较接口 ID（接口 ID = 接口 LACP 优先级+接口号）选出参考接口。先比较接口 LACP 优先级，如果优先级相同，再比较接口号。接口 ID 小的接口作为参考接口（接口 LACP 优先级越小、接口号越小，则接口 ID 越小）。

只有速率、双工、链路状态和基本配置一致，且处于 Up 状态，并且对端接口与参考接口的配置一致时，该接口才成为可能处于 Selected 状态的候选接口；否则，接口将处于 Unselected 状态。

在静态 LACP 聚合组中，处于 Selected 状态的接口数量有限制，当候选接口的数目未达到上限时，所有候选接口都为 Selected 状态，其他接口为 Unselected 状态。当候选接口的数目超过这一限制时，须根据接口 ID（接口 LACP 优先级、接口号）选出 Selected 状态的接口。而因为数目限制，不能加入聚合组的接口设置为 Standby 状态，其余不满足加入聚合组的条件的接口设置为 Unselected 状态。

6.2.5 LACP 聚合模式之二：动态 LACP 聚合

动态 LACP 聚合是一种系统自动创建或删除的聚合模式，聚合组内接口的添加和删除通过 LACP 自动协商完成。只要在接口上激活了 LACP，且接口具有相同速率和属性，连接到同一个设备，有相同的基本配置，就能通过 LACP 自动创建、自动删除链路上的动态 LACP 聚合，不需要用户手工增加或删除聚合组中的成员接口。

即使只有一个接口，也可以创建动态聚合，此时为单接口聚合。在动态链路聚合中，接口上的 LACP 处于激活状态。

在接口上激活 LACP 后，不必为接口指定聚合组，激活了 LACP 的接口会自己寻找动态聚合组。如果找到与自己配置信息（包括自己的对端信息）一致的聚合组，则直接加入；如果没有找到与自己配置信息一致的聚合组，则自动创建一个新的聚合组。

动态 LACP 聚合与对端互连接口的协商过程，和静态聚合的过程一样。

6.3 配置链路聚合

6.3.1 配置静态聚合

1. 配置命令

静态链路聚合技术通过手工方式设置链路聚合，可使用以下命令完成配置。

```
Interface aggregateport              //创建一个 AP 接口
Port-group                           //配置静态 AP 成员接口
Show aggregateport summary           //查看 AP 接口配置信息
Aggregateport load-balance
                        //设置 AP 接口流量平衡算法，指定当前聚合链路流量均衡模式
```

通过手工方式添加聚合成员口，将多个物理接口绑定，可以实现链路聚合。聚合后的逻辑链路带宽是成员链路带宽的总和。如果聚合链路中有一条成员链路断开，则系统会将

该成员链路的流量自动分配到聚合链路中的其他成员链路上。

如果启用链路聚合 AP 口上的三层路由功能，则可以在聚合链路接口上配置 IP 地址，生成静态路由表项等。可以先将二层聚合链路接口转换为三层聚合链路接口，再在三层聚合链路接口上启用路由功能。

```
No switchport  //在三层 AP 接口上启用路由功能
    //该功能可在三层交换机或者无线 AC 等支持二、三层功能和聚合链路功能的设备上配置
```

2. 注意事项

在配置静态聚合时需要注意以下几点。

（1）只有物理接口才允许加入聚合组。不同介质类型或不同接口类型的接口不允许加入同一个聚合组。

（2）二层接口只能加入二层聚合组，三层接口只能加入三层聚合组；加入成员接口的聚合组不允许改变二层/三层属性。

（3）一旦一个接口加入到聚合组中，接口的属性就将被聚合组的属性所取代。一个成员接口从聚合组中删除时，该成员接口属性将恢复到加入聚合组前的属性。

当一个接口加入聚合组后，该成员接口的属性被聚合组接口的属性取代，不允许在聚合组中的成员接口上再进行配置，或者将配置单独生效到聚合组成员接口上。一些少数命令，如 shutdown 和 no shutdown 等，仍然可以在聚合组的成员接口上配置，且配置能生效。用户在使用聚合组成员接口时，需要根据具体的功能要求确定是否支持单独聚合组成员接口上的配置。

3. 配置过程

在图 6-7 所示的拓扑中，某校园网络中心分别通过 Switch A 与 Switch B 承担网络中心数据流量的汇聚功能。为保障核心网络的冗余和备份，希望实现骨干链路聚合，增强核心网络的稳定性。将 Switch A 上的接口 Gi0/1 和 Gi0/2 加入静态聚合组 AP3；将 Switch B 上的接口 Gi0/1 和 Gi0/2 也加入静态聚合组 AP3。在 Switch A 和 Switch B 上配置聚合流量均衡模式，实施基于源 MAC 地址的流量均衡。

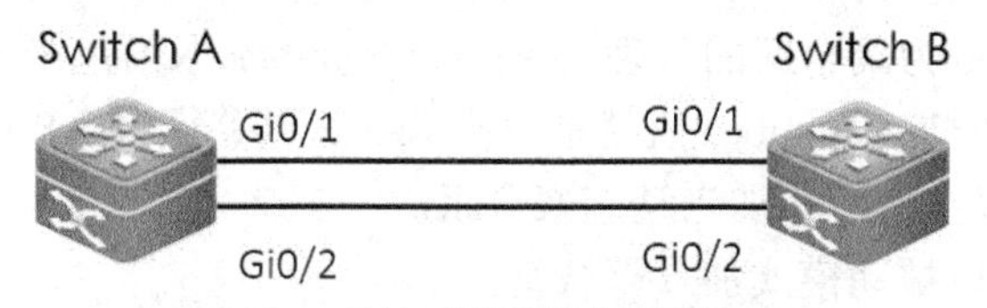

图 6-7 某校园网络数据流量聚合

示例 6-1：配置图 6-7 所示的网络核心设备的静态聚合链路，实现负载均衡。

（1）配置 Switch A，命令如下。

```
SwitchA#configure terminal
RouterA(config)#interface FastEthernet 1/0
SwitchA(config)#interface range GigabitEthernet 0/1-2
SwitchA(config-if-range)#port-group 3
```

```
SwitchA(config-if-range)#exit
SwitchA(config)#aggregateport load-balance src-mac
SwitchA(config)#exit
```

（2）查看对应关系，命令如下。

```
SwitchA#show aggregateport summary    //查看 AP 接口和成员接口的对应关系
AggregatePort  MaxPorts  SwitchPort  Mode        Ports
------------- -------- ---------- ------ ------------------------------
Ag3            8         Enabled     Access      Gi01/1,Gi0/2
```

（3）配置 Switch B，命令如下。

```
SwitchB#configure terminal
SwitchB(config)#interface range GigabitEthernet 2/1-2
SwitchB(config-if-range)#port-group 3
SwitchB(config-if-range)#exit
SwitchB(config)#aggregateport load-balance src-mac
SwitchB(config)#exit

SwitchB#show aggregateport summary    //查看 AP 接口和成员接口的对应关系
AggregatePort  MaxPorts  SwitchPort  Mode        Ports
------------- -------- ---------- ------ ------------------------------
Ag3            8         Enabled     Access      Gi0/1,Gi0/2
```

6.3.2 配置动态链路聚合

动态链路聚合主要通过配置 LACP 来设置物理接口的链路聚合。

1. 将指定接口配置为 LACP 的成员接口

在接口模式下，将指定接口配置为 LACP 中的成员接口。在支持 LACP 的设备上进行配置。开启 LACP 功能时，需要配置对应的 LACP 成员接口。

```
port-group key-number mode  { active | passive }
```

其中，key-number 为聚合组的管理 key；key-number 取值范围根据产品支持聚合组数量的不同而不同，这个 key-number 值就是对应 LACP 链路聚合 AP 接口的接口号。

active 表示接口以主动模式加入动态聚合组。

passive 表示接口以被动模式加入聚合组。

2. 配置 LACP 系统优先级

LACP 系统优先级需要在全局模式下配置。

```
lacp system-priority
```

其中，system-priority 是 LACP 的系统优先级，可选值为 0～65535，默认优先级为 32768。

调整该设备系统优先级时，配置值越小，系统优先级越高；系统优先级高的设备，优先选择聚合口。

3. 调整接口优先级

接口优先级需在全局模式下配置，配置值越小，接口优先级越高。接口优先级高的接口会被优选为主接口，配置命令如下。

```
lacp port-priority
```

其中，port-priority 为接口优先级，可选值为 0～65535，默认优先级为 32768。

4. 配置接口超时模式

默认情况下，LACP 成员接口的接口超时模式为长超时。若需要在实时感知链路故障的场景中使用，则应将其配置成短超时模式，命令如下。

```
lacp short-timeout
```

5. 开启发送聚合组成员接口 LinkTrap 通告功能

开启发送聚合组成员接口 LinkTrap 通告功能的命令如下。

```
aggregateport member linktrap    //打开发送 AP 成员接口 LinkTrap 的通告功能
```

6. 查看 LACP 聚合链路状态

查看 LACP 聚合链路状态的命令如下。

```
show lacp summary    //查看 LACP 聚合链路状态
```

通过以上配置，相连设备根据 LACP 自动协商动态聚合链路。

配置 LACP 时，需要注意以下几个注意事项。

将普通接口加入到某个 LACP 聚合组成员接口中后，当该接口再次从 LACP 聚合组接口中退出时，普通接口上原先的相关配置恢复为默认配置。不同功能对 LACP 聚合组成员接口原有配置的处理方式有所不同。因此，建议在成员接口从 LACP 聚合组接口中退出后，查看并确认接口配置。此外，改变 LACP 系统优先级，可能引起 LACP 成员接口先出现聚合解散再聚合的现象。改变 LACP 接口的优先级，也可能引起该 LACP 成员接口对应聚合组中的所有接口出现解散聚合后再聚合的现象。

6.4 网络实践：配置 LACP 动态链路聚合

【任务描述】

图 6-8 所示为某校园网络中心核心交换机连接场景，通过 Switch A 与 Switch B 承担网络中心数据流量聚合功能。为提高网络的智能化水平，实施动态链路聚合，实现骨干链路上带宽的聚合。在 Switch A 上设置 LACP 系统优先级为 4096。在 Switch A 的接口 Gi0/1 和 Gi0/2 上启用 LACP，将其加入 LACP 3。在 Switch B 上设置 LACP 系统优先级为 61440，在 Switch B 的 Gi0/1 和 Gi0/2 接口上启用 LACP，将其加入 LACP 3。

【网络拓扑】

网络拓扑如图 6-8 所示，配置核心设备的 LACP 聚合。

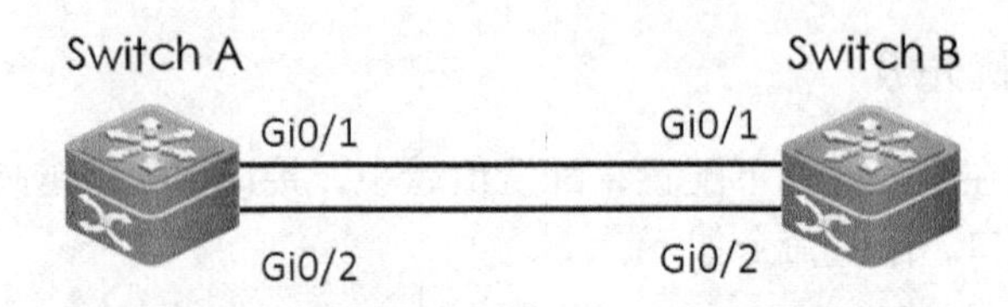

图 6-8　某校园网络中心核心交换机连接场景

【设备清单】

三层交换机（两台）。

【实施步骤】

步骤 1：配置 Switch A。

```
SwitchA#configure terminal
SwitchA(config)#lacp system-priority 4096
SwitchA(config)#interface range GigabitEthernet 0/1-2
SwitchA(config-if-range)#port-group 3 mode active
SwitchA(config-if-range)#end
```

步骤 2：配置 Switch B。

```
SwitchB#configure terminal
SwitchB(config)#lacp system-priority 61440
SwitchB(config)#interface range GigabitEthernet 0/1-2
SwitchB(config-if-range)#port-group 3 mode active
SwitchB(config-if-range)#end
```

步骤 3：在 Switch A 上使用“show LACP summary”命令，查看 LACP 聚合配置信息及成员接口的对应关系。

```
SwitchA#show LACP summary 3
System Id:32768, 00d0.f8fb.0001
Flags: S - Device is requesting Slow LACPDUs
F - Device is requesting Fast LACPDUs.
A - Device is in active mode. P - Device is in passive mode.
Aggregate port 3:
Local information:
LACP port Oper Port Port
Port Flags State Priority Key Number State
----------------------------------------------------------------------
Gi0/1 SA bndl 32768 0x3 0x10x3d
Gi0/2 SA bndl 32768 0x3 0x20x3d
Partner information:
```

```
LACP port Oper Port Port
Port  Flags Priority Dev            ID  Key NumberState
--------------------------------------------------------------------
Gi0/1 SA    32768    00d0.f800.0002 0x3 0x1 0x3d
Gi0/2 SA    32768    00d0.f800.0002 0x3 0x2 0x3d
```

6.5 认证测试

1. 网络管理员想了解核心交换机的下连接口是否启用了链路口聚合，聚合了哪些成员接口。以下可以查看现有聚合组中成员的命令是（　　）。

A. Ruijie#show aggregatePort summary

B. Ruijie#show aggregatePort 1 brief

C. Ruijie#show aggregatePort 1 group

D. Ruijie#show aggregatePort 1 neighbor

2. 为使接入交换机实现高带宽传输，经常需要对网络中的骨干链路进行聚合。在交换机中，可以把一个接口加入聚合组 20 的命令是（　　）。

A. Ruijie(config)#channel-group 20

B. Ruijie(config-if)#channel-group 20

C. Ruijie(config)#port-group 20

D. Ruijie(config-if)#port-group 20

3. 网络中心的核心交换机和聚合交换机之间通过两条物理链路连接，其中一条链路被生成树阻断。为了提高核心和聚合之间的带宽，在核心交换与聚合交换的互连接口上执行了 port-group 1 命令。该命令执行的结果是（　　）。

A. 接口成了组播组 1 的成员

B. 接口成了聚合组 1 的成员

C. 接口成了 MSTP Instance 1 的成员

D. 接口调用了 ACL 1，并不会增加带宽

4. 在交换机上配置聚合口时，需要根据网络的实际情况配置聚合组的负载平衡模式。在以下模式中，不属于聚合口负载平衡模式的是（　　）。

A. 基于源 MAC 地址

B. 基于源接口号

C. 基于源 MAC 地址+目的 MAC 地址

D. 基于源 IP 地址

5. 两台相邻的交换机上既开启生成树又配置了链路聚合，通过 4 条物理链路相连，其中每两条链路为一个聚合组。对于使用哪条链路转发数据的说法，下列选项中正确的是（　　）。

A. 只有一条物理链路转发数据，其他链路被生成树协议阻断

B. 4 条物理链路同时转发数据，因为接口聚合优先于生成树协议

C. 只有 1 个聚合组在转发数据，另一个聚合组被生成树协议阻断

D. 每一个聚合组中都有一条物理链路在转发数据，另一条链路被生成树阻断

6. 将一个交换机的成员接口从聚合组中删除后，该接口为（　　）。

A. Access 接口，且属于 VLAN 1

B. Trunk 接口，且 VLAN 许可列表中包含了所有当前 VLAN

C. 继承聚合组的属性

D. 恢复为加入聚合组之前的属性

7. 两台 S3760E-24 交换机的 Gi25-26 接口做聚合加入聚合组 1，使用“show interfaces aggregateport 1”命令查看聚合组状态，接口速率为（　　）kbit/s。

A. 1000000　　B. 2000000　　C. 100000　　D. 200000

8. 链路聚合技术是将多个物理接口聚合在一起，形成一个聚合组，以实现在各成员接口中的负载分担。接口聚合是在（　　）上实现的。

A. 物理层　　B. 数据链路层　　C. 网络层　　D. 传输层

9. 二层交换网络中的环路容易引起的问题有（　　）【选择两项】。

A. 链路带宽增加　　B. 广播风暴

C. MAC 地址表不稳定　　D. 接口无法聚合

单元7 使用 DHCP 实现动态编址

【技术背景】

接入到互联网中的每一台设备都需要一个全球唯一的 IP 地址，在小型网络中（如家庭网络和办公网），网络管理员可以采用手工分配 IP 地址的方法；而对于中、大型网络，这种方法不太适用。特别是对于大型网络而言，其中往往有数千台客户机，手工分配 IP 地址的方法就更不合适了，因此需要引入一种高效的 IP 地址分配方法，有效解决网络中地址自动分配这一难题。

如图 7-1 所示，通过在网络中心架设一台 DHCP 服务器，使用 DHCP 技术为全网的设备自动分配 IP 地址，大大地优化了网络中主机 IP 地址的管理和维护工作。

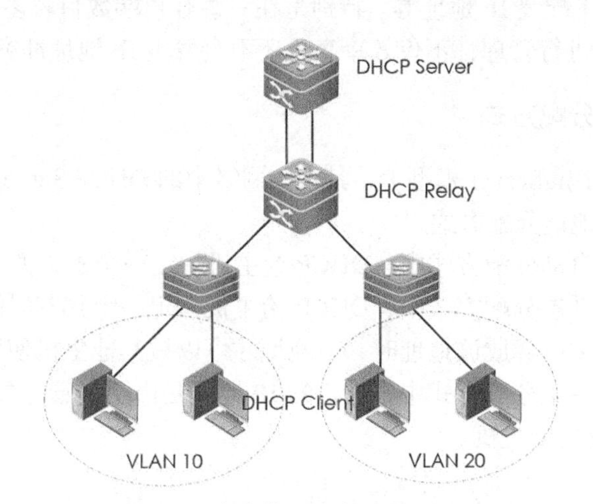

图 7-1　在交换网络中配置 DHCP

本单元帮助读者了解 DHCP，掌握 DHCP 技术的应用和工作原理。

【技术介绍】

动态主机配置协议（Dynamic Host Configuration Protocol，DHCP）是一种在局域网中常用的动态地址编址技术，用于简化局域网中 IP 地址的配置和维护工作。

DHCP 基于局域网中的 Client/Server 工作模式，网络中的客户端设备通过发送 IP 地址请求消息，向 DHCP 服务器获取 IP 地址等其他配置信息；DHCP 服务器为局域网中的客户端分配 IP 地址并提供主机配置参数。当 DHCP 维护的客户端与服务器不在同一个子网中时，必须配置 DHCP 中继代理（DHCP Relay）来转发 DHCP 请求和应答消息。

7.1 DHCP 应用背景

1. 什么是 DHCP

DHCP 是 TCP/IP 协议族中的应用层协议，其前身是 BOOTP 引导协议。BOOTP 引导协议应用在相对静态的环境中，为网络中的主机指定一个永久网络连接，管理人员通过创建一个 BOOTP 配置文件来定义每台主机的 BOOTP 参数。在经常移动或实际计算机数超过可分配 IP 地址数时，这种只提供从主机标识到主机参数的静态映射方式就存在很大的局限性。为此科技人员开发了 DHCP，不仅可以为主机分配 IP 地址，还可以为主机分配网关地址、DNS 服务器地址、WINS 服务器地址等信息。

DHCP 从两个方面对 BOOTP 协议进行了优化。首先，DHCP 允许计算机快速、动态地获取 IP 地址，即它是动态分配 IP 地址的机制；其次，DHCP 可以使计算机使用一个消息获取它所需要的所有配置信息。

简单来说，就是在 DHCP 服务器上配置一个地址数据库，存放着 IP 地址、网关地址、DNS 服务器 IP 地址等参数。当客户端设备请求使用时，服务器负责将相应的参数分配给客户端，避免客户端手工配置 IP 地址等。特别是在一些客户端数目较多的大规模网络中，使用 DHCP 对这些机器进行管理，不仅效率高，还不会发生 IP 地址冲突。

2. DHCP 地址分配方式

DHCP 建立在 Client/Server 模型上，其中，网络中的 DHCP Server 负责分配网络地址。DHCP 支持如下 3 种地址分配方式。

（1）自动分配。自动分配方式中，DHCP 给主机指定一个永久的 IP 地址。

（2）动态分配。动态分配方式中，DHCP 给主机指定一个具有时间（租期）限制的 IP 地址，当租期到期或主机释放该地址时，该地址才可以被其他主机使用。

（3）手工分配。手工分配方式中，主机的 IP 地址是由网络管理员手工指定的，DHCP 只把指定的 IP 地址分配给主机。

7.2 DHCP 工作原理

7.2.1 DHCP 地址分配

DHCP 使用 UDP 作为传输协议，使用 UDP 67 和 UDP 68 两个接口号进行传输。从客户端到达 DHCP 服务器的报文使用目的接口 67；从 DHCP 服务器到达客户端的报文使用目的接口 68。由于 DHCP 是基于 BOOTP 引导协议发展起来的，所以它使用与 BOOTP 相同的传输协议和接口号。

DHCP 的工作流程共分为 4 个阶段，分别为发现阶段、提供阶段、选择阶段和确认阶段，如图 7-2 所示。

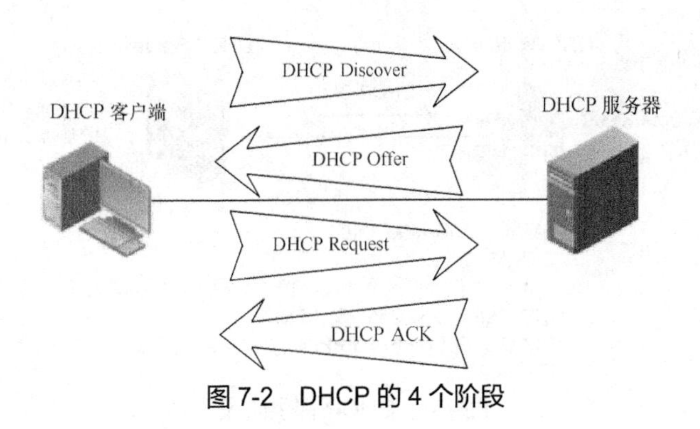

图 7-2 DHCP 的 4 个阶段

1. 发现阶段

发现阶段是网络中 DHCP 客户端寻找 DHCP 服务器的阶段。网络中的 DHCP 客户端使用目的 IP 地址 255.255.255.255 和目的 MAC 地址 FFFF.FFFF.FFFF，以广播方式发送 DHCP Discover 报文来发现 DHCP 服务器，因为 DHCP 服务器的 IP 地址对于客户端来说是未知的。

网络中每一台安装了 TCP/IP 的主机都会接收到这个广播报文，但只有 DHCP 服务器才会做出响应，如图 7-3 所示。

图 7-3 DHCP 发现阶段

2. 提供阶段

提供阶段是 DHCP 服务器提供 IP 地址的阶段。在网络中，接收到 DHCP Discover 报文的 DHCP 服务器都会做出响应，从尚未分配出去的 IP 地址中挑选一个分配给请求的客户端，并向 DHCP 客户端发送一个包含分配的 IP 地址和其他参数信息的 DHCP Offer 报文，如图 7-4 所示。

DHCP 服务器遵守先来先服务的规则，或者说它能够建立一个 IP 地址和终端设备 MAC 地址之间的映射表，以保证请求的终端每次开机后都能够获得相同的 IP 地址。

3. 选择阶段

选择阶段是 DHCP 客户端选择网络中某台 DHCP 服务器提供的 IP 地址的阶段。如果有多台 DHCP 服务器向 DHCP 客户端发送了 DHCP Offer 报文，则 DHCP 客户端只接收第一个收到的 DHCP Offer 报文。此后，DHCP 客户端以广播方式响应一个 DHCP Request 报文，该报文中包含其所选定的 DHCP 服务器请求 IP 地址以及其所选定的服务器，该消息也通过隐含方式拒绝其他服务器提供的 IP 地址。

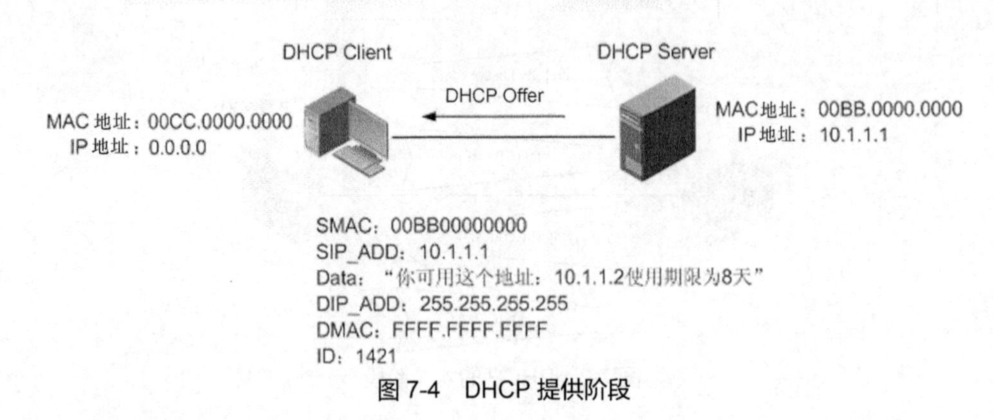

图 7-4　DHCP 提供阶段

之所以要以广播方式发送，是为了通知网络中的所有 DHCP 服务器，它只选择一台 DHCP 服务器所提供的 IP 地址，如图 7-5 所示。

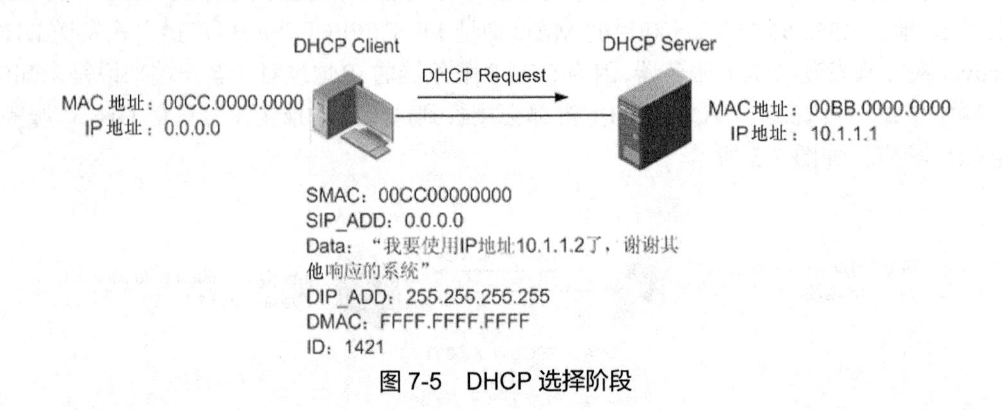

图 7-5　DHCP 选择阶段

4．确认阶段

确认阶段是 DHCP 服务器确认其提供的 IP 地址有效的阶段。当 DHCP 服务器收到 DHCP 客户端的 DHCP Request 报文之后，它便向 DHCP 客户端发送一个包含它所提供的 IP 地址和其他参数设置信息的 DHCP ACK 报文，告诉 DHCP 客户端可以使用它所提供的 IP 地址。DHCP 客户端收到 DHCP ACK 报文后，将使用该 IP 地址配置其所在的网络连接。

另外，除 DHCP 客户端选中的那台服务器外，其他 DHCP 服务器都将收回曾提供的 IP 地址，而不再发送 DHCP ACK 报文，如图 7-6 所示。

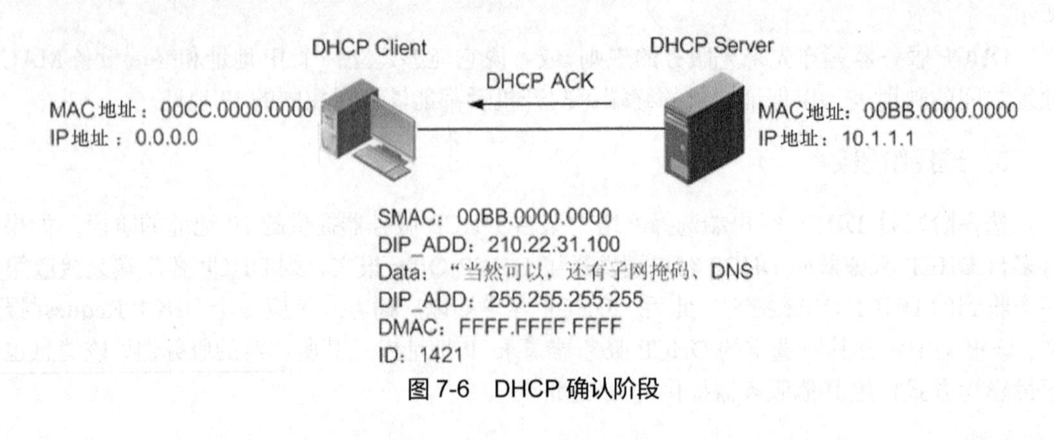

图 7-6　DHCP 确认阶段

7.2.2 DHCP 状态

当客户端使用 DHCP 获取其 IP 地址时，通常经历 6 种状态，包括初始状态（INIT）、选择状态（SELECTING）、请求状态（REQUESTING）、已绑定状态（BOUND）、重绑定状态（REBINDING）及刷新状态（RENEWING）。

图 7-7 所示为 DHCP 客户端状态转换图，该图没有表示出所有可能出现的情况，但它给出了在客户端设备上正常获取地址过程中所涉及的多种状态之间的转换信息。

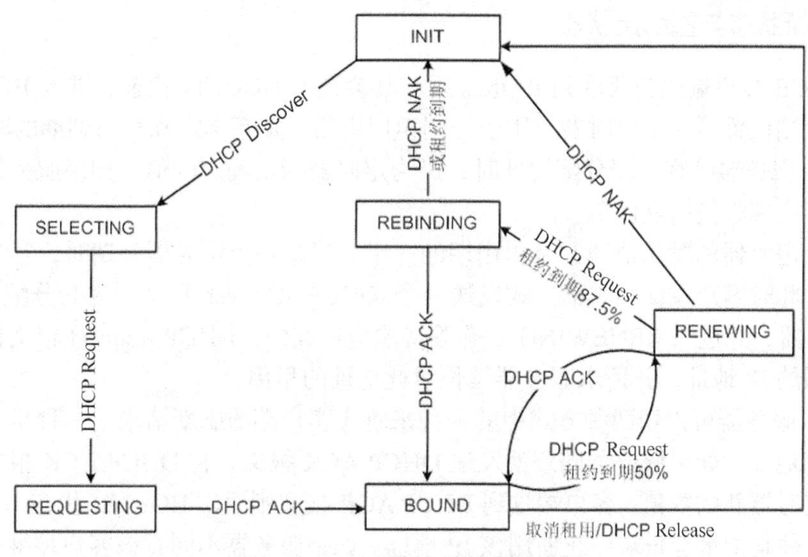

图 7-7 DHCP 客户端状态转换图

在 DHCP 地址分配过程中，DHCP Discover 报文和 DHCP Request 报文都使用二层广播 MAC 地址通告消息，但是 DHCP Offer 报文和 DHCP ACK 报文根据不同的实现要求，会使用单播 MAC 地址或广播 MAC 地址。

1. 初始状态

当 DHCP 客户端第一次启动时，它将进入 INIT 状态。为了获取一个 IP 地址，客户端在本地网络上广播 DHCP Discover 报文，请求发现本地网络中的所有 DHCP 服务器，并进入到 SELECTING 状态。

2. 选择状态

本地网络中所有 DHCP 服务器都会接收 DHCP Discover 报文，所有 DHCP 服务器也都发送 DHCP Offer 报文来响应客户端请求，客户端收集所有 DHCP 服务器发送的 DHCP Offer 报文。

3. 请求状态

处于 SELECTING 状态时，客户端从 DHCP 服务器获得 DHCP Offer 响应。每台 DHCP 服务器做出响应，除提供用于客户端的配置信息外，服务器还包括提供给客户端的一个 IP

地址。客户端选择其中一台 DHCP 服务器做出一个响应（通常是第一个到达的响应），并与服务器协商租用。此后，客户端发送给服务器一个 DHCP Request 报文，并进入 REQUESTING 状态。

4. 已绑定状态

DHCP 服务器确认客户端已接受请求并开始租用该 IP 地址后，服务器发送一个 DHCP ACK 报文。客户端收到确认后进入 BOUND 状态，此时，客户端可开始使用此 IP 地址。

5. 刷新状态与重绑定状态

当 DHCP 客户端成功获取到 IP 地址后，其会进入 BOUND 状态。进入 BOUND 状态以后，客户端设置了 3 个定时器，用于控制租用更新、重新绑定和租约到期的时间。

DHCP 服务器给客户端分配地址时，可为定时器指定确定的值，如果服务器未指定定时器值，客户端就使用默认值。

第一个定时器的默认值通常是租用期的一半。当第一个定时器到期时，客户端尝试刷新租用期。此时客户端使用单播方式发送一个 DHCP Request 报文到为其分配 IP 地址的 DHCP 服务器，并进入 RENEWING 状态等待响应。其中，DHCP Request 报文包含该客户端正在使用的 IP 地址，并请求服务器延长对此地址的租用。

DHCP 服务器可以用两种方式中的一种来响应客户端的刷新请求。一种是同意客户端继续使用此地址，如果服务器同意就发送 DHCP ACK 报文，在 DHCP ACK 报文中也可含有客户端定时器新的数值。客户端收到 DHCP ACK 报文则返回 BOUND 状态，并继续使用地址。另一种是指示客户端停止使用该 IP 地址。如果服务器不同意该客户端继续使用，则发送一个 DHCP NAK 报文,使客户端立即停止使用该 IP 地址。客户端一旦收到 DHCP NAK 报文，就立即停止使用该 IP 地址，并返回到 INIT 状态。

其中，第二种定时器的默认值为租用期的 87.5%。当第一个定时器到期后（即租约到达一半后），客户端发送 DHCP Request 报文，并进入 RENEWING 状态。如果在该状态下，直到第二个定时器到期时还未收到服务器的响应报文，则客户端使用广播方式发送 DHCP Request 报文，并进入 REBINDING 状态。在该状态下，同在 RENEWING 状态一样，如果服务器做出响应同意客户端继续使用该地址（DHCP ACK），则客户端返回 BOUND 状态；如果服务器不同意继续使用（DHCP NAK），则返回 INIT 状态。

当第三个定时器到期，即 IP 地址租约到期后，如果处于 REBINDING 状态的客户端仍未收到服务器的响应，则客户端返回 INIT 状态，并重新开始 DHCP 请求过程。

7.2.3 地址释放

当网络中客户端使用一个分配的 IP 地址进行通信时，它保持在 BOUND 状态。如果客户端有辅助存储器，客户端将存储分配给它的 IP 地址，并在再次重启动时申请使用同一个地址。

但在某些情况下，处于 BOUND 状态的客户端可能发现它不再需要一个 IP 地址。此时，DHCP 允许客户端终止租用，无须再等待租约过期。在这种方式下，DHCP 服务器可以提供的 IP 地址比连接到网络的主机数少时重要。如果客户端不再需要 IP 地址时及时终止租用，服务器就可以将此 IP 地址分配给其他客户端使用。

为了提前终止租用，客户端会发送一个 DHCP Release 报文到 DHCP 服务器中，客户端离开绑定状态，停止使用该 IP 地址，后续再需要获取其他 IP 地址时，将重新从 INIT 状态开始。

7.2.4 DHCP 报文类型

DHCP 报文格式如图 7-8 所示。

0	8	16	24 31
OP	HTYPE	HLEN	HOPS
TRANSACTION ID			
SECONDS		FLAGS	
CIADDR			
YIADDR			
SIADDR			
GIADDR			
CHADDR(16bytes)			
SNAME(64bytes)			
FILE(128bytes)			
OPTIONS(312bytes)			

图 7-8 DHCP 报文格式

（1）OP：表示是请求（Request）还是响应（Reply）报文。1 表示请求报文，2 表示响应报文。客户端发送给服务器的报文将该字段置为 1；服务器发送给客户端的报文将该字段置为 2。

（2）HTYPE：网络硬件类型，Ethernet 置为 1。

（3）HLEN：硬件地址长度，Ethernet 置为 6。

（4）HOPS：跳数，被客户端置为 0。通过 DHCP 中继代理时，被 DHCP 中继代理使用。

（5）TRANSACTION ID：事务 ID，客户端设备选择的随机数，客户端设备和服务器之间通过该 ID 发送请求报文和响应报文。

（6）SECONDS：客户端获取地址所经历的时间（s）。当客户端没有收到服务器响应而重发 DHCP Discover 时，该字段填入经历时间。

（7）FLAGS：标志，共 2 字节（16bits），最左边一个 bit 表示广播标记，其余 bit 保留（服务器和中继代理必须忽略这些 bit）。

（8）CIADDR：客户端 IP 地址，如果客户端想继续使用之前获得的 IP 地址，则将地址填入该字段。只有在客户端处于 BOUND、RENEWING 或者 REBINDING 状态时，才会将地址填入该字段。

（9）YIADDR：服务器发送给客户端的 DHCP Offer 与 DHCP ACK 报文中将分配给客户端的地址填入该字段。

（10）SIADDR：下一个服务器的 IP 地址。服务器将在 DHCP Offer、DHCP ACK 报文的该字段中填入地址信息。

（11）GIADDR：当使用 DHCP 中继代理时，该字段填入中继代理的地址。

（12）CHADDR：客户端的硬件地址。

（13）SNAME：服务器的主机名。

（14）FILE：客户端启动的引导文件名。

（15）OPTIONS：选项字段变长，包含租约、报文类型等信息。选项字段最多包含 255 个选项，最少为 1 个选项。选项中的 Code 字段唯一地标识了一个选项，Length 字段指定了 Data 字段长度，不包括 Code 字段和 Length 字段，如图 7-9 所示。DHCP 服务器和 DHCP 客户端通过 Option 43 交换厂商特定信息，Option 43 称为厂商特定信息选项。

Code	Length	Data

图 7-9　选项字段格式

图 7-10 所示为 DHCP 报文类型选项，Code(53)表示 DHCP 报文类型。

Code (53)	Length (1)	Data (1～8)

图 7-10　DHCP 报文类型选项

其中，Data 字段表示不同的报文类型。DHCP 报文类型如表 7-1 所示。

表 7-1　DHCP 报文类型

Data 字段	DHCP 报文类型	描述
1	DHCP Discover	客户端开始 DHCP 过程的第一个请求报文
2	DHCP Offer	服务器对 DHCP Discover 报文的响应
3	DHCP Request	客户端对 DHCP Offer 报文的响应
4	DHCP Decline	当客户端发现服务器分配给它的 IP 地址无法使用，如 IP 地址发生冲突时，将发送此报文通知服务器
5	DHCP ACK	服务器对 DHCP Request 报文的响应，客户端收到此报文后才真正获得了 IP 地址和相关配置信息
6	DHCP NAK	此报文是服务器对客户端的 DHCP Request 报文的拒绝响应，客户端收到此报文后，通常会重新开始 DHCP 过程
7	DHCP Release	此报文是客户端主动释放获得的 IP 地址，当服务器收到此报文后就可以收回 IP 地址并分配给其他客户端
8	DHCP Inform	当客户端已经通过其他方式（如手工配置）获得了地址后，可以使用 DHCP Inform 报文获取其他配置参数

7.3 DHCP 中继代理

7.3.1 DHCP 中继代理的应用

大型园区网络中大多会存在多个子网，DHCP 客户端通过广播 DHCP Discover 报文发现 DHCP 服务器，获得 IP 地址等其他配置信息。但广播消息不能跨越子网，默认情况下，DHCP 请求的广播消息不被路由器和本地网络中的三层路由设备转发。

如果 DHCP 客户端和服务器位于不同子网，三层路由设备不对 DHCP Discover 广播报文进行转发，客户端就不能成功向服务器申请到 IP 地址，在这种情况下，就需要使用到 DHCP 中继代理功能。

DHCP 中继代理实际上是一种转发机制，安装或支持 DHCP 中继代理协议的主机或三层路由设备称为 DHCP 中继代理服务器，它承担不同子网之间的 DHCP 客户端和服务器的通信任务。DHCP 中继代理在不同子网之间，为客户端和服务器之间转发 DHCP/BOOTP 消息，提供 DHCP 广播报文的透明传输功能，能够把 DHCP 客户端（或服务器）广播报文透明地传送到其他网段中的 DHCP 服务器（或客户端）上，如图 7-11 所示。

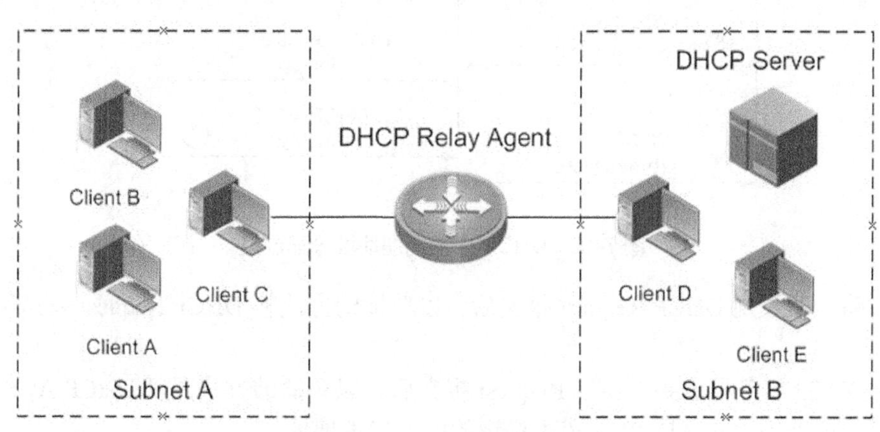

图 7-11 DHCP 中继代理

7.3.2 DHCP 中继代理工作原理

DHCP 中继代理将它从一个物理接口上收到的广播 DHCP/BOOTP 消息，使用单播方式中转到其他相连的物理接口，以及连接的远程子网中，从而将 DHCP 请求消息中继到 DHCP 服务器上。

图 7-12 呈现了图 7-11 所示场景中，一个子网 Subnet A 中的客户端设备 Client A 如何跨越不同子网从 Subnet B 子网络中的 DHCP 服务器上获得 IP 地址的过程。

（1）客户端设备 Client A 使用 DHCP 67 号接口在 Subnet A 子网中广播 DHCP Discover 报文。

（2）启用了 DHCP 中继代理的路由器收到 DHCP Discover 数据报文后，将本地（连接客户端子网）的 IP 地址填入到 DHCP 报文的 GIADDR 字段中，并以单播的形式将该消息转发到相连的 DHCP 服务器上。

（3）当 DHCP 服务器收到 DHCP Discover 消息后，它根据 GIADDR 字段中的 IP 地址信息，为客户端分配相应子网的地址，并以单播的方式发送 DHCP Offer 报文，报文的目的地址为 GIADDR 字段中标识的中继代理地址。

（4）路由器收到网络中的 Client A 设备上发送来的 DHCP Offer 报文后，以正常的广播方式将 DHCP Offer 报文转发到请求 IP 地址客户端子网。

（5）当 Client A 收到 DHCP Offer 报文后，仍以广播方式发送 DHCP Request 报文。

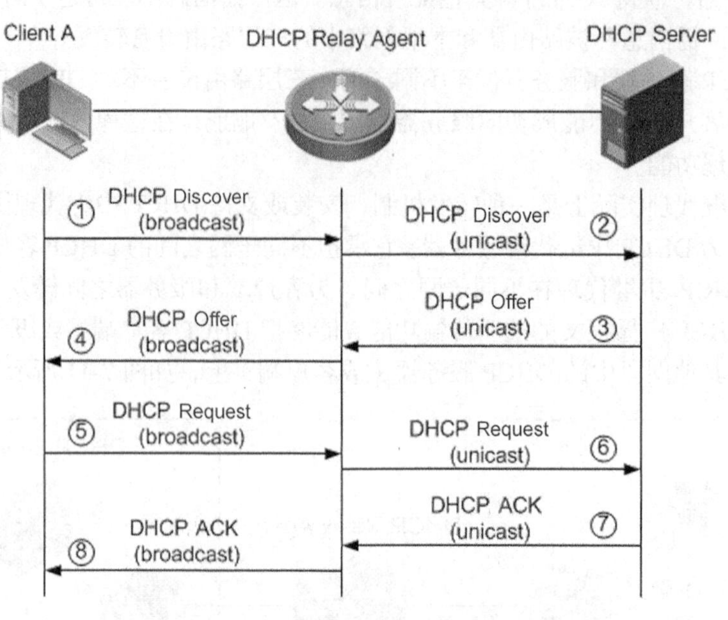

图 7-12　DHCP 中继代理地址分配过程

（6）路由器收到 DHCP Request 报文后，以单播的方式将 DHCP Request 发送给 DHCP 服务器。

（7）DHCP 服务器收到 DHCP Request 报文后，以单播的方式回复 DHCP ACK 报文，报文的目的地址仍为 GIADDR 字段中标识的中继代理地址。

（8）路由器收到 DHCP ACK 报文后，将使用广播的方式将 DHCP ACK 报文转发到客户端子网。Client A 收到 DHCP ACK 报文并使用 DHCP 服务器分配的 IP 地址配置本地网络中的网络连接。

需要注意的是，DHCP 服务器必须配置有到达中继代理地址（即客户端子网）的路由，因为 DHCP 服务器将以中继代理的地址作为报文目的地址。

7.4 配置 DHCP 服务器

7.4.1 配置地址池

DHCP 服务器为客户端分配的地址及其他配置参数，都需要在 DHCP 地址池中预先进行定义。如果没有配置 DHCP 地址池，即使启用了 DHCP 服务器，也不能对客户端进行地址分配。

在 DHCP 服务器上，使用名称来标识不同的地址池，可以给 DHCP 地址池取个有意义、易记忆的名称，地址池名称由字符和数字组成。一台 DHCP 服务器上的地址池可以定义多个，根据 DHCP 请求包中的中继代理 IP 地址来决定分配哪个地址池中的 IP 地址。如果 DHCP 请求包中没有中继代理的 IP 地址，就分配与接收 DHCP 请求接口 IP 地址同一子网的地址给客户端。如果没有定义这个网段的地址池，则地址分配失败。

如果 DHCP 请求包中有中继代理的 IP 地址，则分配与该地址同一子网的地址给客户端，如没定义这个网段的地址池，则地址分配失败。

1. 启用 DHCP 服务器

只有启用了 DHCP 服务器后，系统才能够为客户端提供 DHCP 服务并分配 IP 地址。在全局模式下，使用如下命令启用 DHCP 服务器。

```
service dhcp
```

默认情况下未启用 DHCP 服务器。

2. 创建 DHCP 地址池

在全局模式下，可以使用如下命令创建 DHCP 地址池。

```
ip dhcp pool pool-name
```

其中，参数 pool-name 表示地址池的名称。

当创建多个地址池时，需要为不同的地址池配置不同的名称。

使用如下命令可配置自动启用 DHCP 服务，并创建地址池名称。

```
Router(config)#service dhcp
Router(config)#ip dhcp pool subnet1
```

3. 配置地址范围和子网掩码

创建地址池后，需要配置地址池中的 IP 地址范围及子网掩码。地址范围为 DHCP 服务器提供了一个可分配给客户端的地址空间。除非有地址排斥配置，否则地址池中的所有地址都可以分配给客户端。

DHCP 在分配地址池中的 IP 地址时是按申请先后顺序进行分配的。如果该地址已经在 DHCP 绑定表中，或者检测到该地址已经在该网段中存在，就检查下一个地址，直到分配一个有效的地址。

在地址池视图中，可以使用如下命令配置地址范围及子网掩码。

```
network network-number mask
```

其中，参数 network-number 表示网络地址；mask 表示子网掩码。

如果想为客户端分配 172.16.1.1～172.16.1.254 范围内的地址，则配置命令为 network 172.16.1.0 255.255.255.0。由于每个地址池只能够分配一个 IP 地址范围，因此后配置的 IP 地址范围将覆盖先前的配置。

使用如下命令可配置自动启用 DHCP 服务，创建地址池名称，配置 IP 地址范围。

```
Router(config)#service dhcp
Router(config)#ip dhcp pool subnet1
Router(dhcp-config)#network 172.16.1.0 255.255.255.0
Router(dhcp-config)#exit
```

7.4.2 配置地址租约

DHCP 服务器给客户端分配地址时，通常为分配的 IP 地址指定一个地址租约，租期表示客户端可以使用该 IP 地址的最长时间。当租约快到时，客户端需要请求续租，才能继续使用该地址，否则不能继续使用该 IP 地址。

默认情况下，DHCP 服务为客户端分配的地址租约为 1 天。在地址池视图下，使用如下命令配置地址租约。

```
lease { days [ hours [ minutes ] ] | [ infinite ] }
```

days：租期时间，以天为单位。

hours（可选）：租期时间，以小时为单位，定义小时数前必须定义天数。

minutes（可选）：租期时间，以分钟为单位，定义分钟数前必须定义天数和小时数。

infinite：没有限制租期。

使用如下命令可配置自动启用 DHCP 服务，创建地址池名称，配置 IP 地址范围和地址租约时间。

```
Router(config)#service dhcp
Router(config)#ip dhcp pool subnet1
Router(dhcp-config)#network 172.16.1.0 255.255.255.0
Router(dhcp-config)#lease 5 0 0            //配置地址租约为 5 天
Router(dhcp-config)#exit
```

7.4.3 配置分配选项

1. 配置默认网关

默认网关地址将作为客户端与其他子网通信的出口，默认网关通常为本地网络中连接其他子网的三层设备的 IP 地址。需要注意的是，分配给客户端的默认网关地址要与分配给其的 IP 地址处于同一子网。

在地址池视图下，使用如下命令为客户端分配默认网关地址。使用此命令可以配置多个默认网关地址，最多配置 8 个。

```
default-router address1 [ address2…address8 ]
```

使用如下命令配置 DHCP 服务器，并创建地址池名称，配置 IP 地址范围和地址租约时间。

```
Router(config)#service dhcp
Router(config)#ip dhcp pool subnet1
Router(dhcp-config)#network 172.16.1.0 255.255.255.0
Router(dhcp-config)#default-router 172.16.1.1     //配置默认网关
Router(dhcp-config)#lease 5 0 0
Router(dhcp-config)#exit
```

2. 配置域名

DHCP 可以为客户端分配域名，当客户端通过主机名访问网络资源时，不完整的主机名会自动加上域名后缀形成完整的主机名。域名服务（Domain Name Service，DNS）是一种可以将域名解析为 IP 地址的服务。它也可以将 IP 地址解析为域名。

在地址池视图下，可以使用如下命令为客户端分配域名。

```
domain-name domain-name
```

其中，参数 domain-name 表示分配给客户端的域名后缀。

对于每个地址池，只能够配置一个域名，后配置的域名将覆盖先前的配置。

使用如下命令可配置自动启用 DHCP 服务，并创建地址池名称，配置 IP 地址范围和地址租约时间。

```
Router(config)#service dhcp
Router(config)#ip dhcp pool subnet1
Router(dhcp-config)#network 172.16.1.0 255.255.255.0
Router(dhcp-config)#default-router 172.16.1.1
Router(dhcp-config)#lease 5 0 0
Router(dhcp-config)#domain-name ruijie.com.cn    //配置域名
Router(dhcp-config)#exit
```

3. 配置 DNS 服务器

当客户端通过主机名或域名访问网络资源时（如浏览 Web 网页），先需要通过 DNS 服务器对域名进行解析，将域名解析为 IP 地址，再使用解析得到的 IP 地址进行访问。

DHCP 可以为客户端分配 DNS 服务器的地址。在地址池视图下，可使用如下命令为客户端分配 DNS 服务器地址。

```
dns-server address1 [ address2…address8 ]
                              //使用此命令可以配置多个 DNS 服务器地址，最多可配置 8 个
Router(config)#service dhcp
Router(config)#ip dhcp pool subnet1
Router(dhcp-config)#network 172.16.1.0 255.255.255.0
Router(dhcp-config)#default-router 172.16.1.1
Router(dhcp-config)#lease 5 0 0
Router(dhcp-config)#domain-name ruijie.com.cn
Router(dhcp-config)#dns-server 192.168.1.1    //配置 DNS 服务器
Router(dhcp-config)#exit
```

4. 配置 WINS 服务器

Windows 因特网命名服务（Windows Internet Name Service，WINS）是微软开发的一种网络名称解析服务，它将计算机的 NetBIOS 名称转换为相应的 IP 地址，为 NetBIOS 名称提供注册、更新、释放和转换服务。DHCP 可以为客户端分配 WINS 服务器的地址，用于客户端对计算机的 NetBIOS 名称进行解析。

在地址池视图下，可以使用如下命令为客户端分配 WINS 服务器地址。

```
netbios-name-server address1 [ address2…address8 ]
                              //使用此命令可以配置多个 WINS 服务器地址，最多可配置 8 个
```

使用如下命令可以配置 WINS 服务器。

```
Router(config)#service dhcp
```

```
Router(config)#ip dhcp pool subnet1
Router(dhcp-config)#netbios-name-server 10.1.1.100    //配置 WINS 服务器
Router(dhcp-config)#exit
```

5. 配置 NetBIOS 节点类型

Windows 客户端在使用 WINS 进行 NetBIOS 名称解析时，可以使用 4 种不同的方式，每一种 NetBIOS 节点类型对应一种方式。DHCP 可以为客户端指定 NetBIOS 节点类型。

在地址池视图下，可以使用如下命令为客户端指定 NetBIOS 节点类型。

```
netbios-node-type type
```

其中，参数 type 表示 Windows 客户端的 NetBIOS 节点类型，可以为 b-node、p-node、m-node 和 h-node，各项内容解释如下。

（1）b-node：广播节点类型。该节点类型的客户端使用广播的方式对 NetBIOS 名称进行解析。

（2）p-node：对等节点类型。该节点类型的客户端使用 WINS 服务器（单播）对 NetBIOS 名称进行解析。

（3）m-node：混合节点类型。该节点类型的客户端先使用广播方式进行解析，如果解析失败，再使用 WINS 服务器（单播）对 NetBIOS 名称进行解析。

（4）h-node：复合节点类型。该节点类型的客户端先使用 WINS 服务器（单播）进行解析；如果解析失败，再使用广播方式对 NetBIOS 名称进行解析。这种节点类型也是推荐使用的节点类型。

使用如下命令可以配置 NetBIOS 节点类型。

```
Router(config)#service dhcp
Router(config)#ip dhcp pool subnet1
Router(dhcp-config)#netbios-name-server 10.1.1.100
Router(dhcp-config)#netbios-node-type h-node   //配置 NetBIOS 节点类型
Router(dhcp-config)#exit
```

在 Windows 客户端中，可以在命令行窗口中使用“ipconfig /all”命令来查看计算机的 NetBIOS 节点类型。

7.4.4 配置静态 IP 地址绑定

1. 静态 IP 地址绑定含义

静态 IP 地址绑定是指将分配的地址池中的某个 IP 地址和特定的客户端绑定起来，当该客户端向 DHCP 服务器申请 IP 地址时，服务器将把绑定的 IP 地址分配给客户端。为网络中的服务器分配地址时，需要为其配置 IP 地址绑定，以使它总是被分配到固定的 IP 地址。

配置了静态 IP 地址绑定的地址池其实是一个特殊的地址池。在这个地址池中，如果为其配置了静态绑定地址，就不能再为地址池配置 IP 地址范围；反之，如果为该地址池配置了地址范围，就不能再配置静态绑定地址。

2. 静态 IP 地址绑定原则

要配置静态 IP 地址绑定，需要在地址池视图中配置分配给客户端的 IP 地址，以及与该 IP 地址绑定的硬件地址、客户端 ID 或者客户端主机名。

DHCP 服务器为客户端分配 IP 地址的优先次序如下所述。

（1）为客户端分配静态绑定的 IP 地址。

（2）为客户端分配曾经分配给客户端的 IP 地址。

（3）为客户端分配其发送的 DHCP Discover 报文中 Option 50 字段指定的 IP 地址。

（4）为客户端选择相应的地址池，按顺序查找可供分配的 IP 地址。

（5）如果未找到可用的 IP 地址，则依次查询租约过期、曾经发生过冲突的 IP 地址，如果找到则进行分配，否则将不为客户端分配地址。

3. 配置静态 IP 地址

在地址池视图下，可以使用如下命令配置静态 IP 地址。

```
host address [ mask ]
```

其中，参数 address 表示分配给特定客户端的固定 IP 地址；参数 mask 表示子网掩码，如果不指定，则使用默认的子网掩码。

4. 配置客户端硬件地址

根据客户端的硬件地址（MAC 地址），可以为客户端分配静态绑定的 IP 地址。在地址池视图下，可以使用如下命令配置客户端的硬件地址。

```
hardware-address hardware-address [ protocol-type | hardware-number ]
```

其中，参数 hardware-address 表示客户端 MAC 地址；参数 protocol-type 表示协议类型，可以指定为 Ethernet 或 IEEE 802，默认为 Ethernet；参数 hardware-number 表示硬件号。

5. 配置客户端 ID

所有 DHCP 客户端都使用 Option 61 参数，发送自己的 client-identifier，根据客户端的客户端 ID 为客户端分配静态绑定的 IP 地址。

在地址池视图下，可以使用如下命令配置客户端 ID。

```
client-identifier unique-identifier
```

其中，参数 unique-identifier 表示客户端 ID，为 4～160 个字符的十六进制字符串，格式为 H-H-H…，最后一个 H 表示两位或 4 位的十六进制数，其他均表示 4 位十六进制数。例如，abb-cccc-dd 为有效的 ID，aabb-c-dddd 和 aabb-cc-dddd 为无效的 ID。

6. 配置客户端名称

根据客户端的名称，可以为其分配静态绑定的 IP 地址。在地址池视图下，可以使用如下命令配置客户端名称。

```
client-name name
```

其中，参数 name 表示客户端名称。

使用如下命令，可以配置静态 IP 地址绑定。

```
Router#config terminal
Router(config)#service dhcp
Router(config)#ip dhcp pool ip-mac
Router(dhcp-config)#host 10.1.1.100 255.255.255.0
Router(dhcp-config)#hardware-address 00d0.f888.6374   //配置静态 IP 地址绑定
Router(dhcp-config)#exit
```

7.4.5 配置 Ping 包次数

当 DHCP 服务器试图从地址池中分配一个 IP 地址时，会对该地址执行两次 Ping 命令（一次一个数据包）。如果 Ping 没有应答，DHCP 服务器认为该地址为空闲地址，就将该地址分配给 DHCP 客户端；如果 Ping 有应答，DHCP 服务器认为地址已经在使用，就试图分配另外一个地址给 DHCP 客户端，直到分配成功。

在全局模式下，可以使用如下命令配置服务器发送 Ping 报文的数目。

```
ip dhcp ping packets number
```

其中，参数 number 表示 DHCP 服务器发送 Ping 报文的数目，取值为 0～10。如果 number 设置为 0，则不进行 Ping 操作。默认情况下，number 为 2。

使用如下命令可以配置 Ping 报文的数量。

```
Router#configure terminal
Router(config)#service dhcp
Router(config)#ip dhcp ping packets 3        //发送 3 个 Ping 报文
Router(config)#exit
```

7.4.6 配置 Ping 包超时时间

在默认情况下，如果 DHCP 服务器的 Ping 操作 500ms 内没有应答，就认为没有客户端使用该 IP 地址。通过调整 Ping 包超时时间，可以改变服务器 Ping 包等待应答的时间。

在全局模式下，可以使用如下命令修改服务器等待 Ping 包响应的超时时间。

```
ip dhcp ping timeout milliseconds
```

其中，参数 milliseconds 表示等待 Ping 响应的超时时间，取值为 100～10000ms，默认为 500ms。

使用如下命令可以配置等待 Ping 响应的超时时间。

```
Router#configure terminal
Router(config)#service dhcp
Router(config)#ip dhcp ping timeout 1000       //Ping 响应的超时时间为 1s
Router(config)#exit
```

7.4.7 配置排除地址

默认情况下，DHCP 服务器会试图将在地址池中定义的所有子网地址分配给 DHCP 客户端。如果想保留一些地址不进行分配，如已经分配给服务器或路由器了，则必须明确定义这些地址不允许分配给客户端。

在全局模式下，可以使用如下命令配置排除地址。

```
ip dhcp excluded-address [ start-address end-address ]
```

其中，参数 start-address 和 end-address 表示排除地址范围的起始地址和结束地址。

使用如下命令可以配置排除地址。

```
Router#configure terminal
Router(config)#service dhcp
Router(config)#ip dhcp excluded-address 10.1.1.150 10.1.1.200
Router(config)#exit
```

7.5 配置 DHCP 中继代理

由于客户端发送的 DHCP Discover 报文是广播报文，默认情况下，三层路由设备不会转发广播报文，所以客户端发送的 DHCP 广播报文无法到达安装在另一个子网中的 DHCP 服务器。不需要在每一个子网都部署一台 DHCP 服务器，可以为每个子网配置一台 DHCP 中继代理设备。这样，当三层设备收到客户端的 DHCP 广播报文后，会通过中继代理功能，将收到的 DHCP 广播报文封装为单播报文，并转发送给安装在其他子网中的 DHCP 服务器。

在配置 DHCP 中继代理时，要确保中继代理与 DHCP 服务器之间的路由可达。

要在路由器上启用 DHCP 中继代理，先要使用全局配置命令"service dhcp"启用 DHCP 服务，这样三层设备才能够侦听来自客户端的 DHCP 广播报文。

为了使三层设备对 DHCP 广播报文进行中继，需要在连接客户端子网的中继设备接口下配置 IP 帮助（helper）地址，命令如下。

```
ip helper-address address
```

其中，参数 address 表示中继地址，即 DHCP 服务器的地址。

由于 DHCP 服务器根据 GIADDR 字段中的中继代理地址来查找地址池，并进行地址分配，所以 DHCP 服务器中必须存在中继代理地址所在子网的地址池，否则地址分配将失败。

使用如下命令可以配置 DHCP 中继代理。

```
Router(config)#service dhcp
Router(config)#interface FastEthernet 0/0
Router(config-if-FastEthernet 0/0)#ip address 172.17.1.1 255.255.255.0
Router(config-if-FastEthernet 0/0)#ip helper-address 10.1.1.1
                              //另一个子网中的 DHCP 服务器的 IP 地址为 10.1.1.1
Router(config-if-FastEthernet 0/0)#exit
```

7.6 配置 DHCP 动态获取地址

在接口视图下，使用如下命令配置网络设备通过以太网接口，使用 DHCP 动态获得 IP 地址。

```
ip address dhcp
```

默认情况下，接口不使用DHCP动态获取地址信息，只能以手工方式配置IP地址。

为了使路由协议正常工作，保障网络的稳定性，对于路由器的接口，强烈推荐通过手工方式配置静态IP地址，而不使用DHCP方式获取IP地址。

使用如下命令配置以太网接口使用DHCP动态获取IP地址。

```
Router#configure terminal
Router(config)#service dhcp
Router(config)#interface FastEthernet 1/0
Router(config-if-FastEthernet 1/0)#ip address dhcp
Router(config-if-FastEthernet 1/0)#exit
```

7.7 监视和维护DHCP

7.7.1 查看DHCP状态

1. 查看DHCP服务器的统计信息

使用如下命令可以查看DHCP服务器的统计信息。

```
Router#show ip dhcp server statistics
------------------------------------------------------------------
Lease counter           2         //地址租用数目
Address pools           1         //地址池个数
Automatic bindings      2         //自动地址绑定的数目
Manual bindings         0         //手工地址绑定的数目
Expired bindings        0         //过期地址绑定的数目
Malformed messages      0         //畸形 DHCP 报文的数目
```

2. 查看IP地址绑定信息

使用如下命令可以查看DHCP服务器的IP地址绑定信息。

```
show ip dhcp binding [ ip-address ]
```

当指定ip-address参数时，只显示特定IP地址的绑定信息，配置信息示例如下。

```
Router#show ip dhcp binding
IP address        Hardware address    Lease expiration           Type
10.1.1.2         0015.f2dc.96a4       0 days 23 hours 50 mins   Automatic
10.1.1.3         00d0.f86b.3838       0 days 23 hours 51 mins   Automatic
```

其中，“show ip dhcp binding”命令用于显示结果字段描述内容。

（1）IP address：分配给DHCP客户端的IP地址。

（2）Hardware address：DHCP客户端的硬件地址。

（3）Lease expiration：距离租约到期的时间，Infinit表示没有时间限制，IDLE表示当前空闲的地址（空闲原因可能是过期没有续租或者DHCP客户端主动释放）。

（4）Type：地址绑定类型，Automatic表示自动分配，Manual表示手工静态绑定。

3. 查看地址冲突信息

当 DHCP 服务器试图将地址分配给客户端时，它将检测该地址是否与网络中现有地址冲突。使用如下命令可以查看 DHCP 服务器检测到的地址冲突信息。

```
show ip dhcp conflict
```

当路由器的某接口配置为使用 DHCP 动态获取地址信息后，可以使用如下命令查看地址分配信息。

```
show dhcp lease
```

该命令需要在 DHCP 客户端上执行，查看 DHCP 客户端地址分配信息示例如下。

```
Router#show dhcp lease
Temp IP addr: 10.1.1.3  for peer on Interface: FastEthernet 0/0
Temp  subnet mask: 255.255.255.0
   DHCP Lease server: 10.1.1.1, state: 10 Renewing
   DHCP transaction id: 29b9c65
   Lease: 86400 secs,  Renewal: 43200 secs,  Rebind: 75600 secs
   Next timer fires after: 75049 secs
   Retry count: 0  Client-ID: 0100d0f86b38384661737445746865726E6574302F30
```

其中，“show dhcp lease”命令用于显示结果字段描述内容。

（1）Temp IP addr：分配给接口的 IP 地址。

（2）for peer on Interface：使用 DHCP 获取地址的接口。

（3）Temp subnet mask：接口所获得地址的子网掩码。

（4）DHCP Lease server：DHCP 服务器的地址。

（5）Lease：地址租期。

（6）Renewal：刷新时间（租期的 50%）。

（7）Rebind：重绑定时间（租期的 87.5%）。

（8）Client-ID：客户端 ID。

（9）Next timer fires after：下一个计时器之后。

（10）Retry count：重试次数。

7.7.2 清除 DHCP 信息

1. 清除服务器的统计信息

使用如下命令可以清除 DHCP 服务器的统计信息。

```
clear ip dhcp server statistics
```

2. 清除地址绑定信息

使用如下命令可以清除 DHCP 的地址绑定信息。

```
clear ip dhcp binding { address | * }
```

其中，参数 address 表示清除特定地址的绑定信息；*表示清除所有地址绑定信息。

3. 清除地址冲突信息

使用如下命令可以清除地址冲突信息。

```
clear ip dhcp conflict { address | *}
```

其中，参数 address 表示清除特定地址的冲突信息；*表示清除所有地址冲突信息。

7.7.3 DHCP 的调试与诊断

使用如下命令可以启用 DHCP 服务器的调试功能。

```
debug ip dhcp server
```

需要注意的是，当存在大量 DHCP 客户端向本地 DHCP 服务器请求地址时，启用该功能将产生大量的输出信息。

使用如下命令可以启用 DHCP 客户端的调试功能。

```
debug ip dhcp client
```

使用如下命令可以启用 DHCP 中继代理的调试功能。

```
debug ip dhcp relay
```

需要注意的是，当存在大量 DHCP 客户端通过本地中继代理向 DHCP 服务器请求地址时，启用该功能将产生大量的输出信息。

7.8 网络实践：配置网络中主机使用 DHCP 动态获取 IP

【任务描述】

图 7-13 所示为某企业网络安装场景，使用路由器作为 DHCP 服务器并为内部网络中的主机动态分配 IP 地址。内部网络使用的子网为 10.1.1.0/24，默认网关为路由器接口的地址，DNS 服务器的 IP 地址为 10.1.1.200，WINS 服务器的 IP 地址为 10.1.1.201，客户端的 NetBIOS 节点类型为 Hybrid，地址租期为 4 天。

为了简化网络管理的工作，网络管理员使用的主机需要应用固定的 IP 地址 10.1.1.254，该主机的 MAC 地址为 0015.ad34.13e6。

【网络拓扑】

网络拓扑如图 7-13 所示，使用出口路由器为内网中的设备动态分配地址。

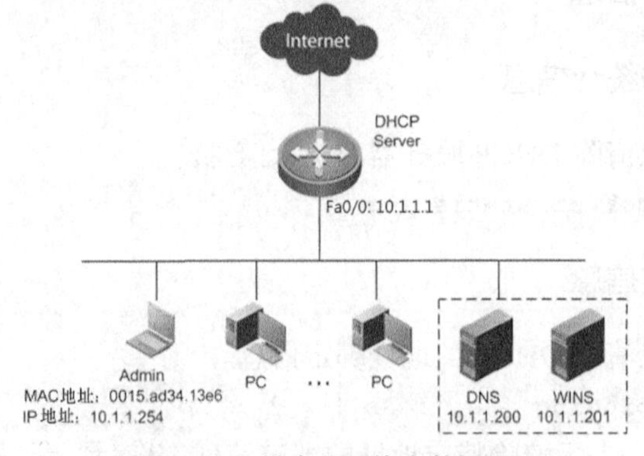

图 7-13　某企业网络安装场景

【设备清单】

路由器（1 台），测试 PC（若干）。

【实施步骤】

步骤 1：配置路由器接口 IP 地址。

```
Router#configure terminal
Router(config)#interface FastEthernet 0/0
Router(config-if-interface FastEthernet 0/0)#ip address 10.1.1.1 255.255.
255.0
Router(config-if)#exit
```

步骤 2：配置 DHCP 服务器。

```
Router(config)#service dhcp
Router(config)#ip dhcp pool lan-IP
Router(dhcp-config)#network 10.1.1.0 255.255.255.0
Router(dhcp-config)#netbios-node-type h-node
Router(dhcp-config)#netbios-name-server 10.1.1.201
Router(dhcp-config)#lease 4
Router(dhcp-config)#dns-server 10.1.1.200
Router(dhcp-config)#default-router 10.1.1.1
Router(dhcp-config)#exit
```

步骤 3：配置服务器静态 IP 地址。

```
Router(config)#ip dhcp pool static-IP
Router(dhcp-config)#hardware-address 0015.ad34.13e6
Router(dhcp-config)#host 10.1.1.254 255.255.255.0
Router(dhcp-config)#netbios-node-type h-node
Router(dhcp-config)#netbios-name-server 10.1.1.201
Router(dhcp-config)#lease 4
Router(dhcp-config)#dns-server 10.1.1.200
Router(dhcp-config)#default-router 10.1.1.1
Router(dhcp-config)#exit
```

步骤 4：配置排除的 IP 地址。

```
Router(config)#ip dhcp excluded-address 10.1.1.200 10.1.1.201
Router(config)#ip dhcp excluded-address 10.1.1.1
```

备注：在实际的网络应用中，更多地使用三层交换机作为交换网络中的 DHCP 服务器，本任务也可以使用三层交换机完成。

7.9 认证测试

1. 如果客户机同时得到多台 DHCP 服务器的 IP 地址，则其将（　　）。
A. 随机选择　　B. 选择最先得到的
C. 选择网络号较小的　　D. 选择网络号较大的

2. 如果在本地网络中使用 DHCP 服务器自动分配 IP 地址，则下列网络 ID 中最好的选择是（　　）。
A. 24.x.x.x　　B. 172.16.x.x
C. 194.150.x.x　　D. 206.100.x.x

3. 当 DHCP 服务器不在本网段中时，自动获取 IP 地址的方法是（　　）。
A. 使用 DHCP 中继代理　　B. 使用 WINS 代理
C. 无法解决　　D. 去掉路由器

4. 如果要在一个由多子网段组成的网络中使用 DHCP，则下列说法正确的是（　　）。
A. 必须在每个网段上各安装一台 DHCP 服务器
B. 保证路由器具有前向自举广播的功能
C. 可以在多个网段中使用同一台 DHCP 服务器
D. 在不同的网段之间安装多台中继器

5. 在计算机的 DOS 命令行状态下，使用“ipconfig/release”命令可以（　　）。
A. 获取地址　　B. 释放地址　　C. 查看所有 IP 配置　　D. 刷新地址

6. DHCP 创建作用域的默认时间是（　　）天。
A. 10　　B. 15　　C. 8　　D. 30

7. BOOTP 和 DHCP 都使用（　　）接口来监听和接收客户请求消息。
A. UDP67　　B. TCP/IP　　C. UDP 21　　D. UDP

8. 在大型网络中部署 DHCP 服务器后，每个子网设置一台计算机作为 DHCP（　　）。
A. 代理服务器　　B. 中继代理　　C. 路由器　　D. 服务器

9. 以下关于 DHCP 服务器的说法中正确的是（　　）。
A. 在一个子网内只能设置一台 DHCP 服务器，以防止冲突
B. 在默认情况下，客户机采用最先到达的 DHCP 服务器分配的 IP 地址
C. 使用 DHCP 服务，无法保证某台计算机使用固定的 IP 地址
D. 在配置客户端时，必须指明 DHCP 服务器的 IP 地址，才能获得 DHCP 服务

10. DHCP 客户端可从 DHCP 服务器获得（　　）。
A. DHCP 服务器的地址和 Web 服务器的地址
B. DNS 服务器的地址和 DHCP 服务器的地址
C. 客户端的地址和邮件服务器的地址
D. 默认网关的地址和邮件服务器的地址

单元8 快速检测以太网链路故障

【技术背景】

接入到网络中连接设备的骨干链路稳定运行并持续为网络提供服务，是保障各种网络应用的关键。在园区网络连接中，通信的链路一般是电缆或者光纤，作为网络运维人员，无法保证承担网络传输的电缆、光纤永远不坏，但能保证在网络中的链路出现故障时，及时提供应对措施，保证尽快恢复网络中的各项业务。

此处，如果在网络的接入口处出现环路（非设备之间的环路），则网络设备上生成的环路接口最容易引起网络中的广播风暴，导致网络拥塞现象发生。因此，在网络的接入端设备上，通过配置快速检测以太网链路故障协议，可以有效地保障网络设备自动检测出在接入口上生成的环路，并及时将该接口 Shutdown，避免网络中的广播风暴产生。图 8-1 所示为 RLDP 技术部署场景。

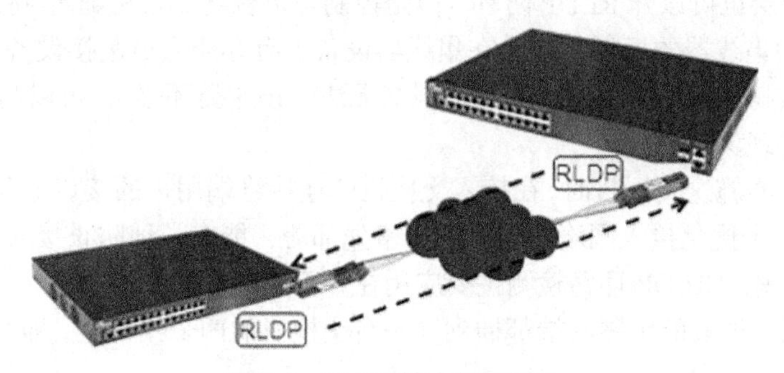

图 8-1　RLDP 技术部署场景

本单元帮助读者了解接口因出现环路导致的链路故障，掌握 RLDP 技术的应用。

【技术介绍】

8.1 RLDP 概述

随着智慧园区网络规模的不断扩大，接入网络的用户设备数量不断增多，而在网络的管理和网络维护资源都十分有限的情况下，网络管理和维护的易用性需求就变得更加突出。特别是在实际的应用中，如果接入网发生接入链路故障，出现环路、链路中断、单向链路等问题，则网络中的故障定位将会变得十分困难。因此，需要一项技术来自动检测出网络中的链路故障，保障网络的自动运维。RLDP 技术就是针对该问题的解决方案。

1. 什么是 RLDP

RLDP 是以太网络实现快速检测以太网链路故障的链路层协议，RLDP 利用物理层连接的状态，通过物理层的自动协商机制，来检测物理链路的连通状态，如图 8-2 所示。

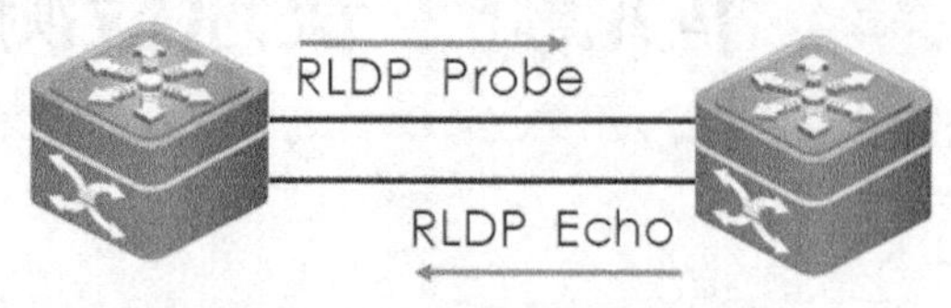

图 8-2　以太网链路检测机制

例如，在光纤接口的连接上，光纤接收线对接错了，由于光纤转换器的存在，造成对端设备上的物理接口的工作状态仍然是 Linkup，因为光纤线对接错等故障，使对端的二层链路无法感知到这种故障的存在，从而造成链路故障，无法通信。此外，在两台以太网设备组网中，如果互连的设备之间通过一台网络中继设备实现连接，在网络传输中，由于中继设备的存在，一旦中继设备上的一个接口出现故障，也会使两端的设备无法感知链路故障，将造成同样的问题。

利用 RLDP，网络运维和管理人员可以方便、快速地检测出以太网设备的链路层故障，实现包括单向链路故障、双向链路故障、环路链路故障的检测。

2. RLDP 环路检测应用场景

RLDP 技术主要应用于接入层的交换机设备上，且在该设备的上连接口上配置了环路检测功能（汇聚层也可以开 RLDP 防环，但是控制防范粒度比较粗糙），特别适用于接入交换机上有下连的集线器的场景。如果在集线器设备上有办公人员乱接设备导致自身打环的情况发生（生成树协议中的 BPDU Guard 报文无法防止这类环路），可以利用 RLDP 技术，有效地避免这种现象。

所以推荐在实施这类项目时，在接入交换机的连接终端用户的接口上开启 RLDP 功能。使用 RLDP 为一个优化接入网络的配置进行事先部署，能有效地防止接入层设备的接口下出现各类环路问题。RLDP 环路检测主要应用在如下两种场景中。

场景一：同一根线的头尾两端都插到同一台交换机的两个接口上，即交换机设备自环，如图 8-3 所示。

场景二：接入交换机上连接集线器，集线器上的接口之间有环路，即集线器设备自环，如图 8-4 所示。

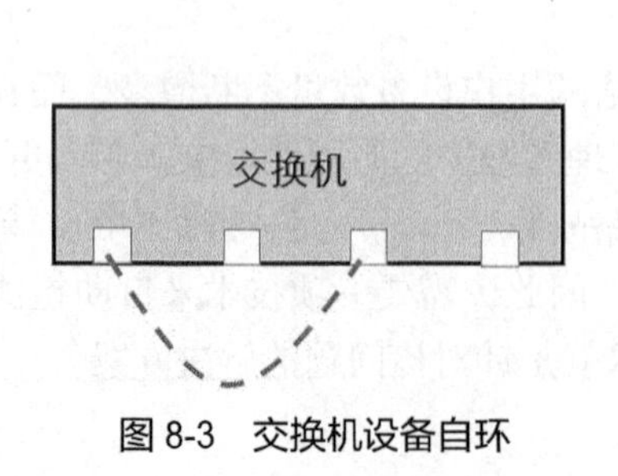

图 8-3　交换机设备自环

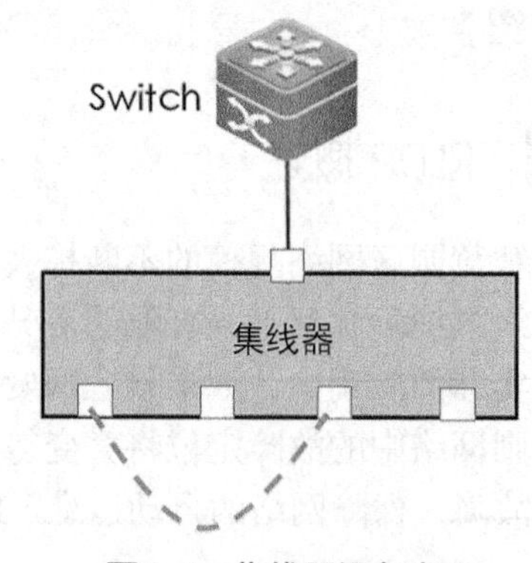

图 8-4　集线器设备自环

8.2 RLDP工作原理

1. RLDP报文

RLDP通过周期性发送探测报文来检查物理链路上的故障现象。通常，RLDP主要定义了探测报文（Probe）和探测响应报文（Echo）进行协商。

RLDP会在每个配置了RLDP，并且是Linkup的接口上，周期性地发送本接口上的探测报文，并期待能从邻居接口上收到该探测报文的响应消息。同时，期待能从邻居接口收到探测报文，并及时做出回应。

图8-5所示为在网络中捕获到的RLDP探测报文的格式。

```
▶ Frame 33: 79 bytes on wire (632 bits), 79 bytes captured (632 bits)
▼ Ethernet II, Src: FujianSt_4d:a2:ad (00:1a:a9:4d:a2:ad), Dst: FujianSt_00:00:02 (01:d0:f8:00:00:02)
  ▼ Destination: FujianSt_00:00:02 (01:d0:f8:00:00:02)
      Address: FujianSt_00:00:02 (01:d0:f8:00:00:02)
      .... ..0. .... .... .... .... = LG bit: Globally unique address (factory default)
      .... ...1 .... .... .... .... = IG bit: Group address (multicast/broadcast)
  ▼ Source: FujianSt_4d:a2:ad (00:1a:a9:4d:a2:ad)
      Address: FujianSt_4d:a2:ad (00:1a:a9:4d:a2:ad)
      .... ..0. .... .... .... .... = LG bit: Globally unique address (factory default)
      .... ...0 .... .... .... .... = IG bit: Individual address (unicast)
    Type: Unknown (0x0788)
▶ Data (65 bytes)
```

图8-5 RLDP探测报文的格式

在互相连通的二层交换网络中，如果一条物理链路在物理和逻辑上都是正确的，那么一个接口应该能收到邻居接口上发送的探测响应报文（Echo），以及邻居接口的探测报文（Probe），否则，该条链路将被认定出现了异常。

2. RLDP环路检测工作原理

所谓的环路故障，是指网络设备的接入口所连接的链路上出现了物理环路。如果在某个接口激活了RLDP，并在该接口上只收到了本机发出的RLDP探测报文，而没有收到对端设备的探测响应报文，则该接口将被认为是出现了环路故障，如图8-6所示。

一旦设备的接口上收到自己发出的探测报文，就会判断该条链路可能出现了环路故障，RLDP会根据用户的配置对网络中出现的这种故障做出处理。

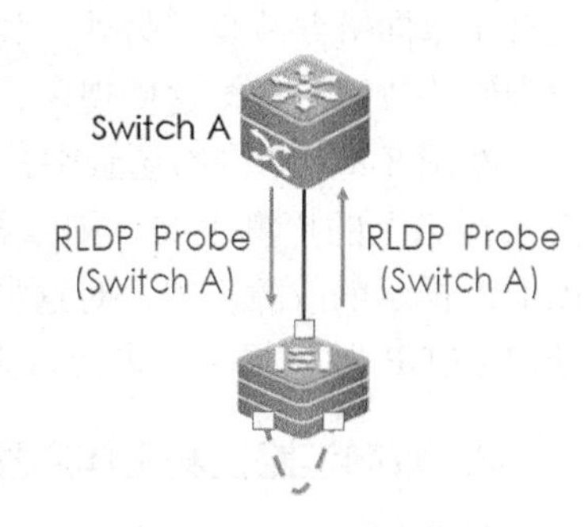

图8-6 RLDP检测环路

3. 故障处理方法

当RLDP检测到网络出现环路时，会及时对网络中出现的链路故障进行处理，常见的处理方法包括Warning（告警）、Block（关闭接口学习状态）、Shutdown-port（设置接口违例）、Shutdown-SVI（关闭接口所在的SVI）。

8.3 以太网设备链路故障检测

以太网链路故障是指在接入交换机接口连接的链路上可能出现环路，常见的现象包括接入层交换机的下连接口出现了自环现象，如用户在接入层交换机的下连接口上，私自扩充网络接入一台 Hub 设备，并在 Hub 上通过主动或者被动的方式私自接入设备，造成双链路现象，这种用户私自接入网络的行为，很容易形成下连环路，导致交换机发生故障，自环形成的广播风暴会导致网络瘫痪。

导致网络中环路故障的原因包括单向链路故障、双向链路故障和环路链路故障。

1．单向链路检测工作原理

所谓单向链路故障，是指接入交换机接口连接的链路只能接收报文或者只能发送报文。例如，由于现场施工人员粗心，接错了光纤的接收线，导致只能进行单向接收或单向发送，如图 8-7 所示。

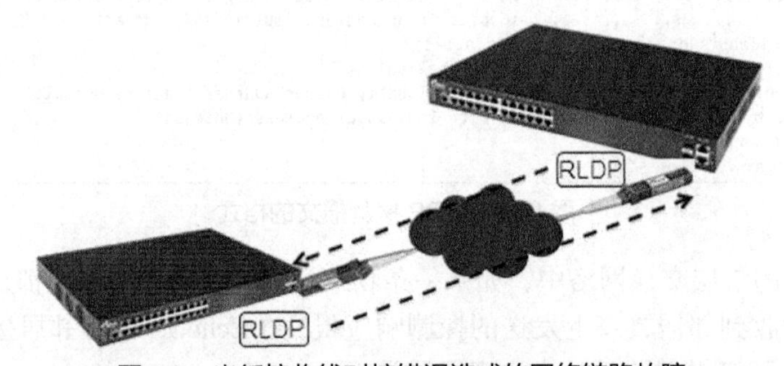

图 8-7　光纤接收线对接错误造成的网络链路故障

如果开启了 RLDP 功能后，在某个接口上只收到邻居接口的探测报文，则判断该接口出现了单向链路故障。另外，如果接口无法收到任何 RLDP 探测报文，也会认为是发生了单向链路故障。根据这些现象，网络运维人员能及时对这种故障做出处理。

在图 8-8 所示网络场景中，激活了 RLDP 功能的 Switch A 在某个接口上只收到邻居交换机接口上的探测报文，则该接口将被认为发生了单向链路故障。网络管理人员会根据 RLDP 提示的故障现象，对这种物理链路故障做出及时处理。另外，如果该接口无法收到任何 RLDP 检测报文，也会认为发生了单向链路故障。

2．双向链路检测工作原理

所谓双向链路故障，是指物理链路两端的物理接口上报文的收发都出现了故障。在图 8-8 所示的场景中，Switch A 设备的下连接口在发出 RLDP 探测报文后，就一直无法接收到来自邻居设备上的探测响应报文或探测报文，那么认为该链路出现了双向链路故障。从故障性质上讲，双向故障实际上也包含了单向故障，如图 8-9 所示。

通过在交换机上配置 RLDP，互连的交换机设备就能自动检测该问题是否存在，并根据此链路故障上的提示信息轻松解决网络故障，迅速恢复业务。

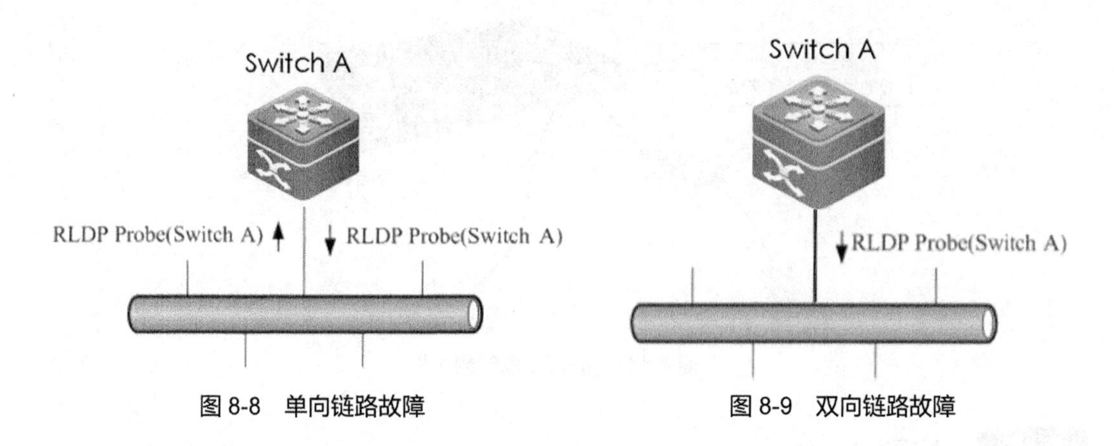

图 8-8 单向链路故障　　图 8-9 双向链路故障

3. 环路检测

所谓接口环路，是指在接入 Switch A 设备的物理接口所连接的链路上出现了环路，如接入层上的用户私自扩充网络，私自连接了一台 Hub，并通过双链路方式连接了接入层交换机，这样就很容易利用下连环路形成广播风暴，导致交换机故障，如图 8-10 所示。

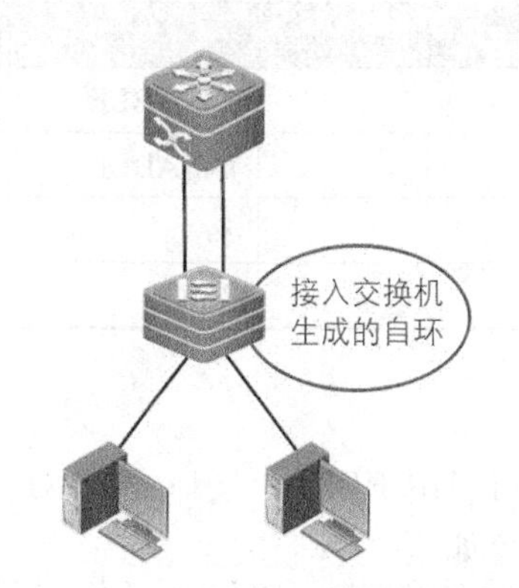

图 8-10 交换设备上的自环现象

8.4 了解智能线缆检测技术

使用 RLDP 技术，网络接入层的设备能自动检测到网络中的环路问题，管理员根据此提示信息即可轻松解决网络故障，通过在接入网络中实施 RLDP 检测，提供有线网络线缆故障检测保障机制。

位于接入层中的物理链路是网络中最不易被关注的部分，也是故障位置最难查找的部分。但是，网络中的物理链路往往是最复杂的，发生问题的概率也是最大的。

LD（智能线缆检测）技术利用时域反射原理自动检测接口直连线缆的工作状态，可以自动检测出故障线缆的位置，方便网络运维人员轻松判断网络故障点，有效缩短故障处理时间，如图 8-11 所示。

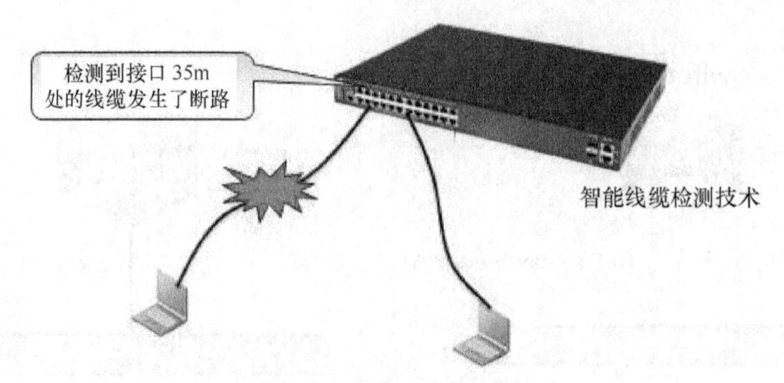

图 8-11　智能线缆检测技术

8.5 配置 RLDP

RLDP 只能基于物理接口进行配置，无法在虚拟接口上实施，即不能配置在聚合组上，也不能配置在 SVI 上。默认情况下，激活 RLDP 后，其相关配置的默认值如表 8-1 所示。

表 8-1　RLDP 在接口上的相关配置的默认值

功能特性	默认值
全局 RLDP 状态	DISABLE
接口 RLDP 状态	DISABLE
探测间隔	3s
最大探测次数	2 次

1．启用 RLDP 功能

只有在全局的模式下，才可启用 RLDP，接口上的 RLDP 功能才能运行。在全局配置模式下，启用 RLDP 功能的命令如下。

```
Ruijie(config)#rldp enable        //启用全局的 RLDP 功能
```

2．配置接口 RLDP 参数

RLDP 基于接口运行，因此需要在指定接口上运行 RLDP，再指定该接口的诊断类型及故障处理方法。

常见的链路诊断类型包括 Unidirection-detect（单向链路检测）、Bidirection-detect（双向链路检测）、Loop-detect（环路检测）。

在接口配置模式下，使用如下命令可设置接口 RLDP 功能。

```
Ruijie(config)#interface interface-id        //启用全局的 RLDP 功能
Ruijie(config-if-interface-id)#rldp port {unidirection-detect | 
bidirection-detect | loop-detect }
                                  // 接口启用 RLDP 功能，并配置诊断类型
Ruijie(config-if-interface-id)#rldp port {warning | shutdown-svi | 
shutdown-port | block}
```

```
/* 接口启用 RLDP，配置故障处理方法，常见故障处理方法包括 Warning（警告）、Block（关闭接口学习状态）、Shutdown-port（设置接口违例）、Shutdown-SVI（关闭接口 SVI）*/
```

如图 8-12 所示，在成员接口 Gi0/5 上配置 RLDP，并指定诊断类型和故障处理方法。

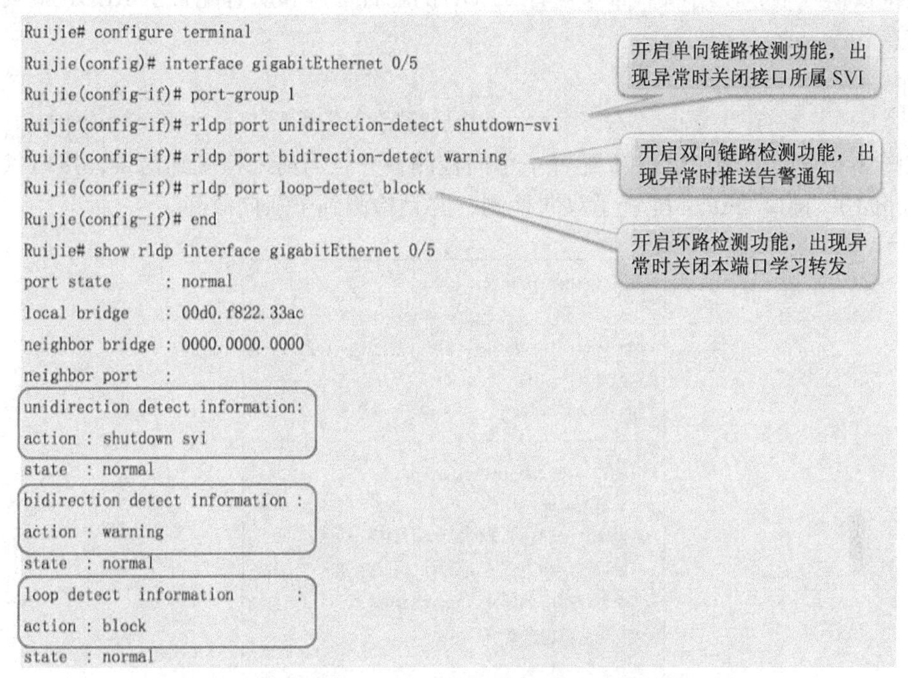

图 8-12 配置 RLDP 并指定诊断类型和故障处理方法

3. 配置 RLDP 探测间隔

启用了 RLDP 功能的接口将周期性地发出 RLDP 探测报文。在全局配置模式下，使用如下命令配置 RLDP 探测间隔。

```
Ruijie(config)#rldp detect-interval interval
                              // 配置探测间隔，interval 取值为 2～15s，默认是 3s
```

4. 配置 RLDP 的最大探测次数

启用了 RLDP 功能的接口如果在最大探测期（最大探测次数×探测间隔）内仍然无法接收到邻居设备上探测的报文，则该接口将被诊断发生了故障。

在全局配置模式下，可以使用如下命令配置 RLDP 最大探测次数。

```
Ruijie(config)#rldp detect-max num
                              //配置最大探测次数，num 取值是 2～10，默认是 2 次
```

5. 恢复接口的 RLDP 检测

配置了 Shutdown-port 故障处理的接口出现故障后仍无法主动恢复 RLDP 检测，在故障已经解决的情况下，可以使用恢复命令重新启用被 Shutdown 的接口上的 RLDP 功能。

在特权配置模式下，可以使用如下命令恢复接口的 RLDP 检测功能。

```
Ruijie#rldp reset                    //使所有 RLDP 检测失败的接口重新开始检测
```

6. 查看 RLDP 信息

在特权模式下，使用如下命令查看 RLDP 的配置信息和所有配置了 RLDP 检测功能的接口信息。

```
Ruijie#show rldp
                    //查看 RLDP 的全局配置和所有配置了 RLDP 检测功能的接口的信息
```

如图 8-13 所示，接口 Gi0/1 配置了单向检测，并且当前未检测到错误，接口状态为正常（normal）；接口 Gi0/24 配置了双向检测，并且检测到了双向故障。

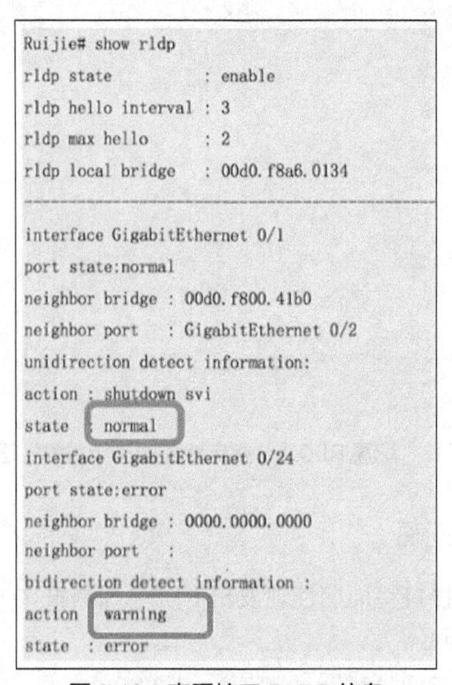

图 8-13　查看接口 RLDP 信息

配置 RLDP 链路检测时，需要注意以下事项。

（1）三层路由接口不支持 Shutdown-SVI 的错误处理方法，因此该方法在路由接口发生检测错误时将不被执行。

（2）配置环路检测时，要求接口下连的邻居设备上不能启用 RLDP 检测功能，否则该接口将无法做出正确的检测。

（3）如果 RLDP 检测出链路错误，则会发出告警信息。用户通过配置 LOG 功能将这些告警信息发送到 LOG 服务器中，至少要保证可以记录到 3 级日志。

（4）由于产品特性的不同，某些产品对 Block 接口发出报文时仍会将报文送至 CPU 中进行处理，这就导致在配置诊断类型为环路检测、故障处理方式为 Block 时，设备检测出环路后，仍会有大量的报文发送到 CPU，这样就不能达到环路检测的效果。所以，建议在指定环路上检测诊断类型时，选择 Shutdown-Port 的故障处理方法。

（5）RLDP 故障处理类型中的 Block 功能和 STP（单核心网络环境）互斥。也就是说，如果用户配置了接口上的故障处理类型为 Block，则建议关闭 STP，否则由于 STP 无法识别单向链路，可能会出现 STP 允许接口转发，但 RLDP 却设置接口 Block 的情况。如果要和 STP 共用，则建议将错误处理类型配置为 Shutdown-port。

示例 8-1：在接入层交换机上配置 RLDP 功能。

在常见接入网络优化中，交换网络中的末端设备通常会应用 RLDP 配置，以防止交换机网络因发生广播风暴而崩溃，命令示例如下。

```
Switch(config)#rldp enable      //启用 RLDP 功能
Switch(config)#int range GigabitEthernet 0/1-24
                                        //在 Gi0/1-24 口上启用 RLDP 功能
Switch(config-if-range)#rldp port loop-detect shutdown-port
                         //在接口上启用 RLDP 功能，如果出现环路，则接口自动 Shutdown
Switch(config-if-range)#exit
Switch(config)#errdisable recovery interval 30
      /*将遇到环路的 Shutdown 接口在 30s 后开启。如环路仍存在，则继续 Shutdown 接口，
       断开网络。如此往复，直到解决环路问题为止*/
```

此外，在接入交换机的下连接口上启用 RLDP 功能时，建议启用 BPDU Guard+PortFast 功能。如果网络中没有运行 STP，则可以在接入交换机上启用 STP，同时上连接口开启 BPDU Filter 功能，防止 STP 报文发送到核心交换机，影响整网传输效率，命令示例如下。

```
Switch(config)#spanning-tree
Switch(config)#interface range GigabitEthernet 0/1-24
                                        //下连接口启用 BPDU Guard+PortFast 功能
Switch(config-if-range)#spanning-tree bpduguard enable
Switch(config-if-range)#spanning-tree portfast
Switch(config-if-range)#exit
Switch(config)#interface GigabitEthernet 0/25
                                        //上连接口启用 BPDU Filter 功能
Switch(config-if-GigabitEthernet 0/25)#spanning-tree bpdufilter enable
Switch(config-if-GigabitEthernet 0/25)#exit
```

8.6 RLDP 技术实践

目前，在工商银行、建设银行等大型金融系统中，均要求开启单向链路检测机制，防止通信链路上发生单向链路故障而生成交换环路。

例如，网络中存在一收一发两条光纤链路，如果其中一条光纤因故障掉线，另外一条仍保持为 Up 状态，交换机的光模块物理接口仍然带电，仍然保持 Up 状态，这种情况很容易导致网络出现环路，从而导致业务中断。

图 8-14 所示为某省某银行网络中心场景，各营业网点均采用裸光纤接入，实施基于同步数字体系（Synchronous Digital Hierarchy，SDH）的多业务传送，实现各营业平台通过 MSTP 专线技术连接到总部网络。总部的网络中心安装了锐捷网络的 RG-S7600 核心交换机

作为核心网接入设备，单台设备连接 60 多个网点，并稳定地承载网点业务。在核心网络部署中，在开启三层动态路由协议的同时，还启用了 RLDP 智能物理链路检测机制，以便及时发现存在的单向链路和下连环路问题，防止业务中断。

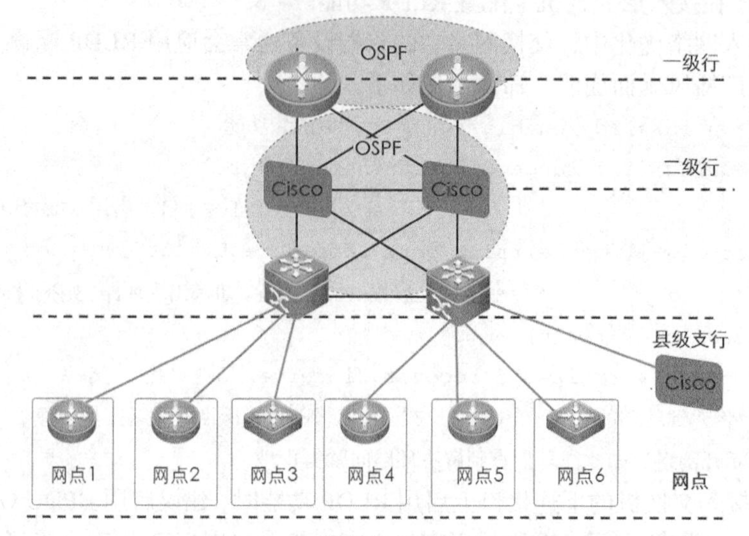

图 8-14 某省某银行网络中心场景

需要注意以下事项。

（1）锐捷网络的非 ROS 10.x 系统交换机，如 S21 系列交换机，在启用 RLDP 功能后，交换机上发出的 RLDP 报文的目的 MAC 地址是 01-80-c2-00-00-02，是 802.1D 保留地址。如果下连交换机为 S19 系列、S20 系列、S21 系列（早期版本，非 10.x 版本交换机），则认为这个地址是保留地址，会把这个地址的数据丢弃，无法进行透传 RLDP 报文，也没有方法检测环路。而如果使用锐捷网络 ROS 的 10.x 系统交换机作为下连交换机，则不会对这个地址做处理，能正常转发 RLDP 报文，也能检测环路。

（2）如果使用 ROS 10.x 系统的交换机作为接入设备，并启用 RLDP 功能，则 RLDP 探测报文将使用目的 MAC 地址是 01-d0-f8-00-00-02 的私有组播地址，下连 S19、S20、S21、S23、S26 及 S29 等系列交换机，都能正常透传 RLDP 报文，进而检测环路。

（3）在 ROS 10.x 系统交换机上启用 RLDP 功能，其下连其他厂商非智能化交换机（如 TP-Link、D-Link）能正常透传 RLDP 报文，也能检测环路。

（4）非 ROS 10.x 系统交换机（常见如 S21 系列交换机）启用 RLDP 功能后，其下连其他厂商的集线器设备，将不能正常透传 RLDP 报文，也不能检测环路。所以，如果是 S21 系列的交换机需要使用 RLDP 防环，则推荐到版本管理系统中下载该软件进行升级。

8.7 网络实践：使用 RLDP 防范链路故障

【任务描述】

某企业网络中，各部门的用户通过二层接入交换机 Switch A、Switch B 接入网络。由于办公网络中有部门的用户使用集线器私下扩展办公网络，错误的连接方式造成公司的办公网络上出现了环路，造成办公网络中断。网络中心希望通过配置 RLDP 环路检测机制，实施单双向链路检测，以便迅速定位并处理故障，及时恢复网络，减少网络中断带来的业务损失。

网络中心的主要需求为：一旦检测到环路故障或者单双向链路故障，就根据配置的故障处理方法处理故障；通过在接口上配置“Shutdown-port”命令，处理接口上出现的故障，要求主动恢复其 RLDP 检测，并使所有 RLDP 检测失败的接口重新开始检测。

【网络拓扑】

图 8-15 所示为某企业网络中心的网络拓扑，在全网实施全局 RLDP 功能后，再开启接口上的 RLDP 探测功能，配置 RLDP 诊断类型和故障处理方法。

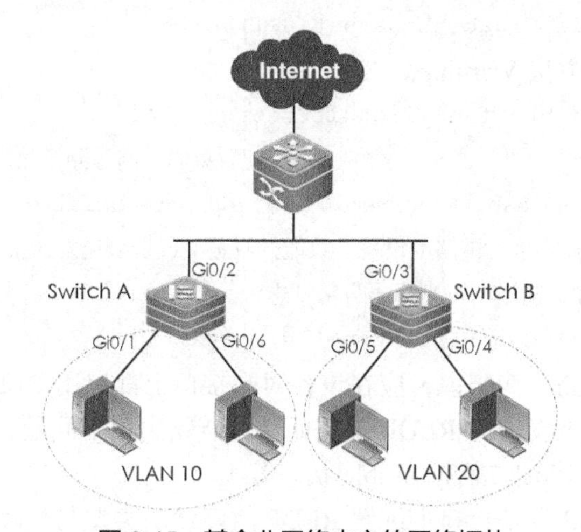

图 8-15 某企业网络中心的网络拓扑

需要注意的是，对于环路检测来说，在下连接口（在企业各部门用户或服务器上连接设备的接口）上不能启用 RLDP 功能；对于单双向链路检测来说，设备对端接口的 RLDP 功能都需要开启。若对端接口为三层路由接口，则只能使用 Warning、Block 或 Shutdown-port 故障处理方法，不支持 Shutdown-SVI 故障处理方法。

【设备清单】

三层交换机（1 台），二层交换机（两台），测试 PC（若干）。

【实施步骤】

步骤 1：在设备上启用 RLDP 功能。

```
SwitchA#configure terminal
SwitchA(config)#rldp enable      // 启用 RLDP 功能

SwitchB#configure terminal
SwitchB(config)#rldp enable      // 启用 RLDP 功能
```

步骤 2：在 Switch A 设备的接口上配置诊断类型与故障处理方法。

在 Switch A 接口上启用 RLDP，并在接口 Gi0/1 上配置环路检测及故障处理方法为 Block；在接口 Gi0/2 上配置单向链路检测及故障处理方法为 Warning（注意，Switch A 的 Gi0/2 和 Switch B 的 Gi0/3 互连，如果 Gi0/2 上配置了单向链路检测，则 Switch B 的 Gi0/3 上也务必配置为单向链路检测，否则可能因为误配置导致告警，或接口 Block，或接口进入 Disable 状态。若接口处于 Block 或者 Disable 状态，则可能导致该接口下连网络中断）。

（1）配置故障处理方法 Block。

```
SwitchA(config)#interface GigabitEthernet 0/1
                                        // 配置环路检测及故障处理方法 Block
SwitchA(config-if-GigabitEthernet 0/1)#rldp port loop-detect block
                                // 如果 RLDP 检测到环路，则将接口状态更改为 Block
SwitchA(config-if-GigabitEthernet 0/1)#exit
```

（2）配置故障处理方法 Warning。

```
SwitchA(config)#interface GigabitEthernet 0/2
                                   // 配置单向链路检测及故障处理方法 Warning
SwitchA(config-if-GigabitEthernet 0/2)#rldp port unidirection-detect warning
          /*配置接口连接的链路上设备，只能接收报文或者只能发送报文（如由于光纤接收线
对接错误导致单向接收或单向发送），则输出告警日志*/
SwitchA(config-if-GigabitEthernet 0/2)#exit
```

此外，对单双向链路检测来说，应在设备对端接口上都启用 RLDP 功能，否则设备会因为没有收到对端接口上发出的 RLDP 报文而认为链路出现了问题，并执行相应的故障处理措施（如将接口置为 Block 或者 Disable 状态等）。

步骤 3：在 Switch B 设备接口上配置 RLDP 故障诊断类型与故障处理方法。

在 Switch B 上启用接口 RLDP 检测功能，并在接口 Gi0/4 上配置环路检测及故障处理方法为 Block；在接口 Gi0/3 上配置单向链路检测及故障处理方法为 Shutdown-port（注意，Switch A 上的 Gi0/2 口和 Switch B 上的 Gi0/3 口互连；如果 Gi0/2 接口上配置了单向链路检测，则 Switch B 上的 Gi0/3 接口上也务必配置单向链路检测，否则可能因为误配置导致告警，或接口进入 Block 状态，或接口进入 Disable 状态。若接口处于 Block 或者 Disable 状态，则可能导致该接口下连网络中断）。

（1）配置故障处理方法 Block。

```
SwitchB(config)#interface GigabitEthernet 0/4
                                        // 配置环路检测及故障处理方法 Block
SwitchB(config-if-GigabitEthernet 0/4)#rldp port loop-detect block
                            // 如果 RLDP 检测到有环路，则将接口状态更改为 Block
SwitchB(config-if-GigabitEthernet 0/4)#exit
```

（2）配置故障处理方法 Shutdown-port。

```
SwitchB(config)#
SwitchB(config)#interface GigabitEthernet 0/3
                              // 配置单向链路检测及故障处理方法 Shutdown-port
SwitchB(config-if-GigabitEthernet 0/3)#rldp port unidirection-detect
```

```
shutdown-port
        /*配置接口连接的链路上设备，只能接收报文或只能发送报文（如由于光纤接收线对接错误导致的单向接收或单向发送），否则将接口 Disable*/
    SwitchB(config-if-GigabitEthernet 0/3)#exit
```

需要注意的是，对于单双向链路检测来说，在设备的接口上都需启用 RLDP 功能，否则设备会因为没有收到对端发出的 RLDP 报文而认为链路出现了问题，并执行相应的故障处理措施（如将接口置于 Block 或者 Disable 状态等）。

步骤 4：在 Switch A 和 Switch B 上配置接口的 RLDP 探测功能，出现故障被 Shutdown 后，接口自动恢复间隔的时间为 300s。

```
SwitchA(config)#errdisable recover interval 300      //配置单位是 s

SwitchB(config)#errdisable recover interval 300      //配置单位是 s
```

需要注意的是，用户也可以在全局配置模式下使用“errdisable recover”命令设置定时重新启动，定时进行违例接口的 RLDP 检测。

步骤 5：在 Switch A 上查看 RLDP 配置信息。

```
SwitchA#show rldp         // 查看设备上所有接口的 RLDP 配置信息
    rldp state : enable              // 是否启用 RLDP，enable 表示开启
    rldp hello interval: 3           // RLDP 保活时间
    rldp max hello : 2
    rldp local bridge : 00d0.f828.33aa
    -------------------------------------------------------------
    Interface GigabitEthernet 0/2
    port state : normal                // 接口状态，normal 表示正常
    neighbor bridge : 00d0.f800.41b0
    neighbor port : GigabitEthernet 0/3
    unidirection detect information:
    action: warning
    state : normal
    Interface GigabitEthernet 0/1
    port state : normal
    neighbor bridge : 0000.0000.0000
    neighbor port :
    loop detect information :
    action: block
    state : normal
```

8.8 认证测试

1. RLDP 环路检测到（　　）违例方式和 STP 存在冲突，建议采用（　　）违例方式。

A. Block / Shutdown-port

B. Shutdown-SVI / Shutdown-port

C. Block / Shutdown-SVI

D. Warning / Block

2. 将 RLDP 功能的违例方式置为 Shutdown-Port，其生效后，以下可以恢复 RLDP 检测的配置命令有（　　）。

A. RLDP reset

B. errdisable recover interface all

C. errdisable recover interval 100

D. no shutdown

3. RLDP 不可以实现的功能为（　　）。

A. 单向链路检测　　B. 双向链路检测

C. 防 ARP 欺骗　　D. 防二层环路

4. 在 RLDP 上开启链路检测防环路时，发送的报文类型是（　　）。

A. 单播　　B. 组播　　C. 广播　　D. 任播

5. RLDP 的中文名称为（　　）。

A. 快速链路防环协议　　B. 快速恢复检测协议

C. 快速链路检测协议　　D. 回应链路控制协议

单元9 使用 VSU 技术实现网络高可靠性

【技术背景】

为了提高网络中心的可靠性，一般在核心层将多台设备通过 MSTP+VRRP 技术配置成双核心，实施核心网络冗余，实现出口网络的备份效果。但冗余的网络架构会增加网络设计的复杂性，网络故障的收敛时间长，同时大量的备份链路会降低网络带宽资源的利用率，减少了网络的投资回报率。

近些年来出现的网络系统虚拟化（VSU）技术，支持将多台网络设备组合成单一虚拟设备，形成整网端到端的 VSU 虚拟化组网方案，如图 9-1 所示。和传统的 MSTP+VRRP 组网方式相比，VSU 虚拟化组网可以简化网络拓扑，降低网络的管理维护成本，缩短网络中各项应用的恢复时间和业务中断的恢复时间，提高网络资源的利用率。

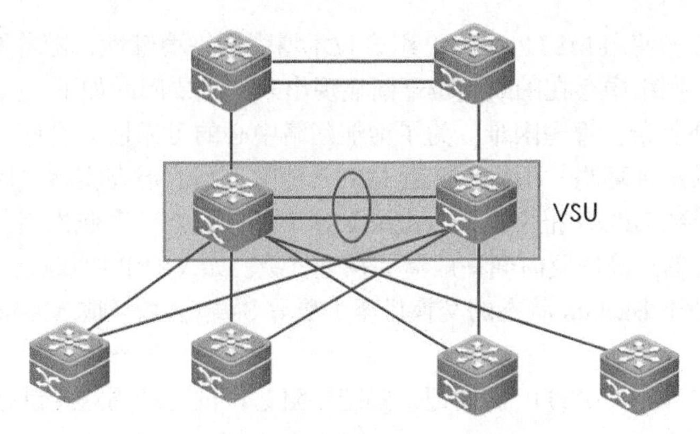

图 9-1 VSU 虚拟化组网方案

本单元帮助读者认识 VSU 技术，掌握 VSU 技术的应用。

【技术介绍】

9.1 VSU 技术概述

1. VSU 技术背景

如图 9-2 所示，在传统网络中，为了增强核心网络的可靠性，在核心层部署两台交换机，所有汇聚层交换机都有两条链路，分别连接到两台核心层交换机上，实现网络的冗余和备份。但交换网络中冗余和备份链路易形成环路，为了消除环路，在汇聚层交换机和核心层交换机上配置 MSTP，阻塞一部分链路。为了提供冗余网关，在核心网络的出口设备上配置了 VRRP。

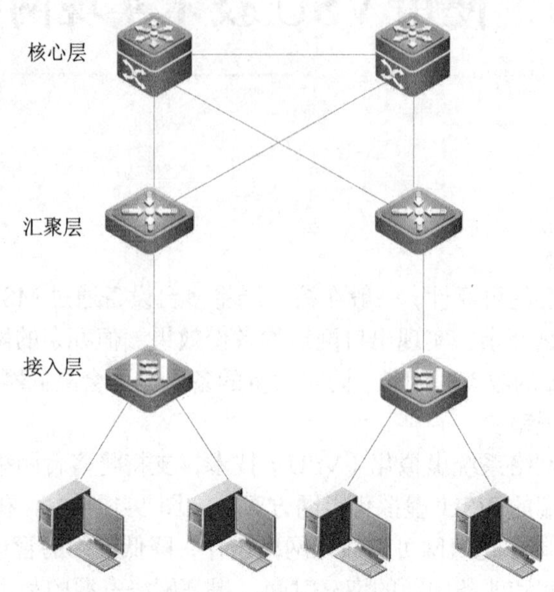

图 9-2 传统网络拓扑

传统网络中心多使用 MSTP+VRRP 组合技术增强网络稳健性，随着网络规模的扩大，网络中应用增多，网络中存在的缺陷也逐渐显现出来，主要问题如下。

（1）网络拓扑复杂，管理困难。为了增加网络中心的可靠性，设计了一些冗余链路，使得网络中心容易出现环路，不得不配置 MSTP 消除环路。但在实际应用中，可能由于链路流量比较大而导致 BPDU 报文丢失，造成 MSTP 拓扑振荡，影响网络的正常运行。

（2）网络中心的故障恢复时间一般需要在毫秒级。如 VRRP 协议，状态为 Master 的交换机发生故障，处于 Backup 状态的交换机至少要等 3s 才会切换成 Master，导致核心网络延时时间增长。

（3）为了消除环路，MSTP 需要把一些链路阻塞，没有利用这些链路的带宽，造成带宽资源浪费。

2. VSU 技术应用

为了解决传统网络中出现的这些新问题，技术人员提出一种把两台物理交换机组合成一台虚拟交换机的新技术，称为 VSU，即虚拟交换单元。如图 9-2 所示，把传统网络中两台核心层交换机使用 VSU 通过聚合链路连接起来，在外围设备看来，VSU 相当于一台交换机，出现图 9-3 所示的逻辑网络视图连接效果。

3. VSU 含义

VSU 是一种网络虚拟化技术，支持将多台物理设备组合成单一的虚拟网络设备。在图 9-4 所示的网络中，接入层、汇聚层、核心层设备都可以配置 VSU 技术，实现端到端 VSU 组网方案。

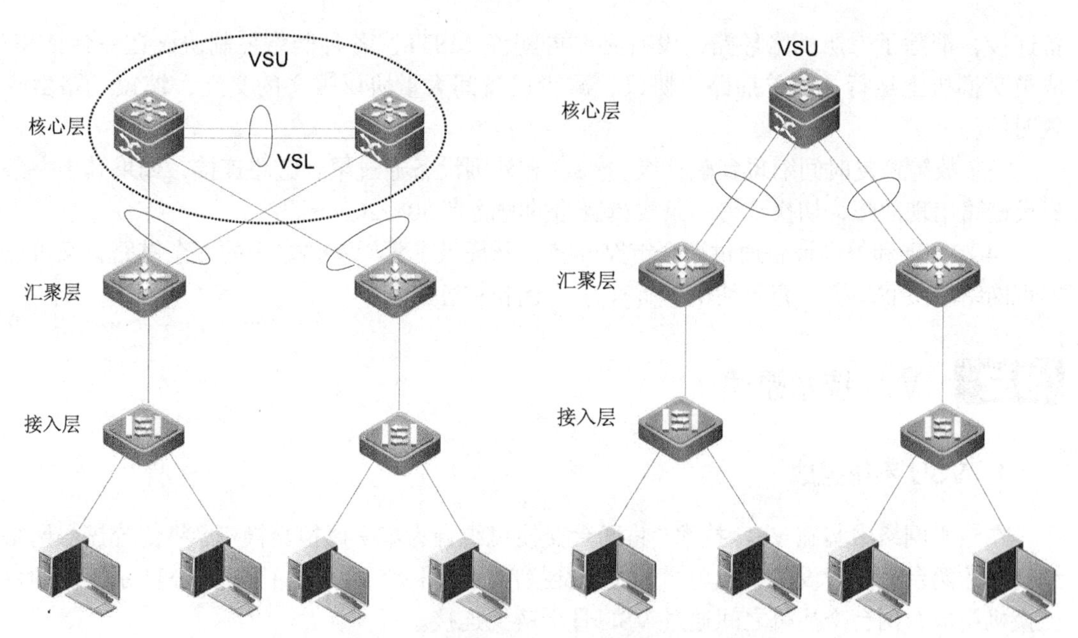

图 9-3 VSU 组网拓扑图（物理视图→逻辑视图）

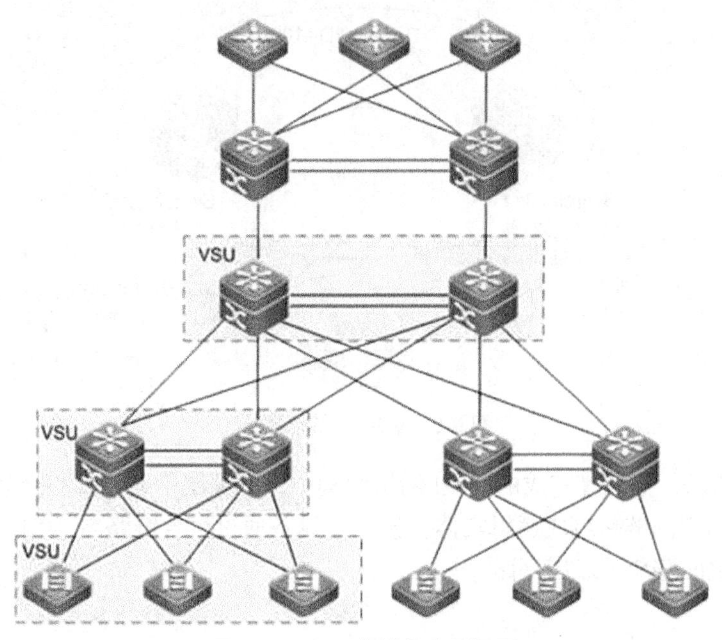

图 9-4 VSU 虚拟化应用场景

4. VSU 技术优势

和传统网络中核心网络可靠性组网技术相比，VSU 技术具有以下优势。

（1）简化管理。两台物理交换机组成 VSU 虚拟设备以后，管理员可以对两台交换机进行统一管理，而不需要连接到两台交换机分别进行配置和管理。

（2）简化网络拓扑。VSU 在网络中相当于一台虚拟交换机，通过聚合链路和外围设备连接，消除了二层网络环路，没有必要再配置 MSTP。各种网络控制协议在一台 VSU 成员交换机上运行，如单播路由协议，减少设备间大量协议报文的交互，缩短了路由收敛时间。

（3）故障恢复时间缩短到毫秒级。VSU 和外围设备通过聚合链路连接，如果其中一条成员链路出现故障，切换到另一条成员链路的时间是 50～200ms。

（4）VSU 和外围设备通过聚合链路连接，既提供了骨干链路之间的冗余链路，又可以实现网络的负载均衡，充分利用了所有骨干链路带宽。

9.2 VSU 技术原理

1. VSU 系统组成

在核心网络中实施 VSU 技术，将两台交换机组合为单一虚拟交换机，将传统核心网络结构中的两台或多台设备组成单一的逻辑交换单元，图 9-5 所示的汇聚层 VSU 系统由两台交换机组成，两台交换机之间通过 VSL 骨干链路连接。

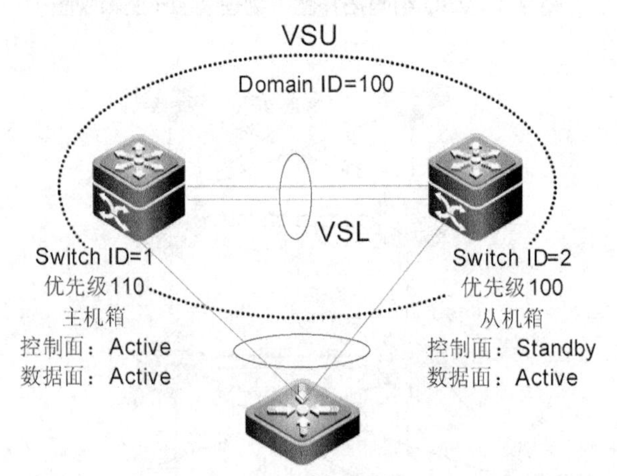

图 9-5　VSU 组成示意图

如图 9-6 所示，在配置完成的 VSU 网络结构中，汇聚层中通过核心交换机设备互连，设备之间通过内部的链路组成逻辑实体，接入层设备通过聚合链路与 VSU 建立连接，接入层和汇聚层之间避免了二层环路。

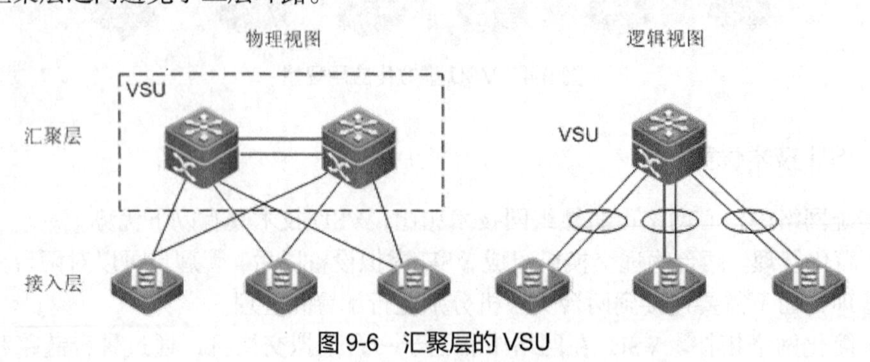

图 9-6　汇聚层的 VSU

除了核心层、汇聚层设备外，目前，接入层的设备也可以实施 VSU，实现网络中骨干服务器的高速接入，图 9-7 所示即为接入层的 VSU 结构。

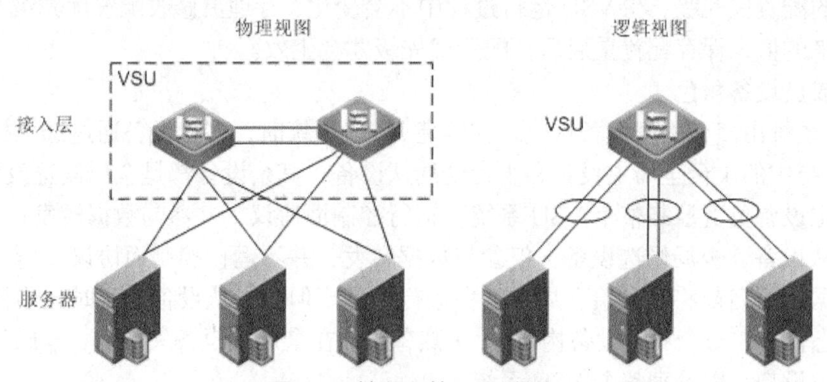

图 9-7 接入层的 VSU 结构

针对网络中接入可用性要求高的服务器，在传统的网络组网中，一般使用“单服务器多网卡绑定为聚合接口”技术实现网络服务器与接入层设备的相连。由于聚合接口要求只能接入同一台设备，所以单台设备故障风险增加。

使用 VSU 技术，网络中的服务器使用多块网卡绑定为逻辑聚合接口，连接到同一个 VSU 系统组内不同的成员设备上，实现冗余和备份，可以防止接入设备的单点失效，防范由于单条链路失效导致的网络中断。

2. VSU 技术组成

（1）域标识

Domain ID 是 VSU 标识符，以区分不同 VSU。配置完成的 VSU 域都需要有一个唯一的标识符——Domain ID，只有拥有相同域标识的设备才能组合在一起，形成同一个 VSU 虚拟系统。两台交换机的 Domain ID 相同，才能组成 VSU。域标识的取值是 1～255，其默认值是 100。

（2）成员设备编号

Switch ID 是 VSU 成员交换机在 VSU 中的成员编号，取值是 1 或 2，默认值是 1。加入到 VSU 系统的每个成员设备都拥有唯一的 ID 编号，即 Switch ID。这个编号用于 VSU 系统管理成员设备以及配置成员设备上的接口标识等。用户在将物理设备加入到 VSU 系统时，需要配置该编号，并且保证成员设备的编号在同一个 VSU 系统中具有唯一性。VSU 系统如果发现成员设备编号发生冲突，则自动分配 ID。

在单机模式下，网络设备上的接口编号采用二维格式（如 Gi0/1）编码。而在 VSU 系统中，接口编号采用三维格式（如 Gi1/0/1）编码，其中，第一维表示成员编号。在 VSU 中，两个成员设备上接口的编号必须唯一。如果建立 VSU 时两个成员设备的编号相同，则不能建立 VSU 系统。

（3）交换机优先级

交换机优先级是成员交换机在角色选举过程中确定的成员交换机角色。优先级越高，被选举为主机箱的可能性越大。优先级的取值是 1～255，默认优先级是 100。如果想让某台交换机被选举为主机箱，需要配置提高该交换机优先级。

交换机优先级分为配置优先级和运行优先级。运行优先级是 VSU 系统启动时，配置文件中保存的配置优先级，在 VSU 运行过程中不会变化，管理员修改配置优先级，运行优先级还是原来的值，保存配置重启后，配置优先级才会生效。

（4）成员设备角色

VSU 系统由多台物理设备构成，在组建 VSU 系统时，多台设备通过选举机制，选举出 VSU 系统中的 1 台全局主设备和 1 台全局从设备，其余设备都是全局候选设备。

全局主设备负责控制整个 VSU 系统，运行控制面协议，并参与数据转发；其余设备，包括全局从设备、全局候选设备，仅参与数据转发，并不运行控制面协议。所有接收到的控制面数据流报名都将转发给全局主设备进行处理。但全局从设备也实时同步接收全局主设备的状态信息，与全局主设备构成 1：1 热备份。在全局主设备失效后，全局从设备将切换成全局主设备，以管理整个 VSU 系统。

（5）成员设备角色

VSU 系统由两台机箱构成，当组建 VSU 系统时，两台机箱通过选举算法确定主从身份。其中一台机箱作为主机箱，另外一台机箱作为从机箱。在 VSU 控制层面，主机箱处于 Active 状态，从机箱处于 Standby 状态，主机箱把控制层面信息实时同步到从机箱；从机箱收到控制报文后，也需要转交给主机箱进行处理。在数据层面，两台机箱都处于 Active 状态，即都实时参与转发报文。

（6）工作模式

VSU 系统中的交换机有两种工作模式：单机模式和 VSU 模式，默认模式是单机模式。要想组建 VSU 系统，必须把物理设备的工作模式从单机模式切换到 VSU 模式。

3. VSU 和堆叠的区别

VSU 和堆叠技术的最大区别是 VSU 系统是热备份，堆叠是冷备份。

当 VSU 系统中备机发生重启，或者所有 VSL 骨干链路都断开时，主机不会重启，因为是热备份。而堆叠因为是冷备份，所以只要备机发生重启或者堆叠线发生 Up/Down 切换现象，都会导致整个堆叠系统发生重启。

9.3 VSU 虚拟交换链路

虚拟交换链路（Virtual Switching Link，VSL）是一条连接在两台 VSU 系统中成员交换机之间传输控制报文的虚拟聚合链路。VSL 链路除了传输 VSU 中控制报文以外，可能存在跨机箱的数据报文也通过 VSL 骨干链路传输的情况。为了降低控制报文丢失的可能性，在 VSL 链路上，VSL 控制报文优先级高于数据报文，得到优先传输。

1. VSL 链路

由于 VSU 系统中的多台设备作为统一而独立的网络虚拟实体，因此，它们之间需要共享控制信息和部分数据流，因此，需要建立一条虚拟交换链路。VSL 链路是 VSU 系统中成员设备之间传输控制信息和数据流的特殊骨干链路。

图 9-8 展示了 VSL 链路在 VSU 系统内的位置。其中，VSL 链路以聚合链路的形式存在，通过构建完成的 VSL 链路传输数据流和控制信息，并根据流量平衡算法，在聚合组的各个成员之间进行负载均衡。

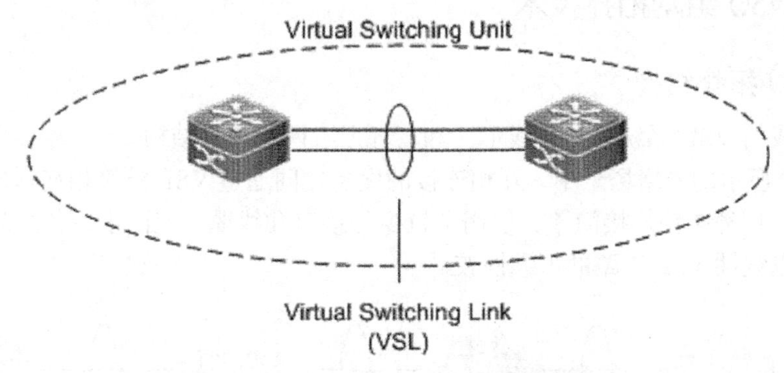

图 9-8　VSL 链路在 VSU 系统内的位置

2. VSL 链路控制信息

VSL 链路在 VSU 系统中成员设备间传输控制信息的过程如下。

首先，成员设备接收到的 VSU 控制报文通过 VSL 链路转发给全局主设备进行处理。

其次，经过全局主设备处理的 VSU 控制报文通过 VSL 链路转发到其他成员设备接口，由该接口发送该控制报文到对端设备。

3. VSL 链路传输数据流

此外，VSL 链路上也承担着传输数据流任务，VSL 链路在设备间传输的数据流包括 VLAN 内泛洪的数据流和需要跨设备转发的数据流。

此外，VSL 链路上也传输 VSU 系统内部的管理类报文，如热备份交换的协议信息、主机向其他成员设备下发配置信息的报文等。需要注意的是，在实施了镜像（SPAN）的网络环境中，VSL 链路关联的接口既不能作为 SPAN 的源接口，也不能作为 SPAN 的目的接口。

4. VSL 链路故障

如果 VSL 链路聚合组中的某一成员链路发生了故障，则 VSU 将自动调整 VSL 链路聚合接口的配置，使得流量不再从发生故障的成员链接上传输。

如果 VSL 链路聚合组的所有成员链路都断开，则 VSU 系统拓扑会发生变化。如果原先是环形拓扑，则将会发生“环转线”现象，后续章节会描述拓扑环线互转的相关知识。

为避免 VSL 链路发生故障，在实际组网中，需要注意以下几点。

（1）VSL 成员设备上的接口必须和 VSL 接口相连，并且一个 VSL 聚合接口只能连接在另一个 VSL 成员的聚合接口上。如果 VSL 成员设备上的接口和普通物理设备上的接口相连，或者一个 VSL 聚合接口连接多个 VSL 聚合接口，就会影响 VSU 系统拓扑的可靠性。

（2）如果一个 VSL 聚合接口连接到多个 VSL 聚合接口，将会导致部分 VSL 成员接口被禁止。如果 VSL 成员接口连接到非 VSL 成员接口，也会导致 VSL 成员接口被禁止。

因此，组网时需要确保正确连接 VSL 成员设备上的接口，否则会影响 VSU 系统拓扑的可靠性。对于因为连接错误而被禁用的 VSL 成员接口，重新正确连接后，即可恢复使用。

9.4 VSU 组网拓扑技术

9.4.1 VSU 拓扑结构

配置完成的 VSU 系统支持“线形”和“环形”两种拓扑结构。

在图 9-9 所示的网络场景中，互相连接的设备之间通过 VSL 链路相连形成一条线，称为线形拓扑。这种拓扑连接简单，使用了较少的接口和线缆，但由于设备之间只有一条通信链路，所以线性 VSL 链路的可靠性较低。

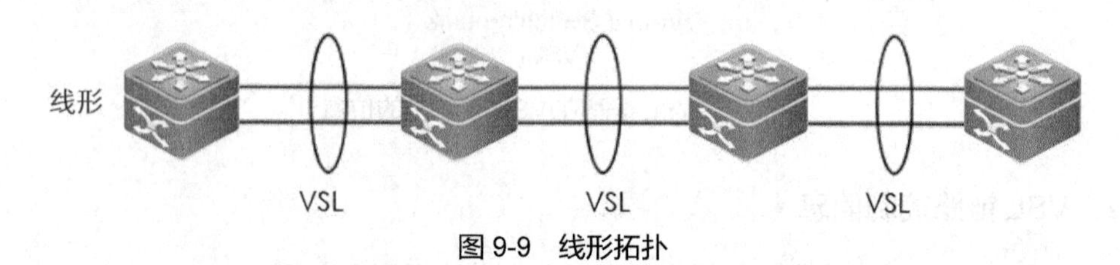

图 9-9 线形拓扑

如图 9-10 所示，设备组成环形拓扑，互连的设备之间有两条通信链路，实现冗余和备份，形成链路冗余，提高了 VSU 系统的可靠性。

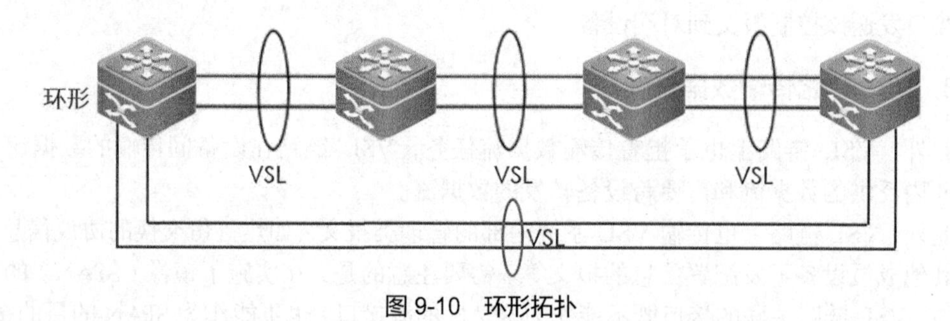

图 9-10 环形拓扑

用户在选择 VSU 系统的拓扑时，应尽量选择环形拓扑，这样能保证 VSU 中不会因为任何单台设备的失效，或者任何单条 VSL 链路的失效，而影响整个 VSU 系统的正常运行。

9.4.2 VSU 拓扑变化

1. 拓扑收敛

首先，在 VSU 系统建立之前，成员设备之间需要通过拓扑发现协议来发现邻居，最终确定加入到 VSU 系统中的设备，从而确定 VSU 管理域的范围。其次，选举出一台全局主设备来管理整个 VSU 系统，再选举出一台全局从设备作为主设备的备份。最后，完成整个 VSU 系统的拓扑及收敛。由于不同设备的启动时间有所不同，所以拓扑的首次收敛时间也有所不同。

2. 拓扑变化

（1）拓扑环线互转

在环形 VSU 拓扑中，当其中一条 VSL 链路断开时，拓扑将由环形转换成线形，如图 9-11 所示。此时，整个 VSU 系统仍然能够正常工作，不会造成网络的中断。但为了避免 VSU 系统的其他 VSL 链路或节点失效，应该及时排查 VSL 链路故障，将出现故障的 VSL 链路恢复。只有 VSL 链路故障恢复后，VSU 拓扑才能由线形拓扑转换回环形拓扑。

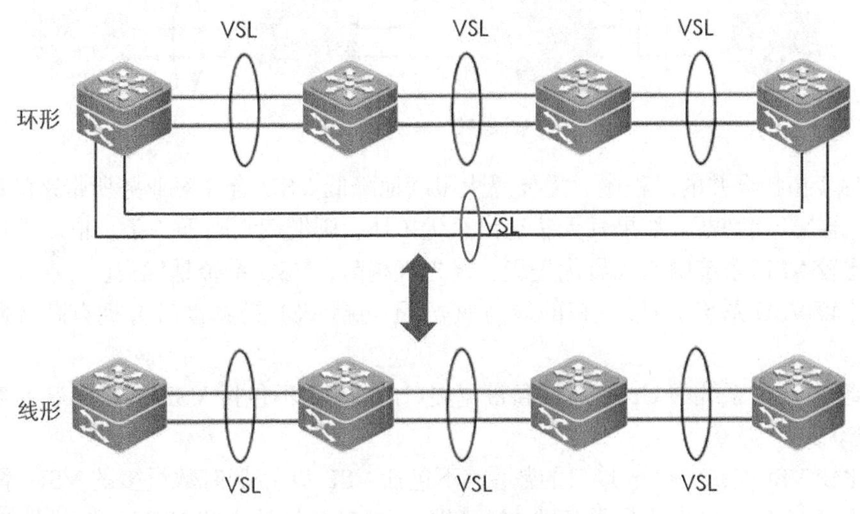

图 9-11 拓扑环线互转

（2）拓扑分裂

在线形 VSU 拓扑中，如果 VSL 链路断开，则 VSU 拓扑将会发生分裂，由一个 VSU 系统分裂成两个 VSU 系统，如图 9-12 所示。在这种情况下，可能网络中会出现两台配置完全相同的 VSU 主设备，从而令网络无法正常工作。通过部署双主机检测功能可以解决 VSU 网络拓扑分裂问题。

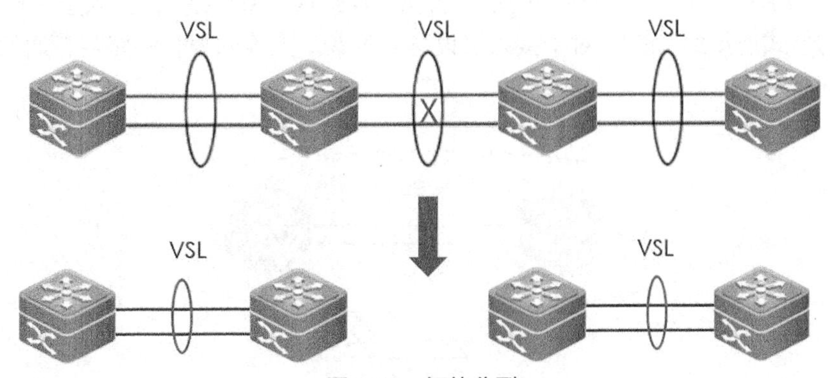

图 9-12 拓扑分裂

（3）拓扑合并

两个 VSU 系统通过 VSL 链路连接，将会发生 VSU 拓扑合并。在拓扑合并过程中，需要重启其中一个 VSU 系统，再热加入另一个 VSU 系统。图 9-13 所示为 VSU 拓扑合并场景。

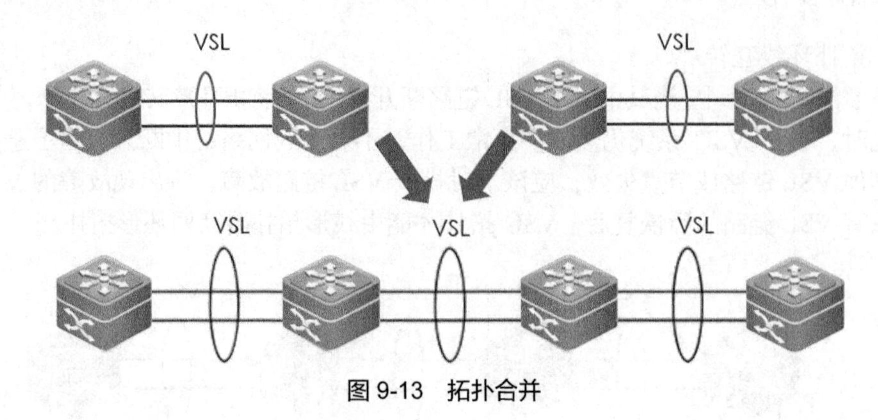

图 9-13 拓扑合并

在 VSU 拓扑合并的过程中，需要最大限度地降低 VSU 合并对业务所带来的影响。先从第一条链路开始判断，如果其无法选出最优拓扑，则继续判断下一条，依序进行。

① 比较 VSU 系统中的成员优先级，优先级越高，VSU 系统越优先。

② 比较 VSU 系统中 Up 接口的最高带宽（不包括 VSL 链路接口），拥有高带宽的 VSU 系统优先。

③ 比较 VSU 系统中 Up 接口最高带宽接口的数量（不包括 VSL 链路接口），数量多的 VSU 系统优先。

④ 比较 VSU 系统中 Up 接口的数量（不包括 VSL 口），拥有数量多的 VSU 系统优先。

⑤ 比较 VSU 系统中成员设备的 MAC 地址，MAC 地址小的 VSU 系统优先。

当两个 VSU 系统进行拓扑合并时需要进行竞选，竞选失败的一方将逐一自动重启，并加入另一个 VSU 系统。

9.4.3 VSU 设备外部连接

VSL 链路聚合将多个物理链接捆绑聚合在一起形成一条逻辑链接，实现了跨设备聚合组。VSU 系统支持跨成员设备的聚合。

如图 9-14 所示，核心网络中的交换设备 A、B 组成 VSU 系统，接入层交换设备 C 以聚合链路的形式连接到 VSU。对于接入层设备 C 来说，上连的聚合链路与普通的聚合接口组没有区别。

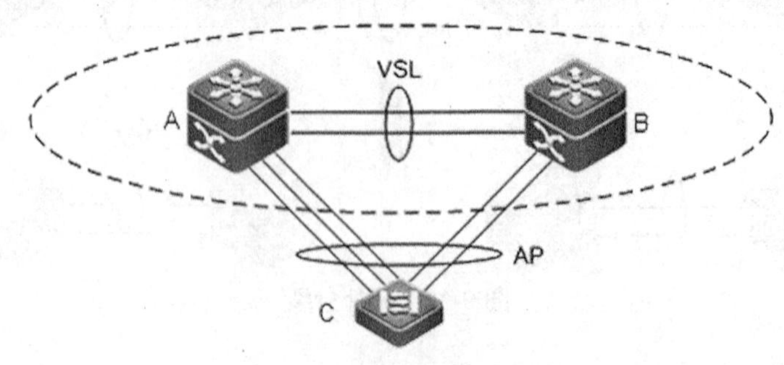

图 9-14 跨设备聚合接口

在实际的网络施工中，配置跨设备之间的聚合链路时，建议在外围设备与 VSU 的每台设备之间均部署物理链路，这样既可以保留 VSL 链路的带宽，又可以提高网络的可靠性。

9.5 VSU 热备份

9.5.1 VSU 热备份原理

加入 VSU 系统中的成员设备角色分为全局主设备、全局从设备和全局候选设备。

全局主设备负责整个 VSU 系统的管理任务，全局从设备和全局主设备之间形成 1 : 1 热备份。全局候选设备不参与热备份。但如果全局主设备失效，全局从设备就升级为全局主设备，接管整个 VSU 系统。

要实现 VSU 系统全局热备份，需要实现主、从设备之间的如下同步。

（1）状态同步，实现主设备将其运行状态实时同步给从设备，以使从设备能够在任意时刻接替主设备，承担 VSU 管理功能。

（2）配置 VSU 同步，除了 VSU 状态同步外，还需要同步 VSU 配置，主要同步设备中的各项配置文件系统，如 running-config 与 startup-config。

需要特别注意的是，全局候选设备虽然不参与热备份，但在 VSU 主设备上的全局配置文件 config.text 将会同步到其他所有成员设备上。这样，即使主从设备都发生故障，将剩余设备都重启，配置也能够自动恢复。

9.5.2 成员设备故障恢复

1. 成员设备故障

在 VSU 实现热备份的过程中，VSU 系统中的成员设备故障通常表现为以下几种情况。

（1）如果全局主设备发生故障，则 VSU 系统将进行热备份的主从切换。原全局从设备升级成主设备，接管整个 VSU 系统。故障设备重启后，将会重新加入 VSU 系统。

（2）如果全局从设备发生故障，则 VSU 系统不会进行热备份的主从切换。此时将从其余全局候选设备中选举新的全局从设备。故障设备重启后，将会重新加入 VSU 系统。

（3）如果全局候选设备发生故障，则 VSU 系统不会进行热备份的主从切换。故障的设备重启后，将会重新加入 VSU 系统。

2. 设备故障影响拓扑变化

VSU 系统中的设备故障会对 VSU 的组网拓扑造成影响。

（1）对于 VSU 线形拓扑，单台设备的失效将可能使一个 VSU 拓扑分裂成两个拓扑。

（2）对于 VSU 环形拓扑，单台设备的失效将可能造成 VSU 拓扑的“环转线”的变化。

3. 手工热备份切换或重启

通过主设备的控制台界面，用户可以执行热备份切换及故障复位操作。

（1）执行“reload”命令，整个 VSU 系统将进行复位。

（2）通过执行“reload switch [switched]”或“redundancy reload shelf [switched]”命

令，对某台成员进行重启。

（3）通过执行“remove configuration switch [switched]”命令，可以清除某台设备的配置，此时该设备自动重启。

（4）通过执行“redundancy reload peer”命令，可仅仅复位全局从设备。

（5）通过执行“redundancy forceswitch”命令，VSU 系统将进行热备份的主从切换。

需要注意的是，如果当前的 VSU 系统为线形拓扑，则对某台设备执行重启命令时，可能会导致其他设备的重启。

9.6 VSU 双主机检测

当 VSL 链路断开时，VSU 中从设备切换成为主设备。如果 VSU 系统原来的主设备还在运行，那么两台设备都是主设备角色，配置完全相同，便会引起 IP 地址冲突等一系列问题。

在这种情况下，VSU 系统必须检测双主机，采取恢复 VSU 系统措施。VSU 支持使用基于 BFD 检测和基于聚合接口检测两种方式进行双主机检测。当 VSL 链路上的所有物理链路都异常断开时，VSU 系统就会因为两台设备的配置完全相同而导致整个网络不可用。VSU 系统支持使用 BFD 检测和 MAD 检测机制，通过配置双主机检测，可以阻止以上异常故障出现，保证 VSU 网络系统依然可用。

9.6.1 基于 BFD 检测

VSU 拓扑连接如图 9-15 所示，在两台边缘设备之间增加了一条链路，专门用于多主机检测。

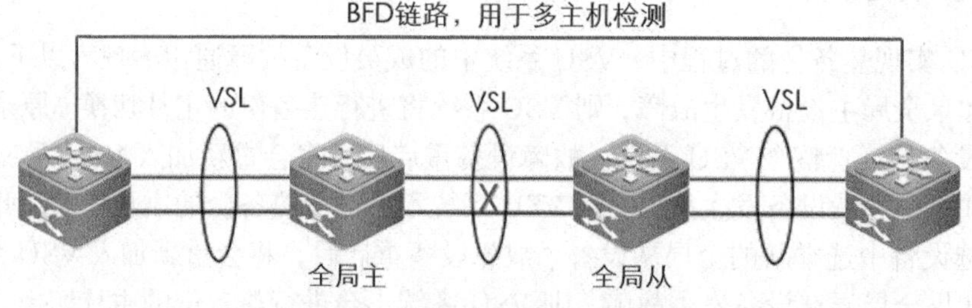

图 9-15 基于 BFD 的多主机检测

当 VSU 系统中全局主设备和全局从设备之间的 VSL 链路断开时，会产生两台主机。如果配置了 BFD 双主机检测功能，两台主机之间即会通过 BFD 链路互相发送 BFD 双主机检测报文，从而检测到当前 VSU 系统中有相同的两台主机存在，最后通过一定的规则（同拓扑合并规则），将其中一台主机所在的 VSU 系统关闭，使其进入 Recovery 状态，避免网络异常中断。

基于 BFD 检测功能，专门针对 VSU 双机组网场景提供了一种双机快速检测功能。当采用 VSU 双机组网并配置基于 BFD 检测时，一旦发生拓扑分裂，即保留原来的主机所在的 VSU 系统，从机所在的 VSU 系统进入 Recovery 状态。实际上，对于双机快速检测功能，在 VSU 拓扑发生分裂时，原从机所在新拓扑中只有 1 台设备，原主机所在新拓扑中有 1 台或多台设备的场景也适用。

在符合双机快速检测的场景下，双机快速检测功能优先生效。如果双机快速检测功能失效，则多主机检测功能生效。

需要注意的是，一旦 VSU 成员设备的接口上配置了 BFD 检测接口，即会关闭该接口的 LLDP 功能。BFD 检测链路采用扩展的 BFD 技术，不能通过已有 BFD 的配置和显示命令配置双主机检测口。

9.6.2 基于聚合口检测

VSU 还支持基于聚合接口检测双主机的机制，如图 9-16 所示。

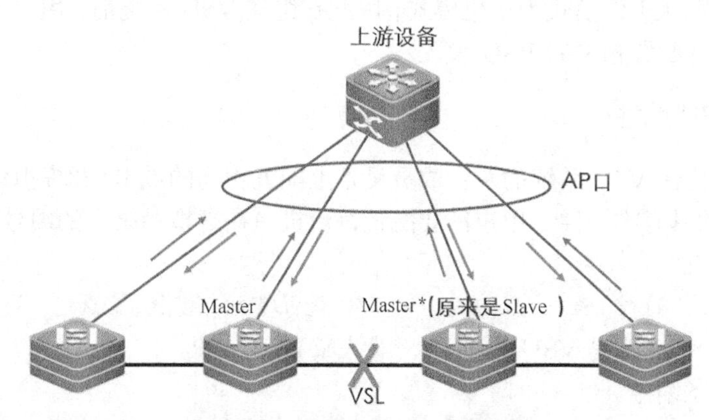

图 9-16 基于聚合口双主机检测

采用该方式，要求 VSU 系统和上游设备支持基于聚合口的双主机检测功能。当 VSU 系统出现 VSL 链路断开的情况后，会产生两个主机系统。两个主机系统向聚合口上的每个成员接口发送私有协议报文，该报文通过上游设备中转到另一个主机系统中。

如图 9-16 所示，聚合口共有 4 个成员接口，每个成员接口连接在 VSU 系统中的 4 台不同设备上。当发生 VSU 系统分裂时，4 个成员接口都会发送和接收双主机检测报文，从而检测到当前有相同的两个主机系统存在，最后通过一定的规则（同拓扑合并规则），将其中一个主机系统所在的 VSU 系统关闭，使其进入 Recovery 状态，避免网络异常。

在上述拓扑中，上游设备必须为锐捷设备，该设备需要支持双主机检测报文的转发。

9.7 配置 VSU

默认情况下，在设备上激活 VSU 配置后，其默认配置信息如表 9-1 所示。

表 9-1 VSU 配置激活后的默认配置信息

功能特性	默认值
交换机工作模式	单机模式
VSU 模式下的交换机编号（Switch ID）	1
VSU 模式下的交换机优先级	100
VSU 模式下的 VSL 成员接口	无
机箱的备用配置	无

在设备上完成VSU配置一般需要如下几个步骤。

步骤1：在单机模式下配置VSU参数。

步骤2：在VSU模式下配置VSU参数（可选）。

步骤3：预配置成员设备（可选）。

步骤4：手工热备份切换（可选）。

步骤5：复位设备（可选）。

9.7.1 在单机模式下配置VSU

由于交换机默认工作模式为单机模式，因此在组建VSU系统前，用户可以将设备在单机模式下启动，并配置相关的VSU参数。

1. 配置VSU属性

用户需要在构建VSU系统的两台成员设备上配置相同的域ID和虚拟设备号。在局域网内，域ID必须具有唯一性，用户需要配置每台机箱在虚拟系统中的编号。

（1）配置域ID。

```
switch virtual domain number      // 配置域ID，该命令必选
```

其中，参数number是VSU的域ID，默认域ID为100。

（2）配置设备编号。

```
switch switch_id     //配置设备在VSU 内的编号，取值是1～8，默认设备编号是1
```

其中，设备编号用来在虚拟设备中标识每个成员。在VSU模式下，成员设备的接口名称的格式从二维的slot/port转换为三维的switch/slot/port。

在VSU系统主从设备选举的过程中，如果两台设备都已经是主设备，或者都刚启动还没有确定角色，并且两台交换机的优先级相同，那么编号小的设备会成为主设备。

该命令只能在单机模式下修改交换机编号，修改的编号重新启动后才能生效。

（3）配置优先级。

```
switch switch_id priority priority_num
//配置对应交换机的优先级，取值是1~255；默认的优先级是100
```

优先级的数值越大，表示优先级越高。在选举主设备的过程中，优先级高的设备成为主设备。该命令在单机模式和VSU模式下都可使用，修改的优先级必须重启后才能生效。

（4）配置示例。

在交换机1上配置Domain ID是1，Switch ID是1，交换机优先级是200。把交换机1的优先级配置得比较高，使交换机1成为主机箱。

```
Ruijie(config)#switch virtual domain 1
Ruijie(config-vs-domain)#switch 1
Ruijie(config-vs-domain)#switch 1 priority 200
```

在交换机2上配置Domain ID是1，Switch ID是2，交换机优先级是100。

```
Ruijie(config)#switch virtual domain 1
Ruijie(config-vs-domain)#switch 2
Ruijie(config-vs-domain)#switch 2 priority 100
```

2. 配置 VSL 链路

为了组建 VSU 系统，还需要配置 VSL 的成员接口。通过执行以下命令，可以配置交换机的 VSL 成员接口。该命令可以在 VSU 模式下使用，也可以在单机模式下使用。命令配置后需要保存，重启后才能生效。

```
vsl-port    // 使用“vsl-port”命令进入接口配置模式，该命令必选
port-member interface interface-name [ copper | fiber ]
                                        // 添加 VSL 的成员接口，该命令必选
```

其中，interface-name 为二维接口名，如 Tengigabitethernet 1/1、Tengigabitethernet 1/3；copper 是电口属性；fiber 是光口属性。

3. 从单机模式切换为 VSU 模式

默认情况下，加入 VSU 系统的设备处于单机模式，在特权模式下，可将设备从单机模式切换为 VSU 模式，可使用如下命令进行配置。

```
switch convert mode virtual                 // 将单机模式切换为 VSU 模式
```

把交换机 1 从单机模式切换为 VSU 模式，在特权模式执行以下命令。

```
Ruijie#switch convert mode virtual
This command will copy the startup configuration to the backup file named
"standalone.text", save the running config to startup config and reload the
switch.
Do you want to proceed? [yes/no]:yes
```

这条命令将把启动时的配置文件备份到文件“standalone.text”中，并把运行配置保存到启动配置文件中，重启交换机，交换机提示是否继续。

如果选择继续，则输入“yes”，交换机就会执行以下操作。

（1）把启动配置文件备份到文件“standalone.text”中。

（2）把 VSU 相关配置保存到启动配置文件中。

和 VSU 无关的配置信息不会保存，实际上，写到启动配置文件中的是以下 3 条配置命令。

```
switch virtual domain 1
switch mode virtual
switch 1 priority 200
```

（3）重启交换机。

```
Copying the startup configuration to the backup file named "standalone.
text" ...
[OK]
Saving running configuration...
[OK]
```

同样，把交换机 2 从单机模式切换为 VSU 模式。

```
Ruijie#switch convert mode virtual
```

4. 查看 VSU 参数

在特权模式下，使用“show switch virtual config [switch_id]”命令，查看单机模式下当前交换设备上配置的 VSU 参数。

```
show switch virtual config [ switch_id ]
/*显示单机模式或 VSU 模式下的 VSU 配置信息，switch_id 是设备编号，指定这个参数可以只显示特定设备的 VSU 配置信息*/
```

需要注意的是，由于 VSU 相关的配置针对单个物理设备，其配置信息存储在特殊配置文件 config_vsu.dat 中。因此“show running config”命令看不到 VSU 配置信息，只能通过“show switch virtual config”命令来查看当前 VSU 的配置。

在单机模式下，VSU 系统运行信息全部清空，用户输入“show switch virtual”命令时，会提示当前为单机模式，无 VSU 系统运行信息。

5. 配置实例

示例 9-1：在单机模式下配置 VSU 系统及 VSL 链路。

以图 9-17 所示某网络中心网络连接场景为例，网络中心的核心交换机 Switch 1 及 Switch 2 组成 VSU 系统。配置 VSU 系统域 ID 为 100，左边设备配置成机箱号 1，优先级为 200，别名为 switch-1，其中，左边设备的接口 Gi1/1、Gi1/2 为 VSL 接口；右边设备配置成机箱号 2，别名为 switch-2，优先级为 100，右边设备的接口 Gi1/1、Gi1/2 为 VSL 接口。

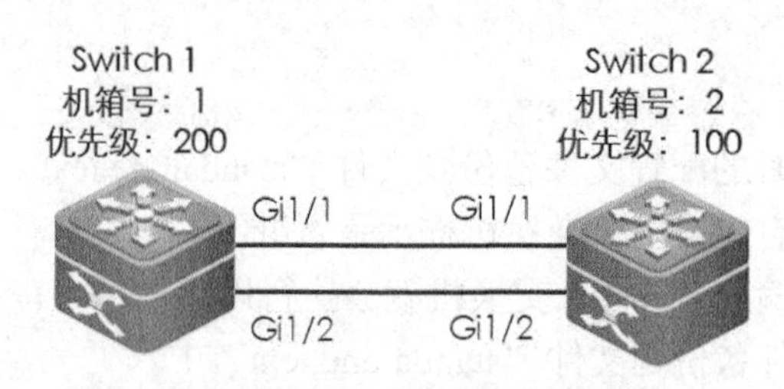

图 9-17 某网络中心的网络连接场景（1）

在单机模式下，配置 VSU 技术及 VSL 链路的命令如下。

```
//配置左边交换机的 VSU 参数
Ruijie(config)#switch virtual domain 100
Ruijie(config-vs-domain)#switch 1
Ruijie(config-vs-domain)#switch 1 priority 200
Ruijie(config-vs-domain)#switch 1 description switch-1
Ruijie(config-vs-domain)#switch crc errors 10 times 20
Ruijie(config-vs-domain)#exit

Ruijie(config)#vsl-port
Ruijie(config-vsl-port)#port-member interface Tengigabitethernet 1/1
Ruijie(config-vsl-port)#port-member interface Tengigabitethernet 1/2
Ruijie(config)#exit
```

```
Ruijie#switch convert mode virtual        //切换左边交换机的模式
//配置右边交换机的 VSU 参数
Ruijie(config)#switch virtual domain 100
Ruijie(config-vs-domain)#switch 2
Ruijie(config-vs-domain)#switch 2 priority 200
Ruijie(config-vs-domain)#switch 2 description switch-2
Ruijie(config-vs-domain)#switch crc errors 10 times 20
Ruijie(config-vs-domain)#exit

Ruijie(config)#vsl-port
Ruijie(config-vsl-port)#port-member interface Tengigabitethernet 1/1
Ruijie(config-vsl-port)#port-member interface Tengigabitethernet 1/2
Ruijie(config-vsl-port)#exit

Ruijie#switch convert mode virtual          //切换右边交换机的模式
```

使用“show switch virtual config”命令查看 Switch 1 的 VSU 属性，具体如下。

```
Ruijie#show switch virtual config
switch_id: 1 (mac: 0x1201aeda0M)
switch virtual domain 100

switch 1
switch 1 priority 100
switch convert mode virtual

port-member interface Tengigabitethernet 1/1
port-member interface Tengigabitethernet 1/2

switch crc errors 10 times 20
```

在单机模式下查看 VSU 相关状态和参数，显示的运行信息和配置参数如下。

```
Ruijie#show switch virtual
Switch_id Domain_id Priority Status Role       Description
---------------------------------------------------------------------
1(1)      1(1)      100(100) OK     ACTIVE     switch-1
2(2)      1(1)      100(100) OK     CANDIDATE  switch-2
3(3)      1(1)      100(100) OK     STANDBY    switch-3
```

在单机模式下查看 VSU 系统的拓扑信息。

```
Ruijie#show switch virtual topology
```

```
    Introduction: '[num]' means switch num, '(num/num)' means vsl-aggregate
port num.
    Ring Topology:
    [1](1/2)---(2/1)[2](2/2)---(1/1)[1]
    Switch[1]: ACTIVE, MAC: 00d0.f829.33d6, Description: Switch1
    Switch[2]: STANDBY, MAC: 1234.5678.9003, Description: Switch2
```

9.7.2 在VSU模式下配置VSU

如果交换机已经工作在VSU模式下，则此时的配置与单机模式下的VSU配置有所区别。在VSU系统运行的过程中，如果需要修改一些参数，则用户可以登录到VSU系统的主机控制台上进行修改。

1. 配置VSU属性

在VSU系统运行过程中，可以修改主机系统或从机系统的域ID、设备编号及优先级。

```
switch virtual domain domain_id
                    // 进入 domain 配置模式,其中 domain_id 是 VSU 虚拟域 ID,默认域 ID 为 100
```

在VSU模式下进入domain配置模式后，才能修改或配置域ID、设备优先级及设备编号。

2. 配置设备的域ID

如果需要修改某设备的域ID，则可以在VSU系统主机控制台上执行以下命令。

```
switch switch_id domain new_domain_id        //更改设备域 ID
```

其中，switch_id 是 VSU 模式下当前运行的设备编号，取值为 1～4；new_domain_id 是修改后的域ID，取值为1～255。域ID默认值为100。

3. 配置设备优先级

如果需要修改某台成员设备的优先级，则可在 VSU 系统的主机控制台上执行以下命令。

```
switch switch_id priority priority_num            //更改设备优先级
```

其中，switch_id 是需要配置优先级的设备的编号；priority_num 是修改后对应交换机优先级，取值为1～255，默认优先级是100。

4. 查看配置信息

使用“show switch virtual [topology | config]”命令可以查看当前运行VSU系统的配置信息、拓扑形状或者当前配置VSU参数。

```
show switch virtual [ topology | config ]
                                        //查看域 ID 以及每台设备的编号、状态和角色
```

其中，topology为拓扑信息，config为配置信息。

5. 配置实例

示例 9-2：在 VSL 模式下配置 VSU。

以图 9-18 所示的某网络中心的网络连接场景为例，网络中心交换机 Switch 1 和 Switch 2 组成 VSU 系统。其中，Switch 1 是主交换机，在主交换机上需要把 Switch 2 的设备编号修改为 3，优先级修改为 150。

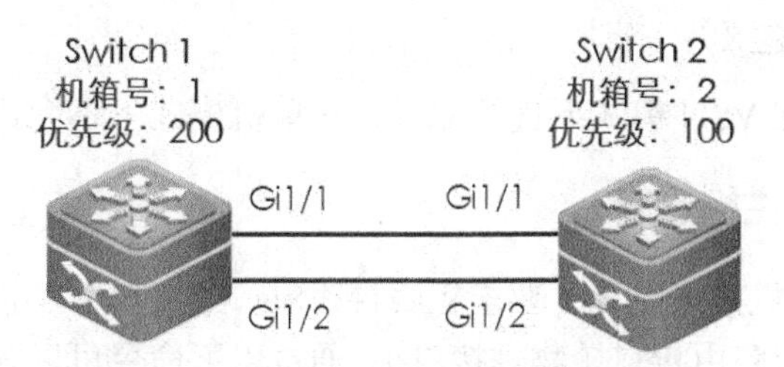

图 9-18　某网络中心的网络连接场景（2）

在主机设备 Switch 1 上修改从机 Switch 2 配置，命令如下。

```
Ruijie(config)#switch virtual domain 100
Ruijie(config-vs-domain)#switch 2 renumber 3
Ruijie(config-vs-domain)#switch 2 priority 150
Ruijie(config-vs-domain)#switch 2 description switch-3
Ruijie(config-vs-domain)#exit
```

使用“show switch virtual config”命令查看配置结果，具体如下。

```
Ruijie#show switch virtual config
switch_id: 1 (mac: 0x1201aeda0M)        // 每台交换机的出厂 MAC 地址不变

switch virtual domain 100
switch 1
switch 1 priority 100
switch convert mode virtual

port-member interface Tengigabitethernet 1/1
port-member interface Tengigabitethernet 1/2

switch_id: 3 (mac: 0x1201aeda0E)

switch virtual domain 100

switch 3
switch 3 priority 150
switch convert mode virtual
```

```
port-member interface Tengigabitethernet 1/1
port-member interface Tengigabitethernet 1/2

switch 3 description switch-3
```

9.7.3 配置双主机检测

双主机检测只能在VSU模式下进行配置，在单机模式下不允许配置双主机检测机制。

1. 配置BFD双主机检测

基于BFD的双主机检测系统，要求在两台VSU的机箱之间建立一条直连链路，链路两端的接口必须是三层路由接口（物理接口）。通过以下命令可以配置基于BFD的双主机检测。

```
Ruijie(config)#interface interface-name1   //进入检测接口 1
Ruijie(config-if)#no switchport   //配置检测接口 1 为路由接口

Ruijie(config)#switch virtual domain number   //进入虚拟设备配置模式
Ruijie(config-vs-domain)#dual-active detection bfd
                                           //  打开 BFD 双主机检测开关，其默认关闭
Ruijie(config-vs-domain)#dual-active bfd interface interface-name
                                           // 配置 BFD 双主机检测接口
```

在配置BFD的过程中，需要注意以下几点。

（1）BFD检测接口必须是直连的三层物理、路由接口，检测接口必须在不同的设备上。

（2）由于双主机检测链路只用于传输BFD报文，流量不大，因此建议使用吉比特接口或百兆接口作为双主机检测接口。

（3）当三层路由接口转接为二层交换口后，该接口上配置的BFD双主机配置将自动清除。

（4）BFD检测的配置信息不能通过BFD的显示命令显示，只能通过双主机检测显示命令显示。当VSU系统检测出双主机冲突，并让其中一个VSU系统进入Recovery状态后，用户可以通过修复VSL故障的方式解决问题，而不能直接复位进入Recovery状态的VSU，否则可能会引起网络上出现双主机冲突。

（5）所有双主机检测配置在主机和从机上立即生效。

2. 配置聚合接口双主机检测

要配置基于聚合接口的检测方式，必须先配置一个聚合接口，再指定聚合接口为检测接口。进入config-vs-domain配置模式，使用“dual-active detection aggregateport”命令打开聚合口方式检测开关。

```
Ruijie(config-if)#port-group ap-num       //将物理成员口加入聚合端口
```

```
Ruijie(config)#switch virtual domain-id   //进入虚拟设备 domain 配置模式
Ruijie(config-vs-domain)#dual-active detection aggregateport
                                          // 配置聚合口双主机检测
```

基于聚合口的双主机检测接口只能配置一个，在设置聚合口为检测接口前要先创建该接口，后配置的检测接口会覆盖前一次配置的检测接口。

```
Ruijie(config-vs-domain)#dual-active interface interface-name
                              //打开 AP 聚合口
Ruijie(config-vs-domain)#dad relay enable
                              //打开聚合口，检测双主机的转发特性
```

3. 配置 Recovery 状态的例外接口列表

当 BFD 检测到双主机系统时，其中一台主机系统必须进入 Recovery 状态。在 Recovery 状态下，需要将所有成员业务接口关闭。为了保留某些特殊用途业务接口的正常使用（如配置一个接口登录管理设备），用户可以将某些接口配置为在 Recovery 状态下不关闭的例外接口。

使用“dual-active exclude interface interface-name”命令，可以指定在 Recovery 状态下不关闭的例外接口。

```
Ruijie(config)#switch virtual domain-id    //进入虚拟设备 domain 配置模式
Ruijie(config-vs-domain)#dual-active exclude interface interface-name
                              // 指定一个在 Recovery 状态下不关闭的例外接口
```

在配置的过程中需要注意以下几点。

（1）该命令只能在 VSU 模式下使用。

（2）例外接口必须是路由接口，不能是 VSL 接口。

（3）用户可以配置多个例外接口。当例外接口由路由接口转换为交换接口（在该接口下执行 switchport 命令）后，该接口关联的例外接口配置将被自动清除。

4. 查看 Recovery 状态下的例外接口列表

在特权模式下，使用“show switch virtual dual-active { aggregateport | summary }”命令，可以查看当前双主机配置信息。

```
Ruijie#show switch virtual dual-active { aggregateport | summary}
```

例如，查看当前双主机检测状态，示例信息内容如下。

```
Ruijie#show switch virtual dual-active summary
BFD dual-active detection enabled: Yes
Aggregateport dual-active detection enabled: NO
Interfaces excluded from shutdown in recovery mode:
GigabitEthernet 1/0/3
GigabitEthernet 1/0/4
In dual-active recovery mode: NO
```

查看 BFD 双主机检测状态，示例信息内容如下。

```
Ruijie#show switch virtual dual-active bfd
BFD dual-active detection enabled: Yes
BFD dual-active interface configured:
gigabitEthernet 1/0/1: Up
gigabitEthernet 2/0/1: Up
gigabitEthernet 1/0/2: Up
gigabitEthernet 2/0/2: Up
```

查看基于聚合口的双主机检测状态，示例信息内容如下。

```
Ruijie#show switch virtual dual-active aggregateport
Aggregateport dual-active detection enabled: Yes
Aggregateport dual-active interface configured:
AggregatePort 1: Up
GigabitEthernet 1/0/1: Up
GigabitEthernet 2/0/1: Up
GigabitEthernet 1/0/2: Up
GigabitEthernet 2/0/2: Up
DAD relay enable AP list:
AggregatePort 1
```

9.7.4 配置聚合口流量均衡

在 VSU 系统中，如果出口分布在多台设备中，则用户可以根据实际流量情况，使用以下命令配置聚合组中的出口流量，以及选择是否优先从本地成员接口进行转发，默认从本地成员接口优先转发。

```
Ruijie(config)#switch virtual domain-id  //进入虚拟设备 domain 配置模式
Ruijie(config-vs-domain)#switch virtual aggregateport-lff enable
                                //打开 VSU 模式下聚合口的本地优先转发特性，其默认打开
Ruijie(config-vs-domain)#exit
Ruijie#show switch virtual balance          //显示流量均衡信息
```

示例 9-3：配置本地优先转发。

以图 9-18 所示某网络中心的网络连接场景为例，在 Switch 1 上配置本地优先转发，命令如下。

```
Switch 1(config)#switch virtual domain 100
Switch 1(config-vs-domain)#switch virtual aggregateport-lff enable
```

使用“show switch virtual balance”命令查看配置信息，具体如下。

```
Switch 1#show switch virtual balance
Aggregate port LFF: enable
Ecmp lff enable
```

9.7.5　从 VSU 模式切换为单机模式

在某些网络场景中，需要使用如下命令将 VSU 系统转换为独立的单机设备，以单机模式开展工作。

```
Switch#switch convert mode standalone [switch_id]
                                        //将设备切换为单机模式
```

执行切换命令后，系统将提示“是否将配置文件恢复为之前备份的文件 standalone.text”。如果选择 Yes，则将配置文件恢复；如果选择 No，则清除虚拟设备模式的配置。

该命令既可以在单机模式下使用，又可以在 VSU 模式下使用。如果在单机模式下使用，则切换的对象为本机。如果在 VSU 模式下使用，且加上 sw_id 参数，则切换的交换机设备编号为 sw_id；如果没有加上 sw_id 参数，则切换的对象为主机。建议先切换从机，再切换主机。

图 9-19 所示为某网络中心完成 VSU 配置的场景，Switch 1 和 Switch 2 已经组建完成 VSU 系统，其中，Switch 1 是全局主设备。在 VSU 系统模式下，将所有设备从 VSU 模式转换为单机模式时可执行如下操作。

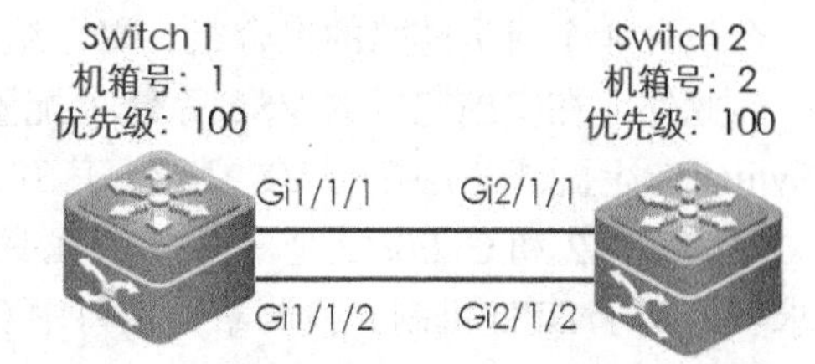

图 9-19　某网络中心完成 VSU 配置的场景

（1）Switch 1 是 VSU 中的主控设备，在 Switch 1 中完成以下配置。

```
Switch 1#switch convert mode standalone 1
Switch 1#switch convert mode standalone 2
```

（2）使用“show switch virtual config”命令查看设备的状态，具体如下。

```
Switch 1#show switch virtual config
switch_id: 1 (mac: 0x1201aeda0M)
switch virtual domain 100
switch 1
switch 1 priority 100
switch convert mode standalone
port-member interface Tengigabitethernet 1/1
port-member interface Tengigabitethernet 1/3

switch_id: 2 (mac: 0x1201aeda0E)
switch virtual domain 100
switch 2
switch 2 priority 150
switch convert mode standalone
port-member interface Tengigabitethernet 1/1
port-member interface Tengigabitethernet 1/2

switch 2 description switch 2
```

9.8 网络实践：使用VSU技术实现网络的高可靠性

【任务描述】

某校园网络为了增强网络的可靠性，在网络中心的核心交换机上实施 VSU 虚拟化组网，如图 9-20 所示。

一方面，Switch 1 和 Switch 2 组成虚拟设备 VSU（域 ID 为 1）。Switch 1 的优先级是 200；Switch 2 的优先级是 150。Switch 1 的 Te1/1/1、Te1/1/2 与 Switch 2 的 Te2/1/1、Te2/1/2 分别建立 VSL 连接，组成 Switch 1 和 Switch 2 之间的 VSL 链路。

另一方面，汇聚层设备 Switch A 的接口上连 Gi0/1、Gi0/2、Gi0/3 和 Gi0/4 等 4 个接口，分别与 Switch 1 的 Gi1/0/1 和 Gi1/0/2 以及 Switch 2 的 Gi2/0/1 和 Gi2/0/2 建立连接，并构成一个包含 4 个成员链路的聚合组，聚合组的 ID 是 1。

此外，在实施完成的 VSU 系统上配置三层接口 VLAN 1，其 IP 地址是 1.1.1.1/24；在 Switch A 上配置三层接口 VLAN 2，其 IP 地址是 1.1.1.2/24。

Gi1/0/12 和 Gi2/0/12 是一对 BFD 心跳接口，IP 地址分别是 9.1.1.1/30 和 9.1.1.2/30，要求实施基于 BFD 机制，检测聚合接口中双主机的检查机制。

【网络拓扑】

以图 9-20 所示的某校园网的网络中心连接场景为例，实施 VSU 虚拟化组网，以保障校园网的高可靠性。

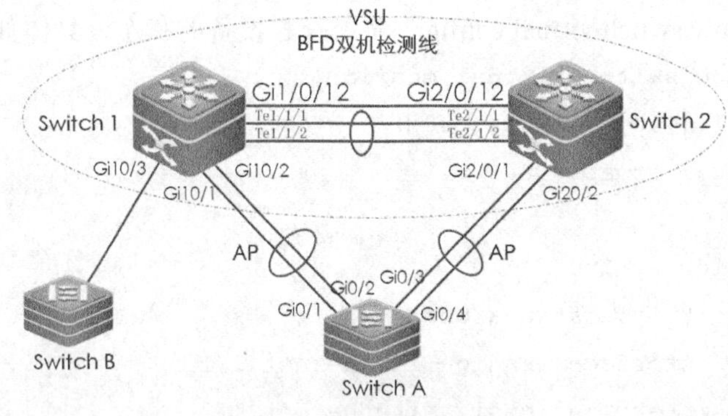

图 9-20　VSU 虚拟化组网

【设备清单】

三层交换机（两台），二层交换机（两台），万兆模块（两块，可选），心跳线缆（两根），网线（若干），测试 PC（若干）。

【实施步骤】

配置时需要注意两点，一是正确配置设备的 VSU 参数，并依据配置正确连接 VSL 链路；二是设备上电后，组成 VSU 系统，完成 VSU 系统的业务配置。

步骤 1：配置 Switch 1 的 VSU 属性。

在 Switch 1 设备上配置 VSU 基本虚拟化信息，包括域 ID、设备编号和优先级等。

```
Switch(config)#hostname Switch1
Switch1(config)#switch virtual domain 1
Switch1(config-vs-domain)#switch 1
Switch1(config-vs-domain)#switch 1 priority 200
//默认优先级为100，配置为较高的优先级，VSU建立成功后将会成为管理主机
Switch1(config-vs-domain)#switch 1 description switch1
Switch1(config-vs-domain)#exit

Switch1(config)#vsl-aggregateport 1      //创建VSL链路
Switch1(config-vsl-ap-1)#port-member interface TenGigabitEthernet 1/1
                     //配置VSL链路
Switch1(config-vsl-ap-1)#port-member interface TenGigabitEthernet 1/2
Switch1(config-vsl-ap-1)#end
```

步骤2：配置Switch 2的VSU属性。

在Switch 2设备上配置VSU基本虚拟化信息，包括域ID、设备编号和优先级等。

```
Switch2(config)#switch virtual domain 1  //domain ID必须和第一台设备一致
Switch2(config-vs-domain)#switch 2       //第二台设备必须更改ID为2
Switch2(config-vs-domain)#switch 2 priority 150
Switch2(config-vs-domain)#switch 2 description switch2
Switch2(config-vs-domain)#exit

Switch2(config)#vsl-aggregateport 1
//VSL链路至少需要两条，一条链路可靠性较低，当出现链路震荡时，VSU会非常不稳定
Switch2(config-vsl-ap-1)#port-member interface TenGigabitEthernet 1/1
Switch2(config-vsl-ap-1)#port-member interface TenGigabitEthernet 1/2
Switch2(config-vsl-ap-1)#end
```

步骤3：把Switch 1和Switch 2转换为VSU模式。

连接好VSL链路，并确定接口已经Up。保存两台设备的配置，并分别将其切换为VSU模式。在Switch 1上执行如下操作。

```
Switch1#write
Switch1#switch convert mode virtual      //转换为VSU模式
Convert mode will backup and delete config file, and reload the switch.
Are you sure to continue[yes/no]: yes
Do you want to recover config file from backup file in standalone mode
(press 'ctrl + c' to cancel) [yes/no]: no.    //no表示清空重配
```

在Switch 2上执行如下操作。

```
Switch2#write
Switch2#switch convert mode virtual      //转换为VSU模式
Are you sure to convert switch to virtual mode[yes/no]: yes.
Do you want to recover config file from backup file in virtual mode
(press 'ctrl + c' to cancel) [yes/no]: no.
```

选择转换模式后，设备会重新启动，并组建 VSU。

步骤 4：确认 VSU 建立成功。

VSU 的管理需要在全局主设备上进行，VSU 全局主设备引擎 Primary 灯绿色常亮，VSU 全局从设备的 Primary 灯灭，可以用来判断主、从设备关系（设备优先级提前有指定，高优先级的设备会成为全局主设备）。VSU 组建完成后，全局从设备的 Console 口默认不能进行管理，可执行 Esc、Esc、Esc、Esc、C（即 4 次 Esc 键加 C 键）打开输出开关，建议使用 session device 2 slot（m1、m2 线卡槽位）命令登录其他设备查看信息。

```
Ruijie#show switch virtual role    // 检查主、从是否符合预期
Switch_id     Domain_id   Priority   Position  Status  Role     Description
----------------------------------------------------------------------------
1(1)           100(100)    200(200)  LOCAL      OK      ACTIVE   switch-1
                                                        // ACTIVE 表示主机箱
2(2)          100(100)     150(150)  REMOTE     OK     STANDBY   switch-2
                                                        // STANDBY 表示从机箱

Ruijie#show ver slots   //检查是否已经识别了主、从机的所有线卡（以下结果仅为示例）
Dev  Slot Port Configured Module       Online Module       Software Status
--- ---- ---- ----------------------- --------------------- ---------
  1   1    0   none                    none                    none
  1   2    0   none                    none                    none
  1   3    8   M18000-08XS-ED          M18000-08XS-ED          ok
  1   4    0   none                    none                    none
  1   5    48  M18000-24GT20SFP4XS-ED  M18000-24GT20SFP4XS-ED  ok
  1   6    0   none                    none                    none
  1   7    7   RG-WALL 1600-B-ED       RG-WALL 1600-B-ED       ok
  1   8    0   none                    none                    none
```

步骤 5：在 VSU 上配置接口上聚合组 1 的功能。

```
Ruijie(config)#interface aggregateport 1
Ruijie(config-if)#interface GigabitEthernet 1/0/1
Ruijie(config-if)#port-group 1
Ruijie(config-if)#interface GigabitEthernet 1/0/2
Ruijie(config-if)#port-group 1
Ruijie(config-if)#interface GigabitEthernet 2/0/1
Ruijie(config-if)#port-group 1
Ruijie(config-if)#interface GigabitEthernet 2/0/2
Ruijie(config-if)#port-group 1
```

步骤 6：在接入交换机 Switch A 上配置聚合端口。

```
SwitchA#configure terminal
SwitchA(config)#interface aggregateport 1
```

```
SwitchA(config-if)#interface range GigabitEthernet 0/1-4
SwitchA(config-if)#port-group 1
```

步骤7：在VSU上配置SVI 1。

```
Ruijie(config)#interface vlan 1
Ruijie(config-if)#ip address 1.1.1.1 255.255.255.0
```

步骤8：在Switch A上配置SVI 1。

```
SwitchA(config)#interface vlan 1
SwitchA(config-if)#ip address 1.1.1.2 255.255.255.0
```

步骤9：配置BFD双机检测接口。

当VSL上的所有物理链路都异常断开时，从机箱认为主机箱丢失，会马上切换成主机箱，网络中将出现两台主机箱。两台机箱配置完全相同，在三层网络场景中，两台机箱中任何一个虚接口（VLAN接口和环回接口等）配置相同，网络中将会出现IP地址冲突，导致网络不可用。配置双主机检测机制后，BFD专用链路会根据双主机系统报文的收发，检测出存在双主机箱，系统将根据双主机检测规则，选择一台机箱（低优先级机箱）进入恢复模式。除VSL端口、MGMT口和管理员指定的例外端口（保留用于设备其他端口Shutdown时，可以远程登录，即Telnet）以外，其他端口都被强制关闭。所以双主机检测可以使以上异常故障出现时，保障网络依然可用（前提是其他设备连接到网络中心的双核心设备，具备冗余链路条件）。

```
Ruijie(config)#interface GigabitEthernet 1/0/12
Ruijie(config-if)#no switchport          //配置检测接口12为路由口
Ruijie(config-if)#interface GigabitEthernet 2/0/12
Ruijie(config-if)#no switchport
Ruijie(config-if)#switch virtual domain 1
Ruijie(config-if)#dual-active detection bfd
Ruijie(config-vs-domain)#dual-active bfd interface GigabitEthernet 1/0/12
Ruijie(config-vs-domain)#dual-active bfd interface GigabitEthernet 2/0/12
Ruijie(config-vs-domain)#exit
```

步骤10：在VSU中配置基于聚合口的双主机检测。

```
Ruijie(config)#switch virtual domain 1     //进入VSU参数配置
Ruijie(config-vs-domain)#dual-active detection bfd
                                        //打开 BFD 开关，默认是关闭的
Ruijie(config-vs-domain)#dual-active detection aggregateport
Ruijie(config-vs-domain)#dual-active interface aggregateport 1
                                        //配置BFD检测接口
Ruijie(config-vs-domain)#dual-active exclude interface  ten1/1/3
                            //指定例外口，上连路由口保留，出现双主机时可以Telnet
Ruijie(config-vs-domain)#exit
```

步骤11：在Switch A上配置聚合组1。

```
SwitchA(config)#interface aggregateport 1
```

```
SwitchA(config-if-AggregatePort 1)#dad relay enable
SwitchA(config-if-AggregatePort 1)#exit
```

步骤 12：查看 VSU 的基本信息。

```
Ruijie#show switch virtual
Switch_id Domain_id Priority Status Role Description
------------------------------------------------------
1(1) 1(1) 200(200) OK ACTIVE switch1
2(2) 1(1) 150(150) OK STANDBY switch2
Ruijie#show switch virtual config
switch_id: 1 (mac: 00d0.f810.1111)

switch virtual domain 1

switch 1
switch 1 priority 200

vsl-aggregateport 1
port-member interface TenGigabitEthernet 1/1
port-member interface TenGigabitEthernet 1/2

Switch convert mode virtual

switch_id: 2 (mac: 00d0.f810.2222)
switch virtual domain 1
switch 2
switch 2 priority 150

vsl-aggregateport 1
port-member interface TenGigabitEthernet 1/1
port-member interface TenGigabitEthernet 1/2

Switch convert mode virtual
```

步骤 13：查看 VSL 链路状态信息。

```
Ruijie#show switch virtual link
VSL-AP State Peer-VSL Rx Tx Uptime
------------------------------------------
1/1 Up 2/1 25398921 25398922 0d,0h,25m
2/1 Up 1/1 25398922 25398921 0d,0h,25m
Ruijie# show switch virtual link port
VSL-AP-1/1:
Port State Peer-port Rx Tx Uptime
```

```
--------------------------------------
TenGigabitEthernet 1/1/1 OK TenGigabitEthernet 2/1/1 1717531 1717532 0d,0h,25m
TenGigabitEthernet 1/1/2 OK TenGigabitEthernet 2/1/2 1717531 1717531 0d,0h,25m
VSL-AP-2/1:
Port State Peer-port Rx Tx Uptime
-----------------------------------------
TenGigabitEthernet 2/1/1 OK TenGigabitEthernet 1/1/1 1717531 1717532 0d,0h,25m
TenGigabitEthernet 2/1/2 OK TenGigabitEthernet 1/1/2 1717531 1717531 0d,0h,25m
```

步骤 14：查看双主机配置状态。

```
Ruijie#show switch virtual dual-active summary
BFD dual-active detection enabled: Yes
Aggregateport dual-active detection enabled: Yes
Interfaces excluded from shutdown in recovery mode:
In dual-active recovery mode: NO
```

步骤 15：查看 BFD 双主机检测配置。

```
Ruijie#show switch virtual dual-active bfd
BFD dual-active detection enabled: Yes
BFD dual-active interface configured:
GigabitEthernet 1/0/12: Up
GigabitEthernet 1/0/12: Up
```

步骤 16：查看聚合口双主机检测配置。

```
Ruijie#show switch virtual dual-active aggregateport
Aggregateport dual-active detection enabled: Yes
Aggregateport dual-active interface configured:
AggregatePort 1: Up
GigabitEthernet 1/0/1: Up
GigabitEthernet 1/0/2: Up
GigabitEthernet 2/0/1: Up
GigabitEthernet 2/0/2: Up
```

步骤 17：查看流量均衡模式。

```
Ruijie#show switch virtual balance
Aggregate port LFF: disable
```

步骤 18：查看 VSU 的拓扑信息。

```
Ruijie#show switch virtual topology
Introduction: '[num]' means switch num, '(num/num)' means vsl-aggregate
port num.
Chain Topology:
[1](1/1)---(2/2)[2]
Switch[1]: ACTIVE, MAC: 00d0.f829.33d6, Description: switch1
```

```
Switch[2]: STANDBY, MAC: 1234.5678.9003, Description: switch2
```

9.9 认证测试

1. 下列关于网络交换机在 VSU 功能配置方面的说法，正确的是（　　）。
   A. 两台准备组建 VSU 的设备，若配置的 switch ID 一致，则可能导致 VSL 链路无法 Up
   B. 进行基于聚合口的双主机检测时，VSU 的聚合口对端的设备除了需要支持聚合之外，不需要其他功能
   C. VSU 的备份设备和候选设备都无法通过“session device”命令进行管理，只能通过 Console 口进行管理
   D. 在 VSU 中，在主设备上执行 reload 命令，主设备会重启，但从设备不会，此时从设备会接替成为主设备
2. 下列关于交换机的 VSU 特性的说法错误的是（　　）。
   A. 交换机的电口和光口可以作为同一个 VSL 的成员接口
   B. 两台交换机组建 VSU 后，相比于单台交换机，其 ARP 表项会翻倍
   C. 用吉比特光接口组建 VSL 链路时，若使用的光模块为 GE-eSFP-SX-MM850，则应该使用多模光纤互连
   D. 交换机的万兆光接口可以插入吉比特光模块组建 VSL 链路
3. 下列关于交换机 VSU 功能的说法正确的是（　　）【选择两项】。
   A. 在 VSL 链路全部断开的情况下，有一台主机会重启
   B. 在检测到双主机的情况下，有一台主机的业务接口会被 Shutdown
   C. 在接入交换机上连接 VSU，两端均没有配置聚合的情况下，一定要开启 STP 防环功能，否则会出现环路
   D. 如果 VSU 的双主机检测开启聚合口检测功能，则任意设备都可以支持，无须特殊配置
4. 关于 RG-S5750E 组建 VSU 的说法正确的是（　　）【选择两项】。
   A. VSU 系统的成员设备优先级不能配置为一样，否则将无法组建 VSU 系统
   B. VSU 系统的成员设备域 ID 必须配置为一样，否则将无法组建 VSU 系统
   C. 两个运行稳定的 VSU 系统进行合并时，所有 VSU 系统成员设备都会进行重启，在启动过程中才能重新建立 VSU 系统
   D. 3 台设备线性拓扑，设备编号按照优先级排列
5. 下列关于交换机 VSU 功能的说法正确的是（　　）【选择两项】。
   A. VSU 的成员设备 Priority 不能配置为一样，否则将无法组建 VSU
   B. VSU 的成员设备域 ID 必须配置为一样，否则将无法组建 VSU
   C. VSU 的成员设备 Switch ID 必须配置为一样，否则将无法组建 VSU
   D. 将两台已经切换为 VSU 模式但单机运行的设备的 VSL 链路连接好后，将有一台设备重启成为 VSU 备份设备

单元10 交换网络安全防护技术

【技术背景】

随着IT基础架构、移动互联网等技术的发展，传统园区网络的安全防护手段和思路面临诸多挑战。首先，传统的园区网络需要为每项业务建设一个独立的物理网络，但在新一代园区网络中业务种类越来越多，传统的建设模式会使得网络运维管理非常复杂，也不利于园区网络中资源的有效利用。其次，在传统的园区网络规划中，网络的安全设备都零散地分布在区域边界，性能瓶颈、单点故障、信息孤岛等问题都严重地困扰着网络运维。最后，随着新一代移动互联网技术的发展，接入园区网络中的移动终端种类和数量越来越多，任何一台智能终端设备都有可能成为入侵整个园区网络的跳板。

在园区网络中实施新一代的网络安全解决方案，如图10-1所示，实现立体化、智能化的安全已迫在眉睫。

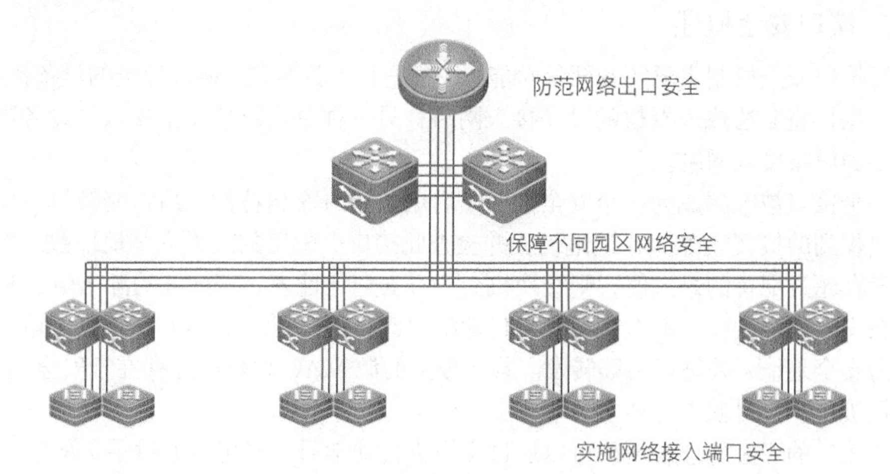

图10-1 园区网统一安全部署

本单元帮助读者认识园区网络统一安全解决方案，掌握园区网安全防护技术。

【技术介绍】

相关数据显示，目前园区网络中出现的网络安全威胁60%以上来自于内部网络，如ARP欺骗、MAC地址欺骗、非法设备接入等，这种内部的攻击所造成的损失是巨大的。所以，新的网络安全把安全的关注点从人们公认最不安全的Internet逐渐转移到内部网络（局域网）中。

从另一个角度来看，现在担任园区网络中数据转发的设备主要为传统的交换机、路由器等，这些设备的默认策略都对接收到的所有数据进行转发，并且没有启用任何安全机制，这也就需要在这些园区网络中的网络互连设备上实施各种安全机制，以防范各种来自园区网络内部的安全威胁，而且这项工作已刻不容缓。如果能够很好地利用这些安全机制，其实也就在园区网络内部筑起了一道安全的屏障。

其中，交换网络中的接口安全机制是二层接入交换机上接口的一个安全特性。

从基本原理上讲，接口安全（Port Security）功能会通过MAC地址表记录连接到交换机接口上的以太网MAC地址（即网卡号），并只允许某个MAC地址通过本接口进行通信。其他MAC地址发送的数据帧通过此接口时，接口安全功能会阻止它。使用接口安全特性可以防止未经允许的设备访问网络，增强安全性。另外，接口安全功能也可用于防止MAC地址泛洪造成的MAC地址表填满。

10.1 接口安全

在园区网络的安全防范中，如何甄别和筛选接入园区网络的用户，是园区网络接入安全最重要的关注点。例如，在日常的园区网络管理过程中，网络管理员发现经常有员工私自将自己的笔记本电脑接入网络，还有些员工私下使用集线器扩展办公网络，将自带的终端设备接入交换机接口，给网络管理和维护增加了复杂度。使用交换机的接口安全机制，便可避免这种现象。

10.1.1 接口安全概述

配置接口安全机制主要实现两种功能：一种是只允许特定MAC地址的设备接入网络，从而防止用户将非法或未授权的设备接入网络；另一种是限制接口上接入的设备数量，防止将过多的设备接入网络。

当一个接口被配置成为一个安全接口（启用了接口安全特性）后，交换机将检查从此接口上接收到的报文的源MAC地址，并检查此接口上配置的最大安全地址数。如果安全地址数没有超过配置的最大值，则交换机会检查安全地址表。若此帧的源MAC地址没有被包含在安全地址表中，那么交换机将自动学习此MAC地址，将它加入安全地址表，将其标记为安全地址，并进行后续转发。若此报文的源MAC地址已经存在于安全地址表中，那么交换机将直接对帧进行转发。

安全接口的安全地址表项既可以通过交换机自动学习，又可以通过手工配置。

配置接口安全存在两方面限制，一是该安全接口必须是一个Access接口，即连接终端设备的接口，而非Trunk接口；二是一个安全接口不能是一个聚合口。

10.1.2 配置接口安全

启动接口的安全功能，可以限制进入该接口的安全访问，能限制通过该接口上网的用户报文，即通过该交换机收到的帧的源MAC地址筛选，来限定报文是否可以进入交换机的接口。用户可以通过静态设置特定的MAC地址或者动态学习限定个数的MAC地址的方式，来控制数据帧是否可以进入接口，使该接入接口具有一定的安全防范功能。

1. 开启接口安全功能

要想使交换机的接口成为一个安全接口，在启用接口的接口安全特性之前，需要使用接口模式下的“switchport mode access”命令将接口设置为接入接口。

在交换机的二层接口上使用如下命令开启接口安全特性。

```
switchport port-security
```

2. 配置安全接口的最大连接数

启用了接口的接口安全特性后，可以使用如下命令为接口配置允许的最大安全地址数。

```
switchport port-security maximum number
```

默认情况下，接口的最大安全地址数为128个。

3. 为接口添加安全地址

当需要手工指定静态安全地址时，可使用如下命令配置通过该接口的安全地址。

```
switchport port-security mac-address mac-address
                                          //接口模式下配置静态安全地址
switchport port-security binding          //接口模式下配置安全地址绑定
```

使用如下命令也可实现相同的功能。

```
switchport port-security interface  mac-address
                                          //全局配置模式下配置静态安全地址
switchport port-security interface binding  //全局配置模式下配置安全地址绑定
switchport port-security mac-address sticky //配置动态地址自动保存
```

以上操作可以为安全接口添加安全地址，当安全接口下的安全地址没有达到最大安全地址数时，安全接口能够动态学习新的动态安全地址。当安全地址数达到最大时，安全接口将不再学习动态安全地址。

在接口的安全地址配置上，可以设置接口的二层安全地址，只有MAC地址与安全地址相同的设备才能通过该接口访问网络；也可以添加安全地址绑定，同时检查经过接口的报文的二层地址和三层地址。

三层安全地址可以通过绑定IP和绑定IP+MAC两种方式实施，并且只支持静态绑定，不能进行动态绑定。当三层安全接口接收报文时，需要解析二层地址和三层地址。只有已经绑定地址的报文才是合法报文，否则认为是非法报文，丢弃，但不产生违例事件。

4. 配置安全地址的老化时间

默认情况下，手工配置的安全地址将永久存在于安全地址表中。可以手工配置安全地址，以防非法或未授权设备接入网络。此外，交换机上的安全接口能自动学习和手工配置的安全地址都不会老化，即永久存在。

使用如下命令可以配置安全地址的老化时间。

```
switchport port-security aging { time time | static }
```

如果此命令指定了static参数，那么老化时间将会应用到手工配置的安全地址。默认情况下，老化时间只应用于动态学习的安全地址。

5. 安全接口的违规处理

当安全接口上的安全地址数到达最大值后，当收到一个源 MAC 地址不在安全地址表中的报文时，将发生地址违规。当发生地址违规时，交换机可以进行多种操作。使用如下命令可以配置针对地址违规的操作。

```
switchport port-security violation { protect | restrict | shutdown }
```

默认情况下，地址违规操作为 protect 模式。

（1）protect 参数表示当地址违规发生时，交换机将丢弃接收到的报文（MAC 地址不在安全地址表中），但交换机将不做出任何通知以报告违规的产生。

（2）restrict 参数表示当地址违规发生时，交换机不但丢弃接收到的报文（MAC 地址不在安全地址表中），还将发送一个 SNMP Trap 报文。

（3）shutdown 参数表示当地址违规发生时，交换机将丢弃接收到的帧（MAC 地址不在安全地址表中），发送一个 SNMP Trap 报文，并将接口关闭，接口将进入“Err-Disabled”状态，之后接口将不再接收任何报文。

6. 违规接口的恢复

当接口由于违规操作而进入 Err-Disabled 状态后，必须在全局模式下使用如下命令手工将其恢复为 Up 状态。

```
errdisable recovery
```

使用如下命令可以设置接口从 Err-Disabled 状态自动恢复所等待的时间，当指定的时间到达后，Err-Disabled 状态的接口将重新进入 Up 状态。

```
errdisable recovery interval time
```

7. 查看接口安全

配置完接口的安全特性后，可使用如下命令查看接口安全配置及安全接口信息。

```
show port-security
```

示例 10-1：配置接口安全特性并查看配置信息。

```
Switch(config)#interface FastEthernet 0/1
Switch(config-if-FastEthernet 0/1)#switchport port-security
Switch(config-if-FastEthernet 0/1)#switchport port-security mac-address
0001.0001.0001
Switch(config-if-FastEthernet 0/1)#switchport port-security maximum 1
Switch(config-if-FastEthernet 0/1)#switchport port-security violation
shutdown
Switch(config-if-FastEthernet 0/1)#end

Switch#show port-security interface FastEthernet 0/1
Interface : FastEthernet 0/1
```

```
Port Security : Enabled
Port status : down
Violation mode : Shutdown
Maximum MAC Addresses : 1
Total MAC Addresses : 1
Configured MAC Addresses : 1
Aging time : 0 mins
SecureStatic address aging : Disabled

Switch#show port-security address    //查看接口安全配置及安全接口信息
Vlan  Mac Address     IP Address    Type        Port        Remaining Age(mins)
---- --------------- --------------- ---------- ----------------------
 1   0001.0001.0001                 Configured  FastEthernet 0/1      -
```

10.1.3 配置安全地址绑定

为了方便管理，可以为每台主机固定分配一个安全的 IP 地址。

在全局模式下，使用“address-bind”命令可以配置 IPv4+MAC 地址绑定。

```
address-bind  ip-address  /  mac-address
                                        //在全局下绑定 IPv4 地址或者 MAC 地址
```

如果将一个指定的 IP 地址和一个 MAC 地址绑定，则设备只接收源 IP 地址和 MAC 地址均匹配这个绑定地址的 IP 报文；否则该 IP 报文将被丢弃。

在全局模式下，可使用“address-bind install”命令开启地址绑定功能，默认不生效。

```
address-bind install          //开启地址绑定功能
```

利用地址绑定这个特性，可以严格控制设备的输入源地址的合法性。需要注意的是，通过地址绑定控制交换机的输入，地址绑定安全将优先于 802.1x、接口安全及 ACL 生效。

通过以下命令，可查看设备上的全局 IP+MAC 地址绑定配置信息。

```
Ruijie#show address-bind
```

示例 10-2：配置安全地址绑定并查看配置信息。

```
Ruijie(config)#address-bind 192.168.5.1 00d0.f800.0001
Ruijie(config)#address-bind install
Ruijie(config)#exit

Ruijie#show address-bind
Total Bind Addresses in System : 1
IP Address    Binding MAC Addr
---------------  ----------------
192.168.5.1   00d0.f800.0001
```

10.2 ARP 检查

ARP 检查（ARP-Check）功能对二层交换口、二层聚合口及二层封装子接口上接收到的所有 ARP 报文实施过滤，将所有非法的 ARP 报文丢弃，能够有效地防止 ARP 欺骗，提高网络的稳定性。

10.2.1 ARP 欺骗攻击

1. ARP 解析原理

ARP 是局域网中用来进行地址解析的协议，它将 IP 地址映射到 MAC 地址。

图 10-2 所示为 ARP 地址解析的过程。当本地网络中的 PC1 给 PC2 发送报文时，PC1 先检查本地设备上的 ARP 缓存，如果没有查找到 PC2 的 MAC 地址，则向网络中发送一个 ARP 请求（ARP Request）报文，表示请求解析 PC2（10.1.1.2）的 MAC 地址，此报文的目的 MAC 地址为广播地址 FFFF.FFFF.FFFF，网络中的所有设备都会接收到，但是只有 IP 地址与 ARP 请求报文中被请求解析的 IP 地址相同的设备才会回复。

在图 10-2 中，PC2 回复一个 ARP 应答（ARP Reply）单播报文，表示自己（10.1.1.2）的 MAC 地址是 0002.0002.0002，报文的目的 MAC 地址为 PC1 的 MAC 地址（0001.0001.0001）。当 PC1 收到 ARP 应答报文后，便获知 PC2 的 MAC 地址，并将此条目加入 ARP 缓存表，用于后续的数据发送。

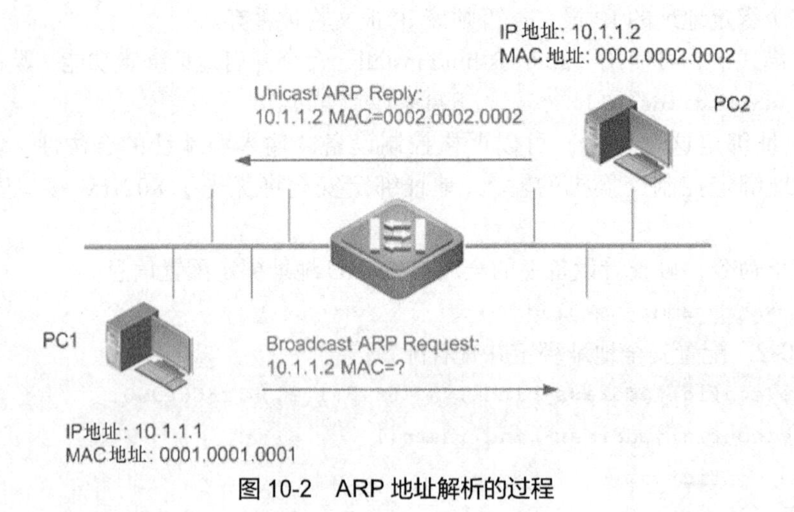

图 10-2 ARP 地址解析的过程

2. ARP 欺骗机制

由于 ARP 初开发时并没有考虑到安全的因素，它不存在任何验证机制，因此使得 ARP 报文很容易伪造，利用这些缺陷，攻击者通过发送伪造（欺骗）的 ARP 应答报文（应答报文中的 IP 地址与 MAC 地址的绑定关系是错误的、伪造的）来更新其他设备的 ARP 缓存，导致其他设备之间不能正常进行通信，也就是被欺骗。

图 10-3 所示为一个典型的 ARP 欺骗攻击，其中，PC 要向外部网络发送数据，会先使

用ARP报文请求网关MAC地址，ARP请求是广播报文，网络中的攻击者(Attacker，10.1.1.3)也可以收到此请求报文。之后，攻击者通过特定工具，以特定速率连续向PC发送伪造ARP应答报文。PC收到伪造的应答报文后，在没有验证的情况下，将伪造报文中的错误绑定信息加入到本地的ARP缓存中，而不管之前是否已经获得了正确的绑定信息，从而受到了ARP欺骗。

此外，攻击者还在它发送的报文中“声称”自己是本地的网关，即10.1.1.1的MAC地址是0003.0003.0003（攻击者的MAC地址），或者“声称”10.1.1.1的MAC地址是一个网络中实际上不存在的地址。这样，网络中PC发往网关的数据都将发送给攻击者，攻击者也就达到了欺骗的目的，监听到所有PC发往外部网络的数据。网关欺骗会导致全网无法上网。

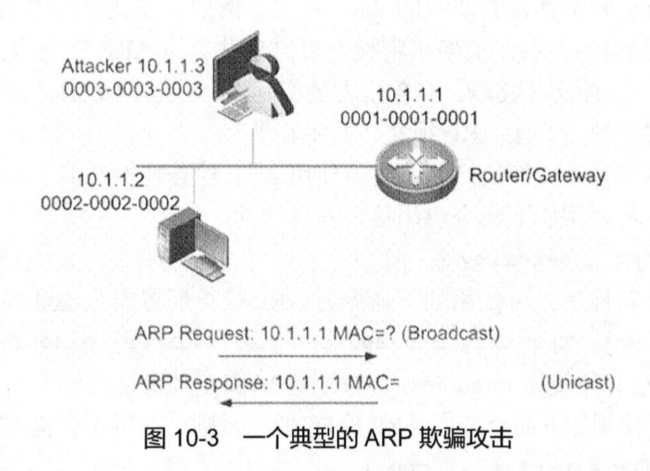

图10-3 一个典型的ARP欺骗攻击

另一种ARP攻击叫作ARP中间人攻击，攻击者不仅会伪造网关地址，致使受攻击者将所有发往网关的数据都发给攻击者；攻击者在接收到数据后，还会将数据重定向给网关，发往外部网络，外部网络返回的数据由网关发送给攻击者，攻击者再将数据重定向给受害者。从受害者的角度来看，它根本不知道自己发送和接收的数据都是由攻击者进行中转的，这样，攻击者就窃听到了受害者与外部网络交互的所有信息，如图10-4所示。

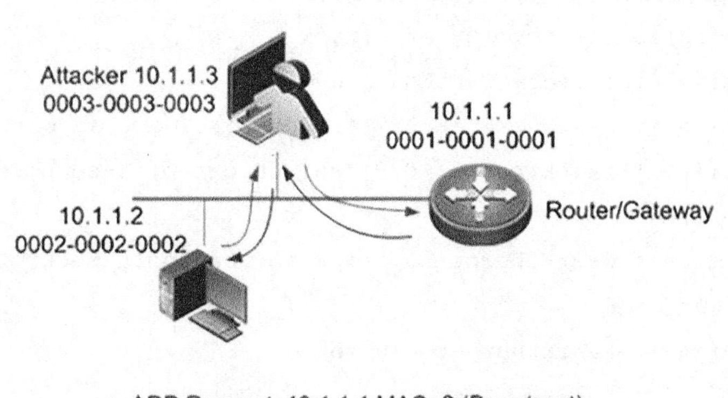

图10-4 ARP中间人攻击

10.2.2 配置ARP检查

在网络中发生 ARP 攻击事件后，会无法访问互联网。经过故障排查后，发现客户端PC上缓存网关的ARP绑定条目有错误,从这一现象可以判定网络中可能出现了ARP攻击，导致客户端PC不能获取正确的ARP条目，以致不能够访问外部网络。对于ARP欺骗攻击而言，可以利用交换机中的ARP检查机制加以避免。

ARP检查是交换机接口上防范ARP欺骗攻击的一个安全特性。ARP检查特性的实现要依赖于接口安全功能，也就是说，要使交换机的接口具有防范ARP欺骗的功能，首先要开启接口安全特性。

ARP检查特性会查看接口上所收到ARP报文中嵌入的IP地址是否与配置的安全地址符合，如果不符合，就将其视为非法的ARP报文。例如，前文介绍的ARP攻击案例，启用了接口的ARP检查特性后，交换机将检查攻击者发送的ARP应答报文。其中，嵌入的IP地址为10.1.1.1（攻击者伪造），与攻击者的实际IP地址（10.1.1.3）不同，实施接口安检的交换机就会将其视为非法ARP报文，并将其丢弃。

锐捷网络的某些系列交换机产品不支持使用ARP检查特性功能。

在接口模式下可使用如下命令启用接口安全特性。

```
switchport port-security
```

启用接口安全特性后，可使用如下命令为ARP检查配置安全地址绑定。

```
switchport port-security mac-address mac-address ip-address ip-address
```

使用ARP检查必须使用ip-address参数配置IP安全地址。

在全局模式下使用如下命令开启ARP检查功能,否则交换机不会检查收到的ARP报文。

```
port-security arp-check [ cpu ]
```

其中，参数cpu表示检查发往交换机CPU的ARP报文，使用此选项可能会影响交换机CPU的性能，降低CPU的效率。

使用如下命令可以查看ARP检查的状态信息。

```
show port-security arp-check
```

示例10-3：配置ARP检查并查看状态信息。

```
Switch(config)#port-security arp-check
Switch(config)#interface FastEthernet 0/9
Switch(config-if-FastEthernet 0/9)#switchport port-security
Switch(config-if-FastEthernet 0/9)#switchport port-security binding ip-
address 172.16.1.64
Switch(config-if-FastEthernet 0/9)#switchport port-security binding mac
-address 0008.0df9.4c64
Switch(config-if-FastEthernet 0/9)#end

Switch#show port-security arp-check     //查看接口安全配置及安全接口信息
Port Security Arp Check      : ENABLE
Port Security Arp Check Cpu : DISABLE
```

10.3 DHCP 监听

DHCP 监听（DHCP Snooping）意为 DHCP 窥探，通过对客户端和服务器之间的 DHCP 交互报文进行窥探，实现对用户 IP 地址使用情况的记录和监控，还可以过滤非法 DHCP 报文，包括客户端的请求报文和服务端的响应报文。DHCP 监听记录生成的用户数据表项可以为 IP Source Guard 等安全应用提供安全服务保障。

10.3.1 DHCP 攻击场景

在本地网络管理过程中，DHCP 是一个非常有用的协议，它可以帮助网络中的设备动态获取 IP 地址等信息，减小了网络编址的配置和维护工作量，很多网络使用 DHCP 去解决 IP 编址问题。虽然 DHCP 为网络带来了极大的便利，但是就像其他协议一样，DHCP 自身也不存在任何安全机制，它也会被攻击者利用，容易造成网络安全隐患。

1. DHCP 服务欺骗攻击

在图 10-5 所示的场景中，网络中的用户私自安装了无线路由器，或者在网络中私自架设了 DHCP 服务器（称为伪 DHCP 服务器）。当客户端设备通过 DHCP 请求 IP 地址等信息时，DHCP 客户端通过发送 DHCP Discover 报文请求地址。本地网络中收到此报文的 DHCP 服务器都会响应一个 DHCP Offer 报文，但是客户端通常只会选择收到的第一个（最快到达客户端）DHCP Offer 报文。

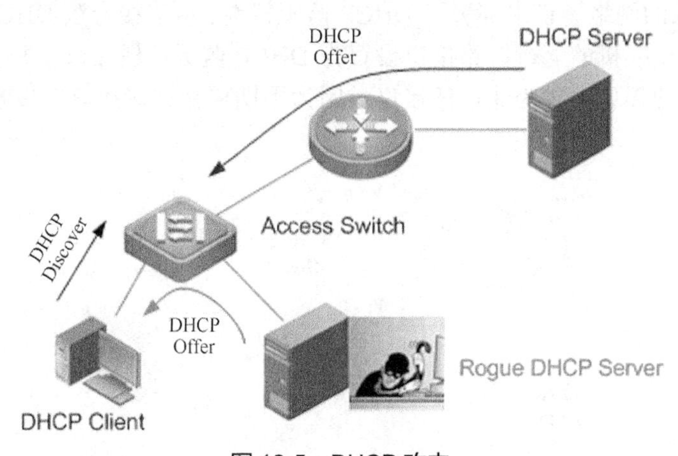

图 10-5 DHCP 攻击

如果伪 DHCP 的 DHCP Offer 报文最先到达客户端，那么客户端将接收它，并且后续将使用伪 DHCP 服务器提供的 IP 地址等信息，进而导致客户端无法正常访问网络资源。这就是常说的伪 DHCP 攻击，也称为无赖（Rogue）DHCP 攻击。

2. DHCP 报文泛洪攻击

另外一种利用 DHCP 进行的攻击是 DHCP 拒绝服务（Denial Of Service，DoS）攻击，攻击者通过发送大量的欺骗 DHCP Discover 报文向 DHCP 服务器请求 IP 地址，造成了 DHCP

服务器中地址池的迅速枯竭，使得其无法正常为客户端分配 IP 地址，本地网络中其他客户端无法获得正常的 DHCP 服务，造成网络中断。

3. 伪造 DHCP 报文攻击

在网络中可能存在恶意用户伪造 DHCP 请求报文的情况，一方面消耗了服务器的可用 IP 地址，另一方面有可能抢夺合法用户的 IP 地址的安全隐患，所以需要过滤掉接入网络的非法 DHCP 报文。

10.3.2 DHCP 监听原理

DHCP 监听是交换机的一种安全特性，它通过过滤掉网络中接入的伪 DHCP（非法的、不可信的）服务器发送的 DHCP 报文来增强网络安全性。此外，还可以检查 DHCP 客户端发送的 DHCP 报文的合法性，防止 DHCP DoS 攻击。

当在交换机上启用了 DHCP 监听特性后，交换机将检查收到的所有 DHCP 报文，通过读取 DHCP 报文中的内容，建立并维护一个 DHCP 监听数据库，也称为 DHCP 监听绑定表，表中包含着客户端的 IP 地址、MAC 地址、连接的接口、VLAN 号及地址租用期限等信息。

DHCP 监听特性通过信任（Trust）和非信任（Untrust）接口来辨别网络中 DHCP 服务器的合法性。对于信任接口，DHCP 监听特性将允许任何 DHCP 报文通过。信任接口通常是连接网络中合法 DHCP 服务器的接口；对于非信任接口，DHCP 监听特性将只允许 DHCP Discover 与 DHCP Request 通过。另一些由 DHCP 服务器发送的报文，如 DHCP Offer 报文都将被丢弃，这就防止了伪DHCP服务器通过连接到非信任接口为客户端分配IP地址。

图 10-6 所示的网络场景中部署了 DHCP 监听特性，将连接合法 DHCP 服务器的接口和连接到汇聚层交换机的上行链路接口设置为 DHCP 监听信任接口，并将连接 DHCP 客户端和其他设备的接口设置为非信任接口，因为不期望从这些接口上接收到 DHCP Offer 报文。

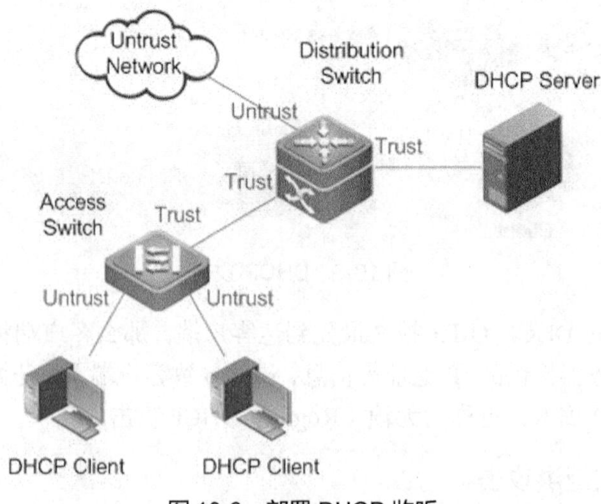

图 10-6 部署 DHCP 监听

10.3.3 配置 DHCP 监听

1. 应用场景

在本地网络中存在伪 DHCP 服务器的安全风险，可以通过启用 DHCP 监听特性来避免，并通过配置信任接口避免 DHCP 攻击事件的发生。

2. 配置 DHCP 监听

在全局模式使用如下命令手工启用 DHCP 监听功能，默认情况下未启用此功能。

```
ip dhcp snooping
```

启用 DHCP 监听功能后，交换机上的所有接口默认情况下都为非信任（Untrusted）接口。在图 10-7 所示的场景中，需要将 DHCP 服务器与交换机上行链路接口设置为信任接口。

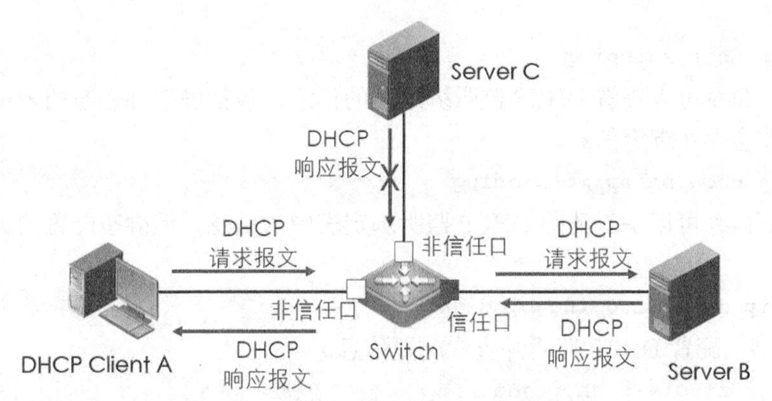

图 10-7 配置 DHCP 监听可信任的接口

在接口模式下，使用如下命令可将接口设置为信任接口。

```
ip dhcp snooping trust
```

DHCP 监听特性通过查看 DHCP 报文的内容，动态地建立并维护 DHCP 监听绑定表，也可以通过手工方式配置绑定表项。若要手工配置绑定表项，需在全局模式下使用如下命令。

```
ip dhcp snooping binding mac-address vlan vlan-id ip ip-address interface interface
```

DHCP 监听数据库中的安全地址信息是动态的，即当交换机重新启动后，监听数据库中的绑定表项将会丢失。

在全局模式下，使用如下命令可将 DHCP 监听数据库中的信息写入交换机 Flash 的绑定文件。当交换机重新启动时，会读取绑定文件，并将其加载到 DHCP 监听数据库中，这样可以避免由于系统的重新启动导致的数据库中的信息丢失。

```
ip dhcp snooping database write-to-flash
```

执行完此命令后，交换机将在 Flash 中创建一个文件，并将数据库信息写入文件。

除了使用上述命令将 DHCP 监听数据库信息写入 Flash 之外，也可以设定系统每隔一定时间自动将数据库信息写入 Flash 文件，在全局模式下使用如下命令进行配置即可。

```
ip dhcp snooping database write-delay seconds
```

默认情况下，DHCP 监听功能不检查从非信任接口收到的来自客户端设备的 DHCP 报文的合法性，这样攻击者就可以通过伪造 DHCP 报文进行 DHCP DoS 攻击。为了避免此类攻击，可以启用 DHCP 监听功能。DHCP 报文中会嵌入 DHCP 客户端的 MAC 地址信息，验证客户端发送的DHCP报文的源MAC地址是否与DHCP报文中的客户端硬件地址相同。如果相同，则判定为一个合法的 DHCP 报文；如果不相同，则判定为一个伪造的 DHCP 报文，并将其丢弃。

在全局模式下使用如下命令进行配置 MAC 验证功能。

```
ip dhcp snooping verify mac-address
```

3. 监视与维护

使用如下命令可以查看 DHCP 监听配置信息，如是否启用了 DHCP 监听、MAC 验证、信任接口等。

```
show ip dhcp snooping
```

使用如下命令可以查看 DHCP 监听绑定表的信息，包括静态和动态的表项，并且只有非信任接口才会存在绑定信息。

```
show ip dhcp snooping binding
```

使用如下命令可以手工清除 DHCP 监听绑定表中的信息，但静态配置的绑定条目不会被删除。

```
clear ip dhcp snooping binding
```

示例 10-4：配置 DHCP 监听并查看配置信息。

```
Switch(config)#ip dhcp snooping
Switch(config)#interface FastEthernet 0/2     //连接合法 DHCP 服务器的接口
Switch(config-if-FastEthernet 0/2)#ip dhcp snooping trust
Switch(config-if-FastEthernet 0/2)#exit
Switch(config)#ip dhcp snooping verify mac-address
----------------------------------------------------
Switch#show ip dhcp snooping     //查看 DHCP 监听配置信息及绑定信息
Switch DHCP snooping  status                         :  ENABLE
DHCP snooping  Verification of hwaddr status     :  DISABLE
DHCP snooping database wirte-delay time          :  0
Interface                       Trusted
------------------------        -------
FastEthernet 0/2               YES

Switch#show ip dhcp snooping binding
Total number of bindings: 1
MacAddress        IpAddress    Lease(sec)  Type       VLAN  Interface
-------------     --------     ------  ----------    ---  -------------
```

```
0015.f2dc.96a4  172.16.1.3  86266   dhcp-snooping  2   FastEthernet 0/1
```

10.4 动态 ARP 检测

动态 ARP 检测（Dynamic ARP Inspection，DAI）功能会对接收到的 ARP 报文进行合法性检查，不合法的 ARP 报文会被丢弃，确保了只有合法的 ARP 报文才会被设备转发。

10.4.1 DAI 工作原理

DAI 与 ARP 安全检查机制一样，都是交换机用来防止 ARP 欺骗攻击的一种安全特性。在配置接口 ARP 检查时，需要在接入接口上手工配置安全 IP 地址。但如果不能够定位攻击者的位置，则需要预先在所有接口上手工配置安全 IP 地址；此外，在客户端的 IP 地址改变的情况下，需要手工修改交换机接口的配置。

例如，在一个使用 DHCP 进行网络 IP 地址动态分配的环境中，如果不在 DHCP 服务器中做特定 IP 地址与 MAC 地址的绑定，将无法预料到客户端获取的 IP 地址信息。另外，在一个移动的网络中，即使客户端的 IP 地址是固定的，也无法预料到客户端的接入接口，也就无法为 ARP 检查配置安全的 IP 地址。这些因素都会阻碍 ARP 检查功能的部署，都会给网络设备的配置、网络的管理和维护带来不便。

要解决上述问题，可以使用动态 ARP 检测机制，前提条件是部署在 DHCP 环境中，即网络中客户端的 IP 地址都是通过 DHCP 分配的，且 DAI 需要依赖 DHCP 监听特性。DAI 检查 ARP 报文合法性的依据就是 DHCP 监听数据库，即 DHCP 监听绑定表。DHCP 监听绑定表中存有客户端 IP 地址、MAC 地址、连接的接口等信息，通过这些信息，DAI 可以检查 ARP 报文的合法性，以及其是否来自正确的接口。DAI 与 DHCP 监听特性一样，也将接口分为信任与非信任两类，对于信任接口，DAI 不检查收到的 ARP 报文，认为报文都是合法的，给予放行；对于非信任接口，DAI 检查收到的所有 ARP 报文（包括 ARP 请求与 ARP 响应），并根据 DHCP 监听表项检查 ARP 报文的合法性。

图 10-8 所示场景为 DAI 安全部署在交换环境中的示例，需要将连接客户端的接口配置为 DAI Untrust 接口，将交换机之间的上行链路接口配置为 DAI Trust 接口。由于 DAI Untrust 接口需要根据 DHCP 监听绑定表对 ARP 报文进行检查，所以需要配置 DAI Untrust 接口，并配置 DHCP 监听 Untrust 接口，因为 DHCP 监听 Trust 接口不存在绑定表项。

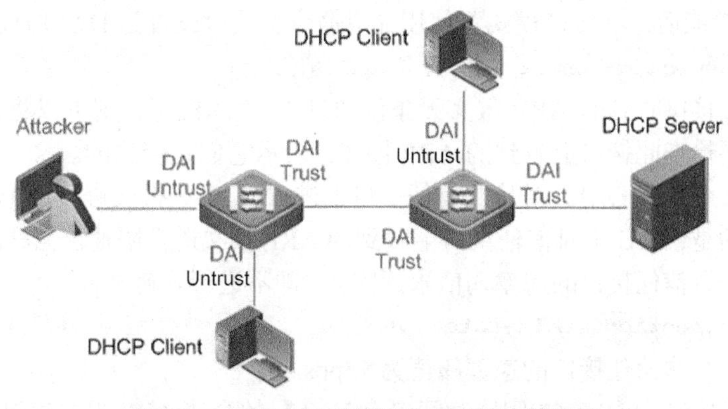

图 10-8 DAI 安全部署在交换环境中的示例

推荐使DHCP监听接口信任状态与DAI接口信任状态保持一致，否则可能会造成网络连接的丢失。此外，DAI是一种配置在接入接口上的安全特性，它不检查从接口发送出去的ARP报文。

DAI不仅可以检查ARP报文的合法性，还提供了对ARP报文的抑制功能，即对ARP报文进行速率限制，可以有效解决攻击者向网络中以非常高的速率泛洪ARP报文，产生DoS攻击，且占用大量的带宽资源的问题。

DAI是一种与DHCP监听相结合的非常有用的安全特性，部署起来也相对容易，推荐在动态地址分配的网络环境中部署DAI，以避免受到ARP欺骗攻击。需要注意的是，锐捷网络的某些系列交换机产品不支持使用DAI特性防止ARP欺骗攻击。

10.4.2 配置DAI

1. 应用场景

对于ARP欺骗攻击，可以利用交换机上的DAI机制实施网络安全。DAI安全通常用来在动态地址分配环境中防止ARP欺骗攻击。

2. 配置命令

由于DAI安全实施需要依赖于DHCP监听特性，所以在配置DAI安全之前，要启用交换机的DHCP监听功能（全局模式），并正确地配置接口的信任状态（接口模式），命令如下。

```
ip dhcp snooping
ip dhcp snooping trust
```

在全局模式下，使用如下命令可启用交换机的DAI功能。

```
ip arp inspection
```

启用DAI功能后，还需要在全局模式下使用如下命令对特定VLAN启用DAI报文检查功能。只有对VLAN启用DAI报文检查功能后，DAI才会检查此VLAN中收到的ARP报文。

```
ip arp inspection vlan vlan-range
                              //启用 VLAN 上的 ARP 报文检查功能
```

启用DAI功能后，在接口模式下使用如下命令将接口设置为DAI信任接口。

```
ip arp inspection trust    //配置 DAI 信任接口
```

若要使某个接口收到的ARP报文无条件通过DAI的检查，则可以将其设置成信任状态，表示不需要检查此接口上收到的ARP报文，表示它们是合法的。

使用如下命令配置DAI，对从非信任接口上进入的ARP报文进行速率限制。

需要注意的是，DAI不对信任接口上收到的ARP报文进行限速。也可以对信任接口配置限速。如果配置信任接口的速率阈值永远为0，即不进行限速。

```
ip arp inspection limit-rate pps
```

默认情况下，非信任接口的速率阈值为15pps。

对于Trunk接口，可能存在同一时间多个VLAN的合法ARP报文通过的情况，此时可以提高接口的速率阈值，或者在接口模式下使用如下命令取消接口的速率限制。

```
ip arp inspection limit-rate none
```

3. 监视与维护

使用如下命令可以查看 DAI 的配置信息等。

```
show ip arp inspection vlan [ vlan-range ]
```

使用如下命令可以查看接口的 DAI 信息，如接口信任状态和 ARP 报文速率限制阈值等。

```
show ip arp inspection interface [ interface ]
```

如果不使用参数 interface 指定具体的接口，则此命令将仅显示信任接口的信息。

示例 10-5：配置动态地址检测 DAI 并查看配置信息。

```
Switch(config)#ip dhcp snooping
Switch(config)#interface FastEthernet 0/24
Switch(config-if-FastEthernet 0/24)#ip dhcp snooping trust
Switch(config-if-FastEthernet 0/24)#exit
Switch(config)#ip arp inspection
Switch(config)#ip arp inspection vlan 2
Switch(config)#interface FastEthernet 0/24
Switch(config-if-FastEthernet 0/24)#ip arp inspection trust

Switch#show ip arp inspection vlan    //查看 DAI 配置信息及接口状态信息
Vlan     Configuration
----     -------------
2         Enable

Switch#show ip arp inspection interface
Interface            Trust State     Rate (pps)
---------------       -----------     ----------
FastEthernet 0/24    Trusted          0

Switch#show ip arp inspection interface Fa0/2
Interface            Trust State     Rate (pps)
---------------      -----------      ----------
FastEthernet 0/2     Untrusted        15
```

10.5 保护接口

保护接口技术是在交换机中实施的基于接口的流量控制，它可以防止数据在接口之间被转发，即阻塞交换接口之间的安全通信。

10.5.1 保护接口工作原理

在日常的网络管理和维护工作中，不希望接入交换机上接入的设备与另一个接口上接入的设备进行通信，或者不希望看到另一个接口上接入的设备所发送的信息，此时可以使用保护接口功能将这些接口隔离开，防止数据在接口之间被转发。

保护接口是交换机本地的安全特性，同一台交换机中保护接口之间无法进行通信，但保护接口与非保护接口之间的通信将不受影响。所以，如果希望阻塞互连的接口之间通信，需要将接口都设置为保护接口。保护接口之间的单播报文、广播报文及组播报文都将被阻塞，所有保护接口之间的数据都要通过三层交换设备进行转发，如图 10-9 所示。

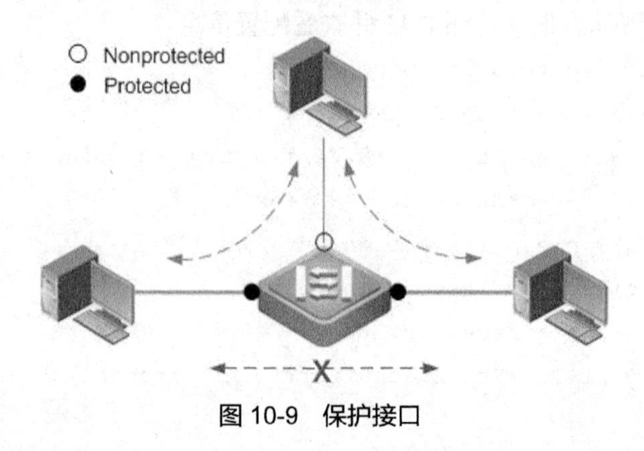

图 10-9 保护接口

保护接口安全特性可以工作在聚合口上，当一个聚合口被配置为保护接口时，相当于其所有成员接口都被设置为保护接口。

10.5.2 配置保护接口

例如，在某办公网络中有两台服务器属于同一个 VLAN，并且接到了同一台交换机上。为了安全起见，需要防止这两台服务器之间进行通信。对于这种情况，可以利用交换机的保护接口特性防止接口进行通信。

保护接口的配置简单，在接口模式下使用如下命令就可以将接口配置为保护接口。

```
switchport protected              //配置保护接口

show interface switchport         //查看保护接口的配置信息
```

示例 10-6：配置接入交换机保护接口并查看配置信息。

```
Switch(config)#interface FastEthernet 0/1
Switch(config-if-FastEthernet 0/1)#switchport protected
Switch(config-if-FastEthernet 0/1)#end

Switch#show interfaces switchport    //查看保护接口配置信息
Interface  Switchport Mode       Access  Native   Protected  VLAN lists
--------   --------  -------    ------  ------   ---------  -----------
Fa0/1      Enabled   Access     1       1        Enabled    All
```

```
Fa0/2        Enabled     Access      1        1         Enabled   All
Fa0/3        Enabled     Access      1        1         Disabled  All
Fa0/4        Enabled     Access      1        1         Disabled  All
Fa0/5        Enabled     Access      1        1         Disabled  All
Fa0/6        Enabled     Access      1        1         Disabled  All
Fa0/7        Enabled     Access      1        1         Disabled  All
```

10.6 接口阻塞

在日常的园区网络管理中，经常会出现数据泛洪现象，通过分析，发现很多设备收到了不是发往其自身的数据包。这种现象的产生，很可能是因为网络中有人发起了 MAC 地址泛洪攻击，造成了带宽资源的浪费。利用交换机的接口阻塞功能可以避免网络中不必要的数据扩散，防止 MAC 地址泛洪攻击。

10.6.1 接口阻塞工作原理

交换机在进行报文转发时，通过查找 MAC 地址表来决定应该将该报文发往哪个接口。对于广播报文，交换机将其转发到除接收接口以外相同 VLAN 内的所有接口上。对于未知（Unknown）目的 MAC 地址的单播报文和组播报文，交换机也将其转发到除接收接口以外相同 VLAN 内的所有接口上。

攻击者利用上述交换机的转发机制，使用特定工具以非常高的速率向网络中发送广播报文或未知目的 MAC 地址的报文，导致交换机向同一个 VLAN 内的所有接口泛洪，消耗网络带宽和系统资源。

交换机的接口阻塞是指在特定接口上阻止广播、未知目的 MAC 地址的单播或未知目的 MAC 地址的组播报文从这个接口泛洪出去，这样不仅节省了带宽资源，还避免了网络中终端设备收到多余的报文。此外，如果交换机的某个接口只存在手工配置的 MAC 地址，且接口并没有连接任何所配置 MAC 地址以外的其他设备，则不需要将数据包泛洪到这个接口，如图 10-10 所示。

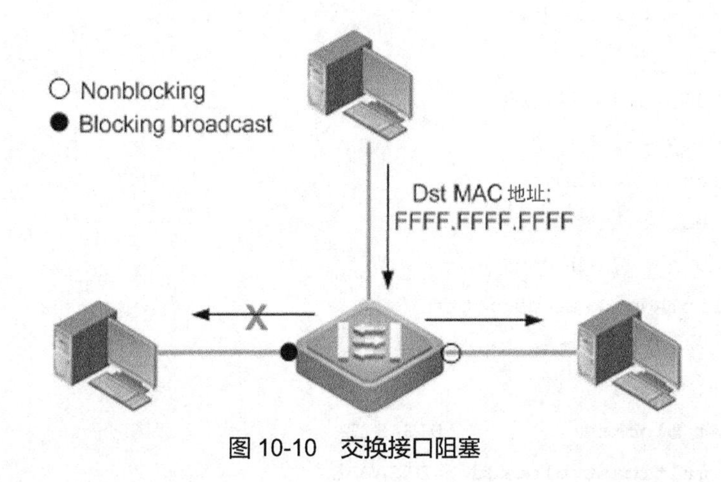

图 10-10 交换接口阻塞

10.6.2 配置接口阻塞

1. 启用接口阻塞功能

默认情况下，接口阻塞功能是关闭的，需要在接口模式下使用如下命令启用该功能。

```
switchport block { unicast | multicast | broadcast }
```

（1）unicast 参数表示阻塞未知目的 MAC 地址的单播报文。

（2）multicast 参数表示阻塞未知目的 MAC 地址的组播报文。

（3）broadcast 参数表示阻塞广播报文。

当使用 broadcast 和 multicast 参数时需慎重，因为阻塞广播报文和组播报文可能会导致某些协议或应用无法正常工作，造成网络中断。

2. 查看配置信息

使用如下命令可以查看接口阻塞的配置信息。

```
show interface interface
```

3. 配置实例

示例 10-7：配置接口阻塞并查看配置信息。

```
Switch(config)#interface FastEthernet 0/1
Switch(config-if)#switchport block unicast
Switch(config-if)#end

Switch#show interfaces FastEthernet 0/1    //查看接口阻塞配置信息
Interface   : FastEthernet100BaseTX 0/1
Description :
AdminStatus : up
OperStatus  : up
Hardware    : 10/100BaseTX
Mtu         : 1500
LastChange  : 0d:0h:0m:0s
AdminDuplex : Auto
OperDuplex  : Unknown
AdminSpeed  : Auto
OperSpeed   : Unknown
FlowControlAdminStatus : Off
FlowControlOperStatus  : Off
Priority    : 0
Broadcast blocked          :DISABLE
Unknown multicast blocked : DISABLE
```

```
Unknown unicast blocked    :ENABLE
```

10.7 接口镜像

在日常进行网络故障排查、网络数据流量分析的过程中，有时需要对网络中接入交换机或骨干交换机上的某些接口进行数据流量监控分析，以了解网络中某些接口传输的状况。采用镜像技术，通过在交换机中设置镜像（SPAN）接口，可以对某些可疑接口进行监控，并不影响被监控接口的数据交换。

大多数交换机支持镜像技术，可以方便对交换机进行故障诊断，通过分析故障交换机的数据信息，了解故障的原因。这种通过一台交换机监控同网络中另一台交换机的过程称为 Mirroring 或 Spanning，即镜像。

镜像技术在网络中监视进出网络的所有数据包，供安装了监控软件的管理服务器抓取数据，了解网络安全状况，如网吧需应用此功能把数据发往公安部门进行审查。而企业出于信息安全、保护公司机密的需要，也迫切需要镜像技术。在企业网络中启用接口镜像功能，可以很好地对企业内部的网络数据进行监控管理，在网络出现故障的时候，可以很好地进行故障定位。

10.7.1 镜像技术

交换机的镜像技术是将交换机上某个接口的数据流量，复制到另一个接口（镜像接口）进行监测的安全防范技术，如图 10-11 所示。大多数交换机支持镜像技术，默认情况下交换机上的这种功能是被屏蔽的。

通过配置交换机接口镜像，可以允许管理人员设置监控管理接口，监控被监控的接口的数据流量。复制到镜像接口的数据可通过计算机上安装的网络分析软件进行查看，通过对捕获到的数据进行分析，可以实时查看被监控接口的情况。

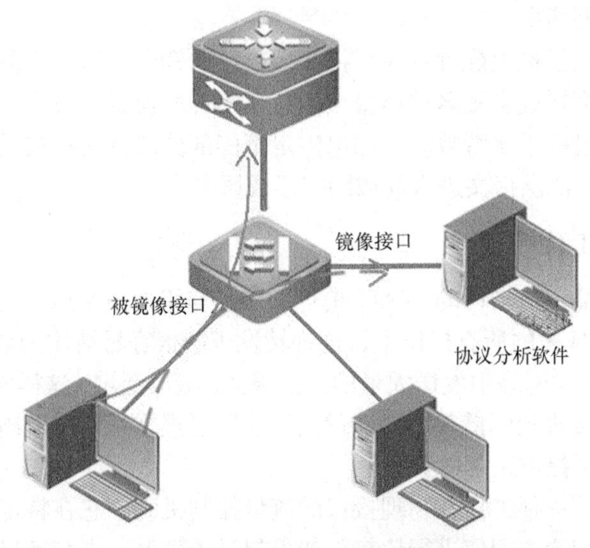

图 10-11　镜像技术的使用

10.7.2 配置接口镜像

在特权模式下，使用如下命令可创建一个 SPAN 会话，并指定目的接口（监控口）和源接口（被监控接口）。

```
Switch(config)#monitor session 1 source interface FastEthernet 0/10 both
                    //设置被监控接口，默认为 both，表示镜像源接口接收和发出的流量
Switch(config)#monitor session 1 destination interface FastEthernet 0/2
                                                  //设置监控接口
Switch(config)#no monitor session session_number       //清除当前配置
Switch#show monitor session 1              //显示镜像源、目的接口配置信息
```

示例 10-8：配置交换机的接口镜像并查看配置信息。

```
Switch(config)#no monitor session 1    //将当前会话 1 的配置清除
Switch(config)#monitor session 1 source interface FastEthernet0/1 both
                                                  //设置接口 1 的 SPAN 帧镜像到接口 8
Switch(config)#monitor session 1 destination interface FastEthernet 0/8
                                                  //设置接口 8 为监控接口，监控网络流量
Switch#show monitor session 1              //查询镜像信息
```

10.8 风暴控制

当 VLAN 中存在过量的广播、多播或未知名单播报文时，就会使网络变慢及增大报文传输超时概率，这种情况称为局域网风暴。

在园区网络中产生了广播风暴后，会在网络内部产生大量的报文泛洪，浪费大量宝贵的带宽资源和系统资源，造成网络性能降低。产生风暴现象的原因有多种，如协议栈中的错误实现和软件中的 Bug，网络设备的配置错误，或者有攻击者蓄意发动 DoS 攻击，使大量的广播报文泛洪到网络中。

用户可以分别在交换机上配置针对广播、多播和未知名单播报文的风暴控制，当设备接口接收到的广播、多播或未知名单播报文的速率超过所设定的带宽、每秒允许通过的报文数或者每秒允许通过的千比特数时，超出限定范围部分的报文将被丢弃，直到报文恢复正常，从而避免过量的泛洪报文进入局域网中形成风暴。

10.8.1 风暴控制工作原理

交换机在收到广播、未知目的 MAC 地址的单播与组播报文后，会将报文转发到除接收接口以外相同 VLAN 内的所有接口上，这种转发机制很容易被攻击者利用。

例如，攻击者可以向网络中发送大量的广播报文，造成泛洪，这样网络中（相同 VLAN 内）的所有主机都会接收到广播并需要处理泛洪的广播报文，造成网络中的主机或服务器等无法正常工作或无法提供正常的服务。

交换机风暴控制是一种工作在物理接口的流量控制机制，它在特定时间周期内监视接口收到的报文，并与配置的阈值进行比较，如果超过了阈值，则交换机将暂时禁止转发相应类型的报文（未知目的 MAC 地址的单播、组播或广播），直到报文恢复正常（低于阈值）。

交换机的风暴控制可以通过如下所述3种方法对收到的报文进行监视。

（1）**监测接口带宽的百分比**：当接口收到的报文所占用的带宽超过所设定的百分比后，如接口为100Mbit/s，百分比为5%，当接收的数据超过5Mbit/s时，接口将禁止转发报文，直到报文恢复正常。

（2）**监测接口收到的报文的速率（pps）**：当接口收到的报文速率超过设定的阈值后，如阈值为1000pps，当接收到的报文速率超过每秒1000个报文时，接口将禁止转发数据帧，直到报文恢复正常。

（3）**监测通过接口收到的数据的速率（kbit/s）**：当接口收到的数据速率超过设定的阈值后，如阈值为2048kbit/s，当接收到的数据速率超过2048kbit/s时，接口将禁止转发数据帧，直到数据流恢复正常。

使用风暴控制特性可以分别针对广播、组播和未知目的MAC地址的单播报文设定上述3种类型的阈值。当对组播报文和广播报文启用风暴控制时，需要适当设定各种阈值，因为阻塞广播报文和组播报文可能会导致某些协议或应用无法正常工作，造成网络连通中断。

风暴控制可以很好地缓解和避免由于各种原因所产生的网络数据风暴，节约了带宽及系统资源；同时，可以避免网络受到DoS泛洪攻击，提高了网络的安全性能。

10.8.2　配置风暴控制

某企业网络中最近经常出现数据泛洪现象，通过分析，发现某接入网络的设备正在以非常高的速率向网络中发送广播报文，极大地降低了网络性能，造成了带宽资源的浪费。利用交换机的风暴控制功能可以避免网络中出现数据风暴现象。

在不同型号的网络交换机上，风暴控制功能的默认状态各有不同。一些交换机默认关闭所有接口的风暴控制功能，而一些交换机默认开启针对特定报文类型的风暴控制功能，具体情况必须以实际产品为准。

1. 启用风暴控制功能

风暴控制的配置全部是在接口模式下进行的，使用如下命令可以手工启用该功能。

```
storm-control { unicast | multicast | broadcast }
                    // 在接口上启用针对单播报文、组播报文、广播报文的风暴控制功能
```

（1）unicast参数表示启用对未知目的MAC地址的单播报文的风暴控制。

（2）multicast参数表示启用对组播报文的风暴控制。

（3）broadcast参数表示启用对广播报文的风暴控制。

另外，使用“no storm-control unicast”命令或者“default storm-control unicast”命令，可以关闭接口上的单播报文风暴控制功能，命令默认参数由相关产品决定。

2. 配置阈值

在接口模式下，使用如下命令可以为特定的报文类型配置不同的阈值类型及阈值。

```
storm-control { unicast | multicast | broadcast } { level level | kbps
| pps pps }
```

其中，参数 level 表示为风暴控制配置接口百分比类型的阈值，如配置 level 为 10，则表示接口带宽的 10%；参数 kbps 表示为风暴控制配置数据速率类型的阈值；参数 pps 表示为风暴控制配置报文速率类型的阈值。命令默认参数由相关产品各自决定。

当接口收到的报文超出所配置的阈值后，交换机将暂时禁止相应类型报文的转发，直到数据流恢复正常(低于阈值)。一个接口只能为特定类型的报文配置一种阈值类型及阈值，当设备接口接收到的未知名单播、组播或者广播报文的速率超过所设定的带宽、每秒允许通过的报文数或者每秒允许通过的千比特数时，设备将只允许通过所设定限定范围的未知名单播、组播或者广播报文的数据流通过，超出限定范围部分的报文将被丢弃，直到报文恢复正常。

使用如下命令可以查看所有接口的风暴控制配置信息，包括是否启用了特定类型帧的风暴控制，以及对于特定类型帧所配置的阈值类型和阈值。

```
show storm-control [ interface ]
```

当使用参数 interface 时，只显示特定接口的配置。

示例 10-9：配置本地接口的风暴控制功能并查看配置信息。

```
Switch(config)#interface FastEthernet 0/1
Switch(config-if-FastEthernet 0/1)#storm-control broadcast level 5
Switch(config-if-FastEthernet 0/1)#exit
Switch(config)#interface FastEthernet 0/2
Switch(config-if-FastEthernet 0/2)#storm-control unicast 1024
Switch(config-if-FastEthernet 0/2)#exit
Switch(config)#interface FastEthernet 0/3
Switch(config-if-FastEthernet 0/2)#storm-control multicast pps 200
Switch(config-if-FastEthernet 0/2)#end

Switch#show storm-control     //查看风暴控制的配置信息及状态信息
interface   Broadcast Control  Multicast Control   Unicast Control  Action
----------------------------------------------------------------------------
FastEthernet 0/1        5    %        Disabled         Disabled      none
FastEthernet 0/2      Disabled        Disabled         1024kbps      none
FastEthernet 0/3      Disabled        200pps           Disabled      none
FastEthernet 0/4      Disabled        Disabled         Disabled      none
FastEthernet 0/5      Disabled        Disabled         Disabled      none
FastEthernet 0/6      Disabled        Disabled         Disabled      none
```

10.9 STP 安全机制

传统交换网络需要通过冗余实现网络的健壮性，往往通过实施生成树协议在网络中避免出现二层桥接环路，并给交换网络提供冗余、备份和安全保障。

为了克服 STP 的这些限制，一些 STP 的增强和安全机制被开发了出来，包括快速接口

（PortFast）、BPDU 防护（BPDU Guard）和 BPDU 过滤（BPDU Filter）。

10.9.1 PortFast

1. 应用场景

在日常的网络管理和维护中，经常有用户抱怨，当把计算机接入网络时需等待一段时间才能访问网络资源。管理员通过查看交换机的配置发现，交换机启用了 RSTP，接入用户计算机的接口在转发数据前经历了 Discarding 与 Learning 状态，这段时间内不能转发用户数据。

交换机的 PortFast 特性是为了提高生成树收敛速度而开发的生成树接口安全保障技术。如果交换机的某个二层接口被配置为 PortFast，则接口 Up 后将立即过渡到 Forwarding 状态，可以立即对用户数据进行转发，跳过了生成树的中间状态。利用 PortFast 特性可避免一些实际应用中的问题，如 DHCP 请求超时、Novell 登录问题等。

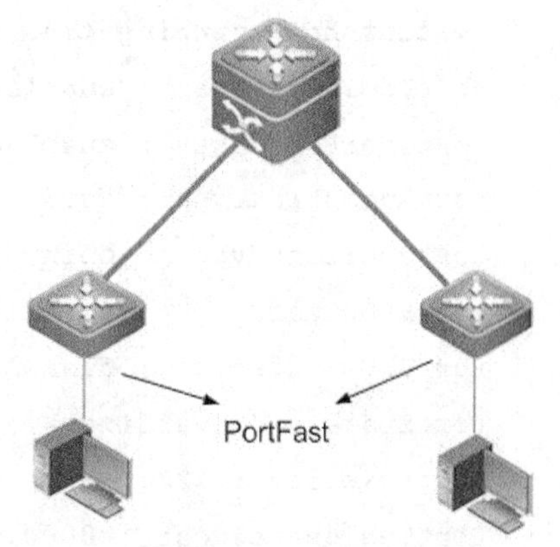

图 10-12　PortFast

在实际网络中，PortFast 特性只可用于连接终端主机或服务器的接口，不可将连接交换机的上行链路接口配置为 PortFast，否则可能会导致网络中出现环路，如图 10-12 所示。配置了 PortFast 特性的接口接收到 BPDU 报文后，接口将丢弃 PortFast 状态，改为正常的 STP 操作。只有在 RSTP 与 MSTP 模式下，才支持 PortFast 特性。

2. 配置命令

在接口模式下，使用如下命令可以启用接口的 PortFast 特性。

```
spanning-tree portfast
```

在接口模式下，使用如下命令可以禁用接口的 PortFast 特性。

```
spanning-tree portfast disable
```

在接入层交换机上，由于大部分接口用于连接终端设备，如 PC、服务器、打印机等，所以，可以在全局模式下使用如下命令使所有接口启用 PortFast 特性。

```
spanning-tree portfast default
```

需要注意的是，配置完这个命令后，必须在连接到汇聚层交换机的上行链路接口使用"spanning-tree portfast disable"命令明确禁用 PortFast 特性，以避免环路的产生。

使用如下命令可以查看接口 PortFast 特性的状态，包括管理配置状态与实际操作状态。

```
show spanning-tree interface interface
```

3. 配置实例

示例 10-10：配置 PortFast 并查看配置信息。

```
Switch(config)#interface FastEthernet 0/1
```

```
Switch(config-if-FastEthernet 0/1)#spanning-tree portfast
Switch(config-if-FastEthernet 0/1)#exit

Switch(config)#spanning-tree portfast default
Switch(config)#interface FastEthernet 0/23
Switch(config-if-FastEthernet 0/23)#switchport mode trunk
Switch(config-if-FastEthernet 0/23)#spanning-tree portfast disabled
Switch(config-if-FastEthernet 0/23)#end

Switch#show spanning-tree interface FastEthernet 0/1   //查看PortFast信息
PortAdminPortFast : enabled     //PortFast的管理配置状态
PortOperPortFast  : enabled     //PortFast的实际操作状态
PortAdminLinkType : auto
PortOperLinkType  : point-to-point
PortBPDUGuard     : disable
PortBPDUFilter    : disable
PortState : forwarding
PortPriority : 128
PortDesignatedRoot : 8000.00d0.f882.f4a1
PortDesignatedCost : 0
PortDesignatedBridge :8000.00d0.f882.f4a1
PortDesignatedPort : 8001
PortForwardTransitions : 12
PortAdminPathCost : 200000
PortOperPathCost : 200000
PortRole : designatedPort
```

10.9.2 BPDU Guard

1. 应用场景

在日常的园区网管理中，网络管理员发现网络中的交换机时常出现生成树重新收敛的现象。由于生成树的收敛时间变长，导致一段时间内交换机无法转发用户的数据信息，降低了网络性能，并且造成网络拓扑的不稳定。

在生成树选举中，STP 根桥选举通过交换机优先级来决定，优先级的数值越低，交换机就越有可能成为网络中的根桥。但是，当 STP 选举完毕使网络达到稳定状态后，如果有一个拥有更高优先级（数值更低）的交换机加入网络，会造成 STP 重新进行计算，使网络处于收敛过程，这也可以说是 STP 的一个不稳定机制。

此外，网络中的攻击者有时还会利用 STP 的这个特性发起一种称为中间人的网络攻击事件。如图 10-13 所示，两台交换机通过一条链路相连，正常情况下，两台交换机之间的数据都通过这条骨干链路进行传送，如果攻击者在网络中接入一台新的交换机，且这台交换机拥有更好的优先级，则将导致 STP 重新进行计算，计算结果为攻击者接入的交换机成为网络中的新根桥。为了避免环路的产生，原先两台交换机之间的链路将被阻塞。可以看到，现在形成的最终拓扑是两台交换机之间的所有数据都会通过攻击者的交换机进行转发，攻击者达到了窃听的目的。如果攻击者使用的是更低带宽（图中为 10Mbit/s）的链路，就会使原先两台交换机之间的数据产生拥塞，导致丢包，影响连接到两台交换机上的设备之间的正常通信。

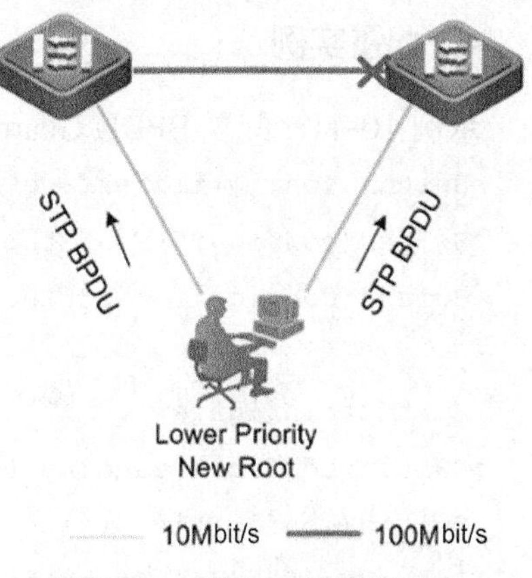

图 10-13 利用 STP 进行攻击

2. 什么是 BPDU Guard

BPDU Guard 是 STP 的一个增强机制，也是一个生成树协议的安全机制。在交换机的接口启用了 BPDU Guard 后，接口将丢弃收到的 BPDU 报文，且 BPDU Guard 会使接口变为 Err-Disabled 状态，不但避免了环路的产生，还增强了交换网络的安全性和稳定性。

3. 配置 BPDU 防护

交换机上的 BPDU Guard 功能默认关闭，需要手工启用。

在全局模式下使用如下命令可以在启用了 PortFast 特性的接口上启用 BPDU Guard 特性。

```
spanning-tree portfast bpduguard default
```

当配置了这条命令后，如果某个接口启用了 PortFast 特性，那么当接口收到 BPDU 报文后，接口将进入 Err-Disabled 状态。

通常，启用了 BPDU Guard 特性的接口都为接入接口，这些接口通常连接的是终端设备，这样的接口收到 BPDU 报文即表示有非法的设备（如非法交换机）接入网络，可能会导致网络拓扑变更。

在接口模式下使用如下命令进行配置。BPDU Guard 特性还可以基于接口启用或关闭。

```
spanning-tree bpduguard { enable | disable }
```

在接口启用了 BPDU Guard 特性后，只要接口收到 BPDU 报文，接口就会进入 Err-Disabled 状态，与接口的 PortFast 特性无关。

当接口进入 Err-Disabled 状态后，接口将被关闭，丢弃所有报文，需要使用“errdisable recovery”命令手工启用；或者使用“errdisable recovery interval *time*”命令设置超时间隔，此时间间隔过后，接口将自动被启用。推荐在交换机的所有接入接口上启用 BPDU Guard 特性，以增强网络的稳定性和安全性。

使用如下命令查看接口 BPDU Guard 特性的配置状态信息。

```
show spanning-tree interface interface
```

4. 配置实例

示例 10-11：配置 BPDU Guard 并查看配置信息。

```
Switch(config)#interface FastEthernet 0/1
Switch(config-if-FastEthernet 0/1)#spanning-tree bpduguard enable
Switch(config-if-FastEthernet 0/1)#end

Switch#configure
Switch(config)#spanning-tree portfast bpduguard default
Switch(config)#interface FastEthernet 0/2
Switch(config-if-FastEthernet 0/2)#spanning-tree portfast
Switch(config-if-FastEthernet 0/2)#end

Switch#show spanning-tree interface FastEthernet 0/1
PortAdminPortFast : enabled
PortOperPortFast : enabled
PortAdminLinkType : auto
PortOperLinkType : point-to-point
PortBPDUGuard : enable
PortBPDUFilter : disable
PortState : forwarding
PortPriority : 128
PortDesignatedRoot : 8000.00d0.f821.a542
PortDesignatedCost : 0
PortDesignatedBridge :8000.00d0.f821.a542
PortDesignatedPort : 8001
PortForwardTransitions : 1
PortAdminPathCost : 200000
```

10.9.3 BPDU Filter

1. 应用场景

正常情况下，交换机会向所有启用的接口发送 BPDU 报文，以便进行生成树的选举与拓扑维护。但是，如果交换机的某个接口连接的为终端设备，如 PC、打印机等，由于这些设备无须参与 STP 计算，所以无须接收 BPDU 报文，就可以启用 BPDU Filter 特性禁止 BPDU 报文从该接口发送出去。

如图 10-14 所示，在接入层交换机的访问接口上启用 BPDU Filter 功能，就可以避免这些设备接收多余的 BPDU 报文。

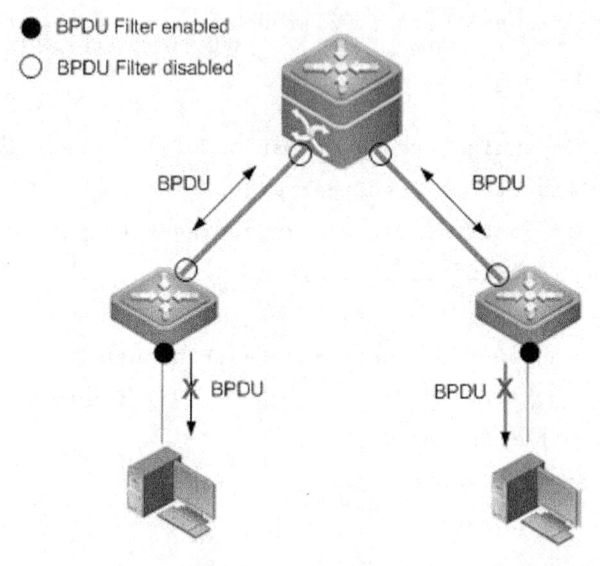

图 10-14 BPDU Filter

2. 配置命令

与 BPDU Guard 一样，默认情况下，BPDU Filter 特性是关闭，需要手工启用。

在全局模式下使用如下命令，在启用了 PortFast 的接口上启用 BPDU Filter 特性。

```
spanning-tree portfast bpdufilter default
```

配置这条命令后，如果某个接口启用了 PortFast 特性，那么交换机不再将 BPDU 报文从此接口发送出去，当接口收到 BPDU 报文后，交换机会将该接口改回正常 STP 操作。

通常，启用 BPDU Filter 特性的接口为接入接口，这些接口通常连接的是终端设备，它们无须接收 BPDU 报文。如果从接口接收到了 BPDU 报文，则表示连接到接口的可能为网桥设备。为了防止环路的产生，接口会放弃 BPDU Filter 特性而向接口发送 BPDU 报文。

在接口模式下使用如下命令，基于接口启用或禁用 BPDU Filter 特性。

```
spanning-tree bpdufilter { enable | disable }
```

在接口模式下启用 BPDU Filter 特性时，接口的操作与之前全局性的启用此特性会有差别。当对某接口启用 BPDU Filter 特性后，接口不仅会阻止 BPDU 报文的发送，还会丢弃所有收到的 BPDU 报文，这点与全局性启用 BPDU Filter 特性不同。

注意，如果在连接其他交换机链路的接口上启用 BPDU Filter 特性，则会导致网络环路的产生。

使用如下命令可以查看接口 BPDU Filter 特性的状态信息。

```
show spanning-tree interface interface
```

3. 配置实例

示例 10-12：配置 BPDU Filter 并查看配置信息。

```
Switch(config)#interface FastEthernet 0/1
Switch(config-if-FastEthernet 0/1)#spanning-tree bpdufilter enable
```

```
Switch(config-if-FastEthernet 0/1)#end

Switch#configure
Switch(config)#spanning-tree portfast bpdufilter default
Switch(config)#interface FastEthernet 0/2
Switch(config-if-FastEthernet 0/2)#spanning-tree portfast
Switch(config-if-FastEthernet 0/2)#end

Switch#show spanning-tree interface FastEthernet 0/1
                                                        //查看 BPDU Filter 信息
PortAdminPortFast : Disabled
PortOperPortFast : Disabled
PortAdminLinkType : auto
PortOperLinkType : point-to-point
PortBPDUGuard : disable
PortBPDUFilter : enable
PortState : forwarding
PortPriority : 128
PortDesignatedRoot : 8000.00d0.f821.a542
PortDesignatedCost : 200000
PortDesignatedBridge :8000.00d0.f882.f4a1
PortDesignatedPort : 8001
PortForwardTransitions : 1
PortAdminPathCost : 200000
PortOperPathCost : 200000
PortRole : designatedPort
```

10.10 网络实践：配置 DHCP 监听

【任务描述】

某企业网络中，为了降低网络编址的复杂性和手工配置 IP 地址的工作量，使用 DHCP 为网络中的设备动态分配 IP 地址。但网络管理员发现经常有员工抱怨无法访问网络，经过故障排查后，发现客户端计算机通过 DHCP 获得了错误的 IP 地址，从此现象可以判定网络中可能出现了 DHCP 攻击，有人私自架设了 DHCP 服务器（伪 DHCP 服务器），导致客户端计算机无法获得正确的 IP 地址，以致不能够正常访问网络资源。

【网络拓扑】

以图 10-15 所示的某企业网中的 DHCP 服务器搭建场景为例，对于网络中出现非法 DHCP 服务器的问题，需要防止其为客户端分配 IP 地址，仅允许合法的 DHCP 服务器提供服务。交换机的 DHCP 监听特性可以满足这个要求，阻止非法服务器为客户端分配 IP 地址。

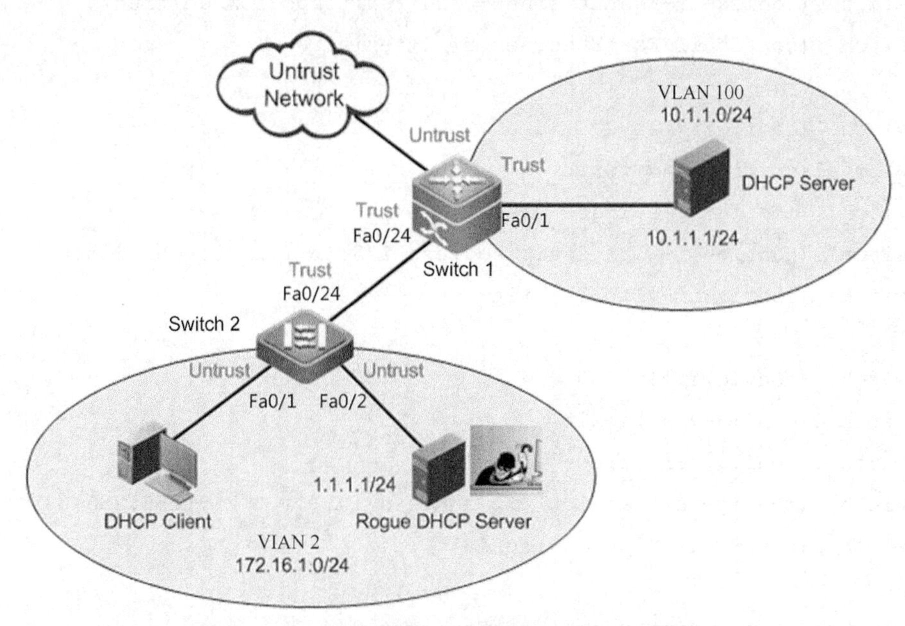

图 10-15　某企业网中的 DHCP 服务器搭建场景

【设备清单】

三层交换机（1 台，支持 DHCP 监听）；二层交换机（1 台，支持 DHCP 监听）；PC（3 台，其中两台需安装 DHCP 服务器）。

【实施步骤】

步骤 1：配置 DHCP 服务器。

将两台计算机配置为 DHCP 服务器，一台用作合法 DHCP 服务器，另一台用作伪 DHCP 服务器（Rogue DHCP Server）。使用 Windows Server 或者第三方 DHCP 服务器软件配置 DHCP 服务器，合法 DHCP 服务器的地址池为 172.16.1.0/24，伪 DHCP 服务器的地址池为 1.1.1.1/24。

步骤 2：Switch 2 的基本配置（接入层）如下。

```
Switch(config)#hostname Switch 2
Switch 2(config)#vlan 2
Switch 2(config-vlan)#exit
Switch 2(config)#interface range FastEthernet 0/1-2
Switch 2(config-if-range)#switchport access vlan 2
Switch 2(config)#interface FastEthernet 0/24
Switch 2(config-if-FastEthernet 0/24)#switchport mode trunk
Switch 2(config-if-FastEthernet 0/24)#end
```

步骤 3：Switch 1 的基本配置如下。

```
Switch(config)#hostname Switch 1
```

```
Switch 1(config)#interface FastEthernet 0/24
Switch 1(config-if-FastEthernet 0/24)#switchport mode trunk
Switch 1(config-if-FastEthernet 0/24)#exit

Switch 1(config)#vlan 2
Switch 1(config-vlan)#exit
Switch 1(config)#interface vlan 2
Switch 1(config-if-vlan 2)#ip address 172.16.1.1 255.255.255.0
Switch 1(config-if-vlan 2)#exit

Switch 1(config)#vlan 100
Switch 1(config-vlan)#exit
Switch 1(config)#interface vlan 100
Switch 1(config-if-vlan 100)#ip address 10.1.1.2 255.255.255.0
Switch 1(config-if-vlan 100)#exit

Switch 1(config)#interface FastEthernet 0/1
Switch 1(config-if-FastEthernet 0/1)#switchport access vlan 100
Switch 1(config-if-FastEthernet 0/1)#end
```

步骤 4：将 Switch 1 配置为 DHCP 中继代理。

```
Switch 1(config)#service dhcp
Switch 1(config)#ip helper-address 10.1.1.1
                                    //配置 DHCP 中继代理，指明 DHCP 服务器地址
```

步骤 5：验证测试，前提是两台 DHCP 服务器可以正常工作。将客户端计算机配置为动态获取地址，接入交换机接口，此时可以看到客户端从伪 DHCP 服务器获得了错误的 IP 地址，如图 10-16 所示。

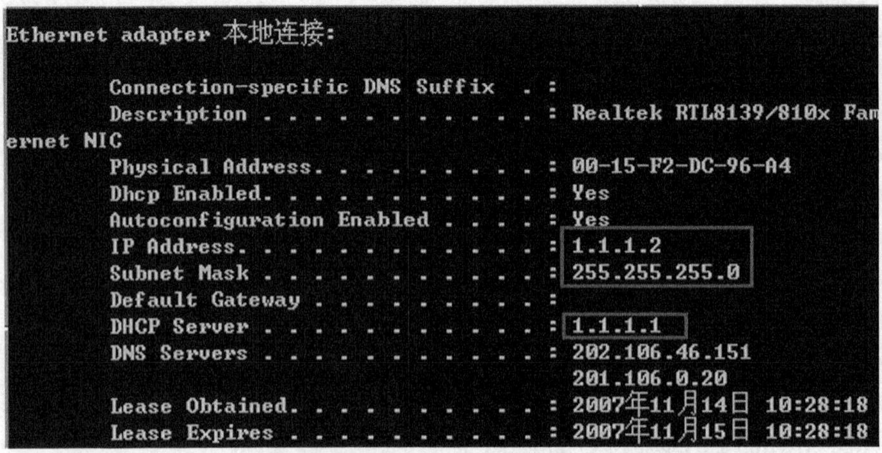

```
Ethernet adapter 本地连接:

        Connection-specific DNS Suffix  . :
        Description . . . . . . . . . . . : Realtek RTL8139/810x Fam
ernet NIC
        Physical Address. . . . . . . . . : 00-15-F2-DC-96-A4
        Dhcp Enabled. . . . . . . . . . . : Yes
        Autoconfiguration Enabled . . . . : Yes
        IP Address. . . . . . . . . . . . : 1.1.1.2
        Subnet Mask . . . . . . . . . . . : 255.255.255.0
        Default Gateway . . . . . . . . . :
        DHCP Server . . . . . . . . . . . : 1.1.1.1
        DNS Servers . . . . . . . . . . . : 202.106.46.151
                                            201.106.0.20
        Lease Obtained. . . . . . . . . . : 2007年11月14日 10:28:18
        Lease Expires . . . . . . . . . . : 2007年11月15日 10:28:18
```

图 10-16　客户端从伪 DHCP 服务器获得了错误的 IP 地址

图 10-17 所示为在客户端上使用 Ethereal 捕获的报文，可以看到，客户端先接收到了伪 DHCP 服务器发送的 DHCP Offer 报文,后接收到了通过 DHCP Relay 发送的 DHCP Offer 报文。

No.	Time	Source	Destination	Protocol	Info
1	0.000000	0.0.0.0	255.255.255.255	DHCP	DHCP Discover - Transaction ID 0xe516f721
2	0.000858	1.1.1.1	1.1.1.2	ICMP	Echo (ping) request
3	0.002351	10.1.1.1	172.16.1.2	ICMP	Echo (ping) request
4	0.501732	1.1.1.1	1.1.1.2	ICMP	Echo (ping) request
5	0.502822	10.1.1.1	172.16.1.2	ICMP	Echo (ping) request
6	1.002745	1.1.1.1	255.255.255.255	DHCP	DHCP Offer - Transaction ID 0xe516f721
7	1.003093	0.0.0.0	255.255.255.255	DHCP	DHCP Request - Transaction ID 0xe516f721
8	1.003894	1.1.1.1	255.255.255.255	DHCP	DHCP ACK - Transaction ID 0xe516f721
9	1.004165	172.16.1.1	172.16.1.2	DHCP	DHCP Offer - Transaction ID 0xe516f721
10	1.005812	AsustekC_dc:96:a4	Broadcast	ARP	Who has 1.1.1.2? Gratuitous ARP
11	1.703921	AsustekC_dc:96:a4	Broadcast	ARP	Who has 1.1.1.2? Gratuitous ARP
12	2.703887	AsustekC_dc:96:a4	Broadcast	ARP	Who has 1.1.1.2? Gratuitous ARP

图 10-17 使用 Ethereal 捕获的报文（1）

步骤 6：在 Switch 1 上配置 DHCP 监听。

```
Switch 1(config)#ip dhcp snooping    //开启 DHCP Snooping 功能
Switch 1(config)#interface FastEthernet 0/1
Switch 1(config-if-FastEthernet 0/1)#ip dhcp snooping trust
                                       //配置 Fa0/1 为 Trust 接口
Switch 1(config-if-FastEthernet 0/1)#exit

Switch 1(config)#interface FastEthernet 0/24
Switch 1(config-if-FastEthernet 0/24)#ip dhcp snooping trust
                                       //配置 Fa0/24 为 Trust 接口
Switch 1(config-if-FastEthernet 0/24)#end
```

步骤 7：在 Switch 2 上配置 DHCP 监听。

```
Switch 2(config)#ip dhcp snooping
Switch 2(config)#interface FastEthernet 0/24
Switch 2(config-if-FastEthernet 0/24)#ip dhcp snooping trust
Switch 2(config-if-FastEthernet 0/24)#end
```

步骤 8：验证测试。将客户端之前获得的错误 IP 地址释放（使用 Windows 命令行中的命令 ipconfig /release），再使用 ipconfig /renew 命令重新获取地址，可以看到客户端获取到了正确的 IP 地址，如图 10-18 所示。

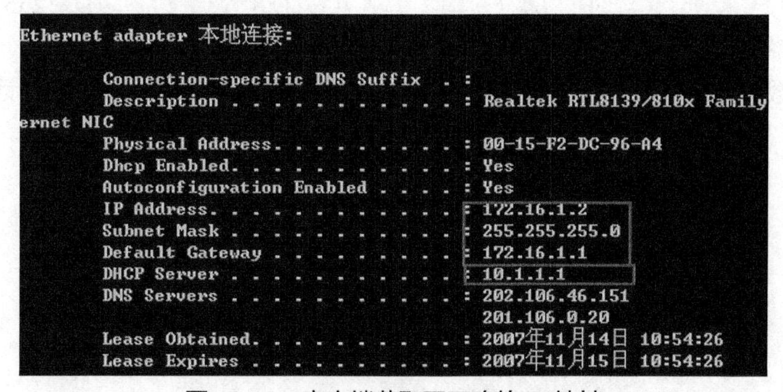

```
Ethernet adapter 本地连接:

        Connection-specific DNS Suffix  . :
        Description . . . . . . . . . . . : Realtek RTL8139/810x Family
ernet NIC
        Physical Address. . . . . . . . . : 00-15-F2-DC-96-A4
        Dhcp Enabled. . . . . . . . . . . : Yes
        Autoconfiguration Enabled . . . . : Yes
        IP Address. . . . . . . . . . . . : 172.16.1.2
        Subnet Mask . . . . . . . . . . . : 255.255.255.0
        Default Gateway . . . . . . . . . : 172.16.1.1
        DHCP Server . . . . . . . . . . . : 10.1.1.1
        DNS Servers . . . . . . . . . . . : 202.106.46.151
                                            201.106.0.20
        Lease Obtained. . . . . . . . . . : 2007年11月14日 10:54:26
        Lease Expires . . . . . . . . . . : 2007年11月15日 10:54:26
```

图 10-18 客户端获取了正确的 IP 地址

由于配置了 DHCP 监听，并且伪 DHCP 服务器连接的接口为非信任接口，所以交换机丢弃了伪 DHCP 服务器发送的响应报文。

图 10-19 所示为在客户端上使用 Ethereal 捕获的报文，可以看到，客户端只接收到了通过 DHCP Relay 发送的 DHCP Offer 报文，未接收到伪 DHCP 服务器发送的 DHCP Offer 报文。

No.	Time	Source	Destination	Protocol	Info
1	0.000000	0.0.0.0	255.255.255.255	DHCP	DHCP Discover - Transaction ID 0xb76955a9
2	0.003803	FujianSt_21:a5:43	Broadcast	ARP	Who has 172.16.1.2? Tell 172.16.1.1
3	1.005166	172.16.1.1	172.16.1.2	DHCP	DHCP Offer - Transaction ID 0xb76955a9
4	1.005541	0.0.0.0	255.255.255.255	DHCP	DHCP Request - Transaction ID 0xb76955a9
5	1.009046	172.16.1.1	172.16.1.2	DHCP	DHCP ACK - Transaction ID 0xb76955a9
6	1.011269	AsustekC_dc:96:a4	Broadcast	ARP	Who has 172.16.1.2? Gratuitous ARP
7	1.011914	10.1.1.1	172.16.1.2	ICMP	Echo (ping) request
8	1.078342	AsustekC_dc:96:a4	Broadcast	ARP	Who has 172.16.1.2? Gratuitous ARP
9	2.078308	AsustekC_dc:96:a4	Broadcast	ARP	Who has 172.16.1.2? Gratuitous ARP

图 10-19　使用 Ethereal 捕获的报文（2）

需要注意的是，DHCP 监听只能够配置在物理接口上，不能配置在 VLAN 接口上。

10.11 认证测试

1. 开启 DHCP Snooping 功能后，（　　）功能可以禁止用户私设 IP 地址。
   A. DAI　　B. ARP Check
   C. IP Source Guard　　D. CPP
2. 有关 ip dhcp snooping trust 命令，以下说法错误的是（　　）。
   A. 该命令用于防止从非法的 DHCP 服务器获得的 IP 地址被绑定
   B. 所谓 Snooping，实际上就是对 DHCP 报文进行窥探，并记录相关信息
   C. 启用了此命令的接口收到的报文将不会被窥探
   D. 所谓 Snooping，实际上就是配置获取 DHCP 报文的信任接口
3. ARP Check 功能检查 ARP 报文合法性的来源有（　　）【选择三项】。
   A. IP+MAC 的接口安全　　B. DHCP Snooping +IP Source Guard
   C. 802.1x 授权　　D. DHCP Snooping 表
4. 交换机安全接口可接入的最大的安全地址数为（　　）。
   A. 32　　B. 64　　C. 128　　D. 256
5. 当网络出现故障时，首先应该检查（　　）。
   A. 数据链路层　　B. 网络层　　C. 物理层　　D. 会话层